数据通信网络技术

主　编　郭德仁

副主编　谭韵莹　俞晓彤

参　编　王国明

电子工业出版社
Publishing House of Electronics Industry
北京·BEIJING

内 容 简 介

本书较全面地讲解了数据通信中交换机、路由器等网络设备的相关知识与技能，以思科网络设备为例，对网络设备的使用、配置和调试，以及如何进行网络规划、组建都做了详细讲解。

全书共十三个项目，项目一介绍计算机网络、拓扑结构，认识常用的传输介质，以及如何规划企业网络；项目二介绍 ISO 与 TCP/IP 网络体系结构，讲解 IP 地址、子网划分与计算；项目三介绍 Packet Tracer 软件的使用；项目四介绍交换机的组成、分类、结构、端口及基本配置；项目五介绍 VLAN 技术与端口聚合技术；项目六介绍路由器的组成、分类、结构、各种端口及基本配置；项目七介绍路由器的各种路由配置及路由重发布；项目八介绍三层交换机实现路由功能，以及静态路由、动态路由配置的方法；项目九介绍标准、扩展访问控制列表，以及基于时间的访问控制列表；项目十介绍 PPP 的封装、PAP 认证和 CHAP 认证；项目十一介绍动态主机配置协议；项目十二介绍静态 NAT、动态 NAT 和动态 NAPT；项目十三为企业网组建案例，是对前十二个项目知识与技能的总结、梳理与综合应用。

本书内容翔实，贴近实际，通俗易懂，突出了以岗位技能、职业素养为中心的特点。本书主要作为通信技术、计算机网络、计算机科学与技术、物联网等专业中职学生的教材，也可以作为相关专业工程技术人员的参考书及培训教材。

图书在版编目（CIP）数据

数据通信网络技术 / 郭德仁主编 . —北京：电子工业出版社，2021.2

ISBN 978-7-121-40591-4

Ⅰ. ①数… Ⅱ. ①郭… Ⅲ. ①数据通信—通信网—中等专业学校—教材 Ⅳ. ①TN919.2

中国版本图书馆 CIP 数据核字（2021）第 032786 号

责任编辑：白 楠　　文字编辑：王 炜
印　　刷：北京虎彩文化传播有限公司
装　　订：北京虎彩文化传播有限公司
出版发行：电子工业出版社
　　　　　北京市海淀区万寿路 173 信箱　邮编　100036
开　　本：787×1 092　1/16　印张：16.5　字数：422.4 千字
版　　次：2021 年 2 月第 1 版
印　　次：2024 年 12 月第 6 次印刷
定　　价：42.00 元

凡所购买电子工业出版社图书有缺损问题，请向购买书店调换。若书店售缺，请与本社发行部联系，联系及邮购电话：(010) 88254888，88258888。

质量投诉请发邮件至 zlts@phei.com.cn，盗版侵权举报请发邮件至 dbqq@phei.com.cn。

本书咨询联系方式：(010) 88254549，zhangpd@phei.com.cn。

前 言 ⋘
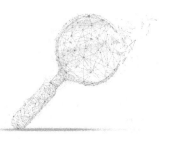
PREFACE

为深入贯彻《国家教育事业发展"十三五"规划》《教育信息化"十三五"规划》文件的精神，坚持以服务为宗旨、以就业为导向、以技能为核心的职业教育理念，推进职业教育教学改革，加大教育信息化推广力度，编者结合了企业网络组建的实际任务及相关专业的实际教学，在广泛调研的基础上编写了本书。

本书始终坚持立德树人的根本要求，落实课程思政要求。在编写过程中结合中职学生的学习特点，遵循职业教育人才的培养规律，坚持理论知识"够用"的原则，注重应用技术能力的培养与训练，突出动手能力和解决实际问题能力的培养，强化职业技能训练。

本书共十三个项目，较全面地讲解了数据通信中交换机、路由器等网络设备的相关知识与技能，项目一与项目二讲解了后续项目中用到的理论与 IP 地址计算方面的知识；项目三讲解 Packet Tracer 软件的使用；项目四、项目五讲解交换机的基本知识、VLAN 技术与端口聚合技术；项目六、项目七讲解路由器的基本配置、静态路由协议、动态路由协议及路由重发布；项目八讲解三层交换机的配置与管理；项目九讲解访问控制列表；项目十讲解广域网协议封装与认证、项目十一讲解如何通过动态主机配置协议分配 IP 地址；项目十二讲解网络地址转换技术；项目十三为企业网组建案例，是对前面十二个项目知识与技能的总结、梳理与综合应用，使学生从项目分析到规划设计，再到项目实施，全面学习掌握网络的组建。

本书将思科 Packet Tracer 软件作为虚拟平台，书中所有任务与案例都在该虚拟平台进行了验证。

本书特点：

1. 采用"教、学、做、评"一体化的教学模式编写，理论与实践相结合，每个项目均以应用情景导入，将项目分为多个任务，包括任务描述、任务分析、任务实施等内容，最后的项目评价中有对每个任务的评价，项目的设计适合教师的"教"与学生的"学"。

2. 项目结合企业的实际工作任务，教学内容能够与企业工作的实际需求接轨。

3. 立足于岗位群对职业素养、知识和技能的需求，注重职业素养与职业技能的培养。

4. 本书在教学过程中既可使用真实网络设备教学，也可采用 Packet Tracer 模拟软件教学，很好地解决了一些学校网络设备不足的问题。

5. 本书由多位具有辅导全国技能大赛经验的一线教师编写，注重学生技能的培养与提高。

本书的项目一及项目二的任务一、任务二、任务三由俞晓彤编写，项目二的任务四、任务五及项目四由王国明编写，项目三、项目十一和项目十二由谭韵莹编写，项目五至项目十及项目十三由郭德仁编写。

本书由郭德仁担任主编，谭韵莹、俞晓彤担任副主编，王国明和青岛舒晨网络设备有限公司的宋超参与了编写工作，本书提供电子课件以方便学生学习使用，所使用的相关图形图像、案例只能用于教学，不可用于商业用途。

为了提高学生网络规划、组建、维护和管理的能力，建议在实训室完成教学，教学时可以使用 Packet Tracer 软件，也可以用真实的网络设备完成。另外，在安排学习本课程前，如果有条件可以先学习网络技术基础课程。

建议学习课时安排如下：

教 学 内 容	课 时 安 排
项目一　数据通信网络概述	8
项目二　数据通信网络体系结构	16
项目三　Packet Tracer 软件的使用	4
项目四　交换机的基本配置与管理	8
项目五　交换技术	6
项目六　路由器的基本配置与管理	6
项目七　路由器的路由配置	10
项目八　三层交换机的配置与管理	6
项目九　访问控制列表	6
项目十　广域网协议封装与认证	6
项目十一　动态主机配置协议	6
项目十二　网络地址转换技术	6
项目十三　企业网组建案例	8
合计	96

教 学 指 南

本书是通信技术专业的一门专业课程的教材，通过学习，学生能够掌握交换机、路由器等使用方法、配置方法，掌握网络设备的常用配置，能够完成中小型局域网的规划设计、组建、管理和维护。在教学过程中，要注重培养学生的职业技能和职业素养。同时建议学习本课程前先学习网络技术基础课程。

1. 学时与学分

本课程属于理实一体化课程，建议安排 96 学时，理论部分为 32 学时（约占总学时的33%），实践部分为 64 学时（约占总学时的 67%）。

建议每 16 学时计 1 学分，共 6 学分，每周 6 节课，授课时间为一个学期。

2. 课时安排

本课程各项目授课课时安排如下。

教 学 内 容	课 时 安 排
项目一 数据通信网络概述	8
项目二 数据通信网络体系结构	16
项目三 Packet Tracer 软件的使用	4
项目四 交换机的基本配置与管理	8
项目五 交换技术	6
项目六 路由器的基本配置与管理	6
项目七 路由器的路由配置	10
项目八 三层交换机的配置与管理	6
项目九 访问控制列表	6
项目十 广域网协议封装与认证	6
项目十一 动态主机配置协议	6
项目十二 网络地址转换技术	6
项目十三 企业网组建案例	8
合计	96

3. 教学建议

（1）在教学过程中，可以按照"教、学、做、评"一体化，线上与线下相结合的混合式教学模式进行，学生在学习中采用翻转课堂、小组合作探究等学习模式。

（2）在使用本书时，可以采用项目教学法与任务驱动法相结合的方式，先是项目引领创设情境，激发学生的学习兴趣，然后依次完成各个任务的教学，最终完成本项目的教学。在一些项目中如果内容较多，将会设置一个综合案例，目的是对本项目的知识进行综合应用，这样有利于巩固所学知识，提高职业能力。

（3）在教学过程中，要重视本专业领域新技术、新工艺、新设备和行业发展趋势，贴近生产实际。注重培养学生职业岗位能力和职业素养，培养学生发现问题、分析问题和解决问题的能力，以及良好的沟通能力、规范操作的能力。要始终坚持立德树人的根本要求，落实课程思政要求。培养学生高尚的爱国情操和大国工匠精神，使学生成为优秀的社会主义建设接班人。

4．教学评价

1）项目评价

在完成一个项目的教学时，需要对项目进行评价，评价分为组长评价和教师评价两部分，评价时主要从绘制拓扑结构图、网络设备连线、计算机与网络设备配置等方面进行，以及填写项目评价表，计算项目评价的总分，最后由学生将项目完成过程中出现的问题、解决办法和学习体会填入项目评价表中。

2）考核评价

考核评价可以分为过程考核和结果考核两部分，两者的成绩将按照一定的比例组成最后的期末总成绩。

（1）过程考核。

过程考核由学生平时的出勤、课堂纪律、课堂表现和项目评价四部分组成。

（2）结果考核。

结果考核包括期中考试和期末考试两部分，两者按一定的比例组成结果考核。

目 录 ≪≪

CONTENTS

数据通信网络概述 项目一

项目背景

　　计算机网络是指把分布在不同地点的多个独立的计算机系统连接起来，进行数据流的传输，让用户实现网络通信、共享网络的软/硬件系统资源和数据信息资源。计算机网络是计算机技术和通信技术结合的产物，其发展与计算机技术、通信技术的发展密切相关。

学习目标

1. 知识目标

（1）理解计算机网络的定义、功能和分类，以及网络性能指标。

（2）掌握网络拓扑结构及特点，以及企业网络规划的方法与步骤。

（3）了解数据通信的基本知识和各种通信方式。

2. 技能目标

（1）能绘制不同的拓扑结构。

（2）能根据网络的实际情况选择合适的传输介质。

任务一　认识计算机网络

任务要求

理解计算机网络的定义、功能、分类，以及网络性能指标，并能根据该指标判断网络性能。

知识点链接

1. 计算机网络的定义

计算机网络的定义具有时代性，它是指将地理位置不同的、具有独立功能的多台计算机及其外部设备，通过通信线路连接起来，在网络操作系统、网络管理软件及网络通信协议的管理和协调下，具备相互通信，共享外部设备（如硬盘与打印机）、存储功能与处理的能力，并可访问远程主机或其他网络。通常所说的数据通信网络就是指计算机网络。

一般来说，计算机网络具备以下功能。

1）资源共享
计算机网络可以跨越时间与空间的障碍，实现资源、信息随时随地共享。

2）信息传输与集中处理
在计算机网络中，数据通过网络传递给服务器，并由服务器集中处理后送至终端。

3）负载均衡与分布处理
例如，一个大型 ICP（Internet 内容提供商）为了支持更多的用户访问其网站，在世界多个地方放置了相同内容的 WWW（Word Wide Web）服务器，通过一定的技术使不同地域的用户看到放置在离其最近的服务器上的相同界面，以实现各服务器的负载均衡，同时用户也节省了访问时间。

4）综合信息服务
计算机网络的主要发展趋势是多维化，即在一套系统上既提供集成的信息服务，包括政治、经济等方面的信息资源，同时还提供多媒体的信息资源，如图像、语音、动画等。

计算机网络按其逻辑功能可以分为"资源子网"和"通信子网"，如图 1-1 所示。资源子网负责全网的数据处理业务，并向网络用户提供各种网络资源和服务，一般由主机（Host）、终端、终端控制器、通信子网接口设备、各种软件和数据资源等组成。通

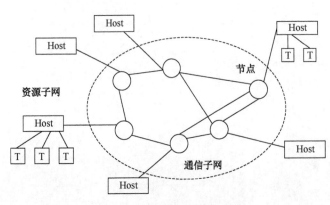

图 1-1　资源子网与通信子网

信子网提供网络通信功能，完成全网主机之间的数据传输、交换、控制和变换等通信任务，一般由通信控制处理机、通信线路和通信设备组成。

2. 计算机网络的分类

1）按照作用范围分类

（1）局域网。

局域网（Local Area Network，LAN）的作用范围一般只有几千米，它可在较小的区域内将若干独立的数据设备连接起来，形成一个传输速率在 10Mbit/s 以上的高速数据通信系统，使用户能够共享计算机资源。局域网的基本组成包括服务器、客户机、网络设备和通信介质。在局域网发展的初期，一个企业或学校往往只拥有一个局域网，现在局域网的使用已经非常广泛了，它们常常会拥有许多个互联的局域网（校园网或企业网）。

局域网的主要特征：覆盖地理范围较小；具有较高的数据传输速率；易于建立、维护与扩展，组建成本低；数据传输的错误率低。

（2）广域网。

广域网（Wide Area Network，WAN）是互联网的核心部分。它由终端设备、节点交换设备和传输设备组成，其任务是通过长距离（如跨越不同的国家）运送终端设备所发送的数据。连接广域网各节点交换设备的链路具有较大的通信容量。

广域网的主要特征：覆盖地理范围大，使用的技术复杂；数据需要长距离传输，速率相对较低。

2）按照传输技术分类

（1）广播式网络。

在广播式网络中，所有互联的主机都共享一个公共通信信道。当一台主机利用共享通信信道发送报文分组时，所有其他主机都会收到这个分组。发送的分组中带有目的地址和源地址，接收到该分组的主机将检查目的地址是否与本节点地址相同，如果相同，则接收该分组，否则丢弃该分组。

（2）点到点式网络。

在点到点式网络中，每条物理链路都会连接一对主机。若两台主机之间没有直接连接的线路，那么它们之间的分组传输就要通过中间节点的转发来实现。由于连接多台主机之间的线路结构可能很复杂，因此从源节点到目的节点可能存在多条路由。决定分组从通信子网的源节点到目的节点的路由需要用路由算法来实现。

3. 计算机网络性能的指标

1）传输速率

传输速率是指单位时间内传输的比特数，也称为比特率，是网络中最重要的一个性能指标。传输速率的单位是 bit/s、kbit/s、Mbit/s 和 Gbit/s 等。

2）带宽

带宽本意是指某个信号具有的频带宽度。在计算机网络中，带宽是指网络的通信线路传送数据的能力，即单位时间内从网络中的某一个点到另一个点所能通过的"最高数据率"。

带宽的单位是 bit/s。

3）吞吐量

吞吐量是指在单位时间内实际通过某个网络（或信道接口）的数据量。它常用于对现实世界网络的一种度量，以便知道实际有多少数据能通过网络。吞吐量的单位是 bit/s。

吞吐量受网络的带宽或额定速率的限制。例如，对于一个 1Gbit/s 以太网，其额定速率是 1Gbit/s，那么这个数值也是该以太网吞吐量的绝对上限值。因此，1Gbit/s 以太网的实际吞吐量可能只有 100Mbit/s，甚至更低，并没有达到其额定速率。

4）时延

时延是指数据（一个报文或分组，甚至比特）从网络（或链路）的一端传送到另一端所需要的时间，有时也称为延迟或迟延。时延包括发送时延、传播时延、处理时延和排队时延。

任务二　拓扑结构与网络规划设计

任务要求

掌握网络拓扑结构，能够分析不同拓扑结构的特点，以及企业网络规划的方法与步骤。

知识点链接

1. 拓扑结构

网络通过各个节点与通信线路之间的几何关系来表示网络结构，并反映出网络各实体之间的结构关系。通常将网络中的主机、终端和其他设备抽象为节点，通信线路抽象为线路，而将节点和线路连接而成的几何图形称为网络的拓扑结构。

1）总线拓扑结构

总线拓扑结构是使用同一媒介或电缆连接所有端用户的一种方式，如图 1-2 所示。连接端用户的物理媒体由所有设备共享，各工作站地位平等，无中央节点控制。数据信息是以广播的形式进行传播的。各节点在接收信息时都能进行地址检查，看是否与自己的工作站地址相符，若相符则接收。总线拓扑结构的优点是信道利用率高、传输速率高、网络建设和扩充容易；缺点是对信道故障敏感。

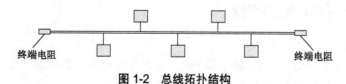

图 1-2　总线拓扑结构

2）星状拓扑结构

星状拓扑结构是指各工作站以星状方式连接成网，如图 1-3 所示。网络有中央节点，便于集中控制，端用户之间的通信必须经过中央节点。中央节点是其他节点的中继节点，星状拓扑结构是采用中央节点接收各节点的信息并转发给相应节点的点对点通信。它的优点是结构简单、组网容易、线路集中、便于管理和控制；缺点是线路利用率较低，中央节点负担重，容易在中央节点上形成系统的瓶颈。

3）环状拓扑结构

在环状拓扑结构的网络中，各节点通过点到点的通信线路首尾相连，形成闭合的环状，如图 1-4 所示。环状网络中的信息流动是单向的，从任意节点发出的信息都不会发生冲突。它的优点是传输时延确定、结构简单；缺点是可靠性差，网络的扩展和维护都不方便。

4）树状拓扑结构

树状拓扑结构是由多级星状结构组成的，这种多级星状结构自上而下呈三角状分布，就像一棵树顶端的枝叶少，下面的枝叶最多，如图 1-5 所示。树的最下面相当于网络的接入层，树的中间部分相当于网络的汇聚层，可以是主机、互连设备等；树的顶端相当于网络的核心层，设备一般是中心交换机。它的优点是扩充方便、灵活，故障隔离较容易（若某一分支的节点或线路发生故障，很容易将故障分支与整个网络隔离开来)，建网费用较低；缺点是各个节点对根的依赖性太大，如果根发生故障，则影响整个网络的正常工作。

5）网状拓扑结构

网状拓扑结构在广域网中得到了广泛应用，节点之间由多条路径相连，如图 1-6 所示。数据流的传输有多条路径，选择适当的路由可绕过失效的或繁忙的节点。这种结构比较复杂，成本较高，网络协议也较复杂，但可靠性较高。

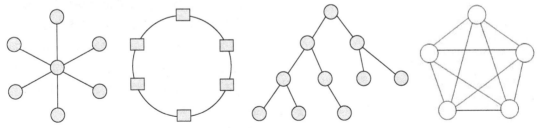

图 1-3　星状拓扑结构　图 1-4　环状拓扑结构　　图 1-5　树状拓扑结构　图 1-6　网状拓扑结构

在此基础上还可以构造出一些复合型的网络拓扑结构。该组网结构是现实中常见的组网方式，其典型特点是将分布式网络与树状网络结合。如在网络中将骨干网络部分采用网状结构，而在基础网络中构成星状网络，这样既提高了网络的可靠性，又节省了链路成本。

2. 规划设计交换式企业网络

1）网络的规划设计步骤

网络工程的首要工作就是要进行规划设计，通过科学合理的规划搭建最佳的网络，以达到最高的性能。对网络进行规划设计和组建通常需要以下基本步骤。

（1）用户需求分析。

网络规划设计前，应与客户进行充分的沟通交流，弄清客户的网络搭建需求。

（2）考察企业楼宇分布图与间距。

在与客户沟通交流的同时，应现场考察掌握企业的楼宇分布与各幢楼之间的间距，绘制或索取企业的楼宇建设平面图，并在图中标注距离数据，以及各幢楼的楼层数、中心机房的位置、各幢楼的配线间和线井的位置。

（3）规划设计网络拓扑结构和综合布线系统。

在了解客户组网需求和企业楼宇分布图之后，就可以开始规划设计网络拓扑结构和综合布线系统，进行网络设备选型，并设计网络工程预算与投标书了。

（4）组织综合布线施工与验收。

工程中标后，订购相关网络设备和器材，并组织综合布线施工与验收。

（5）安装网络设备，规划 VLAN 与 IP 地址，然后对网络设备（交换机和路由器）按规划进行配置和调试运行。

（6）网络试运行期结束后，进行网络工程验收。

（7）对客户进行网络管理与维护的培训，然后进入售后服务阶段。

2）交换式局域网的规划设计方法

交换式局域网主要是由交换机和少量的路由器构建的。大中型局域网通常采用三层式结构进行设计，这种方案结构清晰、网络运行效率高、易于维护和扩展。对于网络速度的要求，通常采取万兆核心、千兆主干、百兆交换到桌面或千兆交换到桌面的设计方法。

交换式局域网采用星状结构布线和组网，但网络总体结构呈层次结构。三层交换式组网结构中的"三层"分别是接入层、汇聚层和核心层。

三层交换式组网结构如图 1-7 所示。

（1）接入层。

接入层位于整个网络结构的最底层，接入层交换机用于连接最终用户，提供网络接入服务。

接入层交换机通常采用二层交换机，端口密度一般较高，并配置高速上行链路端口。这类交换机用量较大，与汇聚层交换机共同放置于每幢楼的楼宇配线间。

（2）汇聚层。

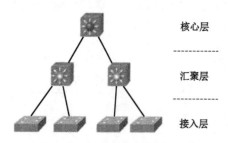

图 1-7　三层交换式组网结构

核心层

汇聚层

接入层

汇聚层交换机用于汇聚接入层交换机的流量，提供 VLAN 间的互访，并上连到核心层交换机。

汇聚层交换机应采用三层交换机，以提供高性能数据交换。汇聚层交换机的每一个端口向下级联接入层交换机，当用户接入端口不够用，而汇聚层又恰好有空余端口时，汇聚层交换机的端口可以提供给用户作为网络接入端口使用。

一幢楼各房间的网线，可通过综合布线全部接到楼宇配线间的配线架上，利用双绞线跳线从配线架接到接入层交换机的各个端口。接入层交换机再向上级联到汇聚层交换机，最终由汇聚层交换机通过光纤向上级联到位于中心机房的核心层交换机。

汇聚层与核心层的交换机均是三层设备，因此它们间的级联属于三层设备间的级联，其链路应采用路由方式。

（3）核心层。

核心层交换机是整个网络的中心，具有最高的交换机性能，用于连接和汇聚各汇聚层交换机的流量。核心交换机一般采用中高档的三层交换机，这类交换机具有很高的交换背板带宽和较多的高速端口，能提供高性能的交换和 IP 包的转发服务。

对于小型局域网可以不用汇聚层交换机，而直接向上级联到核心层交换机，即采用二层结构，其核心层交换机也可以采用中端交换机来担任。

在具体设计网络时，可根据网络的规模和对带宽的要求选择合适型号的交换机，来做汇聚层和核心层的交换机。

为了使网络运行更加可靠，在实际应用中，对可靠性要求较高的应用场合通常采用双冗余热备份方式上连到更高一层的交换机。此时，汇聚层和核心层的交换机都是双冗余热备份的，如图 1-8 所示。

采用双冗余热备份结构可获得很高的可靠性，每台交换机向上都是同时连接在两台功能

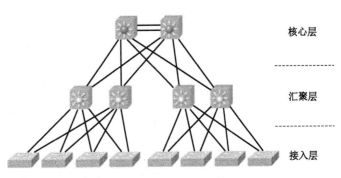

图 1-8　双冗余热备份结构

相同的交换机上，其中一台处于工作状态，另一台处于备份状态。当原处于工作状态的交换机或某条链路出现故障时，处于备份状态的交换机或链路便会立即转为工作状态，接替出现故障的交换机或链路，以保障网络的通畅。

在双冗余热备份结构中为防止出现环路，此时应启用生成树协议，以阻塞部分链路，防止出现环路。

任务三　数据通信

任务要求

掌握数据通信中信息、数据、信号等概念，理解数据通信模型，并了解不同的数据通信方式。

知识点链接

1. 信息、数据与信号

1）信息

通信的目的就是传输信息。对于收信者来说，未知的、待传送、交换、存储或提取的内容（包括语音、图像、文字等）都称为信息。

2）数据

信息进行传输时，运送信息的实体实际上是数据，数据是使用特定方式表示信息的，通常是有意义的符号序列。这种信息的表示可以用计算机或其他机器（或人）处理产生。数据的形式分为两种：模拟数据和数字数据。模拟数据反映的是随时间连续变化的消息，如语音和动态图像等。数字数据反映的是有限个取值离散的消息，如电报发出的数据。

3）信号

信号是数据的电编码、电磁编码或其他编码，信号可以分为模拟信号和数字信号。在时间和幅值上均连续的信号，如语音信号、图像信号等都属于模拟信号。在时间和幅值上均离散的信号，如计算机处理和发出的取值仅为"0"和"1"的信号就属于数字信号。模拟信号与数字信号如图1-9所示。

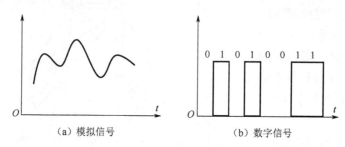

（a）模拟信号　　　　　　　　（b）数字信号

图1-9　模拟信号和数字信号

2. 数据通信过程

数据从发送端到接收端的整个过程称为通信过程。每次通信都包含两个方面的内容，即传输数据和通信控制。通信控制主要执行各种辅助操作，并不交换数据，但这种辅助操作对于交换数据而言是必不可少的。

下面以使用交换机的传输系统为例，说明数据通信的基本过程。该过程通常被划分为以下5个阶段。

（1）建立物理连接。

用户将要进行通信的对方（目的方）地址信息告诉交换机，交换机向具有该地址的目的方进行确认，若对方同意通信，则由交换机建立双方通信的物理通道。

（2）建立数据传输链路。

通信双方建立同步联系，使双方设备处于正确的收发状态，且相互核对地址。

（3）数据传送。

数据传输链路建好后，数据就可以从源节点发送到交换机，再由交换机交换到终端节点。

（4）数据传输结束。

通信双方通过通信控制信息确认此次通信结束，并拆除数据链路。

（5）拆除物理连接。

由通信双方之一通知交换机本次通信结束，可以拆除物理连接。

3. 数据通信方式

1）单工通信

在单工通信方式中，数据在任何时刻只能沿着一个方向传输，即收发双方的通信线路是单向的，如广播就采用这种通信方式。

2）半双工通信

在半双工通信方式中，数据可以沿任意一个方向传输，但不允许同时沿两个方向传输，即在任意一个给定时间，传输仅能沿某一个方向进行，如无线对讲机就采用这种通信方式，只有当一方讲完并按结束键后，另一方才能讲话。

3）全双工通信

在全双工通信方式中，数据可以同时沿两个方向传输，如固定电话和手机就采用这种通信方式，即通信双方能同时讲话，进行讨论和争辩。如图 1-10 所示，图（a）为单工通信方式，图（b）为半双工通信方式，图（c）为全双工通信方式。

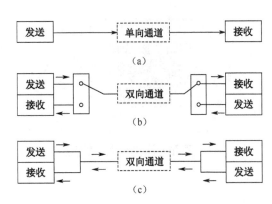

图 1-10 单工、半双工与全双工通信方式比较

4. 串行通信与并行通信

数据通信按照使用的信道数可以分为串行通信与并行通信。假如传送的消息是一个字符，那么在计算机中通常用 8 位二进制代码来表示。在串行通信方式中待传送的 8 位二进制代码是由低位向高位依次传送的，而在并行通信方式中待传送的 8 位二进制代码是同时通过 8 条并行的通信信道发送出去的，分别如图 1-11（a）和图 1-11（b）所示。

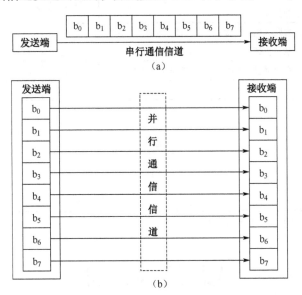

图 1-11 串行通信方式与并行通信方式比较

串行通信方式只需要在收发双方之间建立一条通信信道；并行通信方式则需要收发双方之间建立并行的多条通信信道。对于远程通信来说，在同样传输速率的情况下，并行通信在单位时间内所传送的码元数是串行通信的 9 倍。但并行通信需要建立多条通信信道，因此这种方式的造价较高。正因为如此，在远程通信中，人们一般采用串行通信方式，而在计算机内部各部件之间的数据传输多采用高效的并行通信方式。

本项目拓展知识点链接

电子课件

项 目 评 价

学生 级班 星期 日期					
项目名称	数据通信网络概述			组长	
评价内容	主要评价标准	分数	组长评价	教师评价	
任务一	理解网络的定义、功能、分类，以及网络性能的主要指标	30分			
任务二	掌握网络拓扑结构及特点，以及企业网络规划的方法与步骤	40分			
任务三	掌握数据通信中的概念，并理解各种通信方式	30分			
总　分		合计			
项目总结（心得体会）					

说明：满分为100分，总分=组长评价×40%+教师评价×60%。

项 目 习 题

一、填空题

1. 计算机网络的功能有_____、_____、_____和_____。
2. 计算机网络按照传输技术可以分为_____和_____。
3. 网络性能的指标有_____、_____、_____和_____。

二、简答题

1. 什么是网络拓扑？它有哪些分类？
2. 请举出几个具体的局域网、广域网的实例。

三、操作题

参观学校的网络中心和实验室，了解其结构、组网的设备，思考并完成以下任务。

（1）在学校和实验室的网络中主要用了哪些网络设备？

（2）学校和实验室的网络主要的拓扑结构是什么？该拓扑结构的特点是什么？

（3）学校网络的结构是怎样的？请试着画出来。

数据通信网络体系结构 项目二

项目背景

　　网络设备数据交换时，通常采用层次化结构的方法，将网络问题分解成若干较小的、界限清晰的、定义明确的层次来处理，并规定了不同层次通信的协议和相邻层之间的接口服务，使网络设备之间能够相互通信，这就是网络体系结构。网络中的设备如果要与其他设备通信，必须拥有一个 IP 地址。本项目将对网络体系结构和 IP 地址的相关知识进行讲解。

学习目标

1. 知识目标

（1）了解计算机网络体系结构的定义。

（2）理解数据封装与解封装的过程。

（3）了解 OSI 参考模型的层次结构及各层功能。

（4）了解 TCP/IP 体系结构及各层协议。

（5）掌握 IP 地址的概念、表示方法和分类。

（6）掌握特殊 IP 地址、公有地址和私有地址的范围。

（7）掌握子网网络地址、子网广播地址、主机地址范围的计算方法。

（8）理解子网掩码的概念及表示方法。

2. 技能目标

（1）能解释数据的封装与解封装的过程。

（2）能够辨别不同种类的 IP 地址。

（3）能够完成子网划分的计算。

任务一　网络体系结构

任务要求

了解计算机网络体系结构的定义，理解 OSI 参考模型的层次结构及各层功能。

知识点链接

1. 网络体系结构的简介

从计算机网络的硬件设备来看，除终端、信道和交换设备外，为了保证通信的正常进行，必须事先做一些规定，而且通信双方要正确执行这些规定，这种通信双方必须遵守的规则和约定称为协议或规程。

协议的要素包括语法、语义和定时。语法规定通信双方"如何讲"，即确定数据格式、数据码型、信号电平等；语义规定通信双方"讲什么"，即确定协议元素的类型，如规定通信双方要发出什么控制信息、执行什么动作和返回什么应答等；定时则规定事件执行的顺序，即确定了通信过程中通信状态的变化，如规定正确的应答关系等。

层次和协议的集合称为网络的体系结构。

2. OSI 参考模型的层次结构

OSI 参考模型是为网络而构建的最基本的层次结构模型。它描述了数据和网络信息怎样从一台计算机的应用程序，经过网络介质，传送到另一台计算机的应用程序。在 OSI 参考模型中是采用分层的方法来实现的。

OSI 参考模型定义了开放系统的层次结构、层次之间的相互关系及各层所包含的可能的服务。OSI 参考模型如图 2-1 所示，它采用分层结构化技术，将整个网络分为 7 层，由低层至高层分别是物理层、数据链路层、网络层、传输层、会话层、表示层和应用层。其分层原则：根据不同功能进行抽象分层，每层都可以实现一个明确的功能，并且下一层为上一层提供服务，每层功能的制定都有利于明确网络协议的国际标准，层次明确避免了各层的功能混乱。就像一个公司中需要设立不同工作职责的部门，每个部门都有其特定的任务，能够让所属的员工忙起来，并让他们只专注于自己的职责。每个部门的员工需要信任并依赖其他部门的员工，以便顺利完成自己的工作。

在 OSI 参考模型中，相邻层之间通过接口进行连接。两台主机的相应层称为对等层（Peer Layer），它们所含的实体称为对等实体（Peer Entity）。各对等层（或对等实体）之间并不直接传输数据，数据和控制信息由高层通过接口依次传递到低层，最后通过底层的物理传输介质实现真正的数据通信，而各对等实体之间通过协议进行的通信是虚通信。

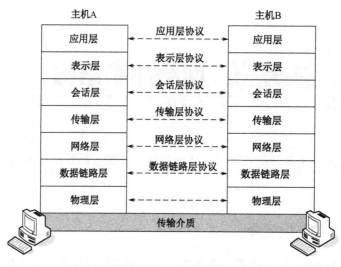

图 2-1　OSI 参考模型

采用 OSI 参考模型的主要优点如下。

（1）将网络的通信过程划分为小一些、简单一些的部件，有助于各个部件的开发、设计和故障排除。

（2）通过网络组件的标准化，允许多个供应商进行开发。

（3）通过定义在模型的每一层实现什么功能，鼓励产业的标准化。

（4）允许各种类型的网络硬件和软件相互通信。

（5）防止对某一层所做的改动影响其他层，有利于开发。

3. OSI 参考模型各层的功能

OSI 参考模型有 7 个不同的层，可分为两个组。上面 3 层定义了终端系统中的应用层如何彼此通信，以及如何与用户通信，这 3 层并不知道有关联网或网络地址的任何信息。因为下面 4 层定义了怎样进行端到端的数据传输，也就是定义了怎样通过物理电缆或通过交换机和路由器进行数据传输，决定了怎样重建从发送方主机到目的主机的应用程序的数据流。OSI 参考模型各层的功能如图 2-2 所示。

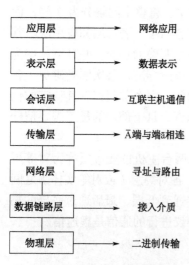

图 2-2　OSI 参考模型各层的功能

1）应用层

应用层是 OSI 体系结构中的最高层，是利用网络资源、唯一面向应用程序直接提供服务的层，只有当马上要访问网络时，才会实际用到这一层。以 IE（Internet Explorer）为例，当使用 IE 浏览本地 HTML 文档时，不需要访问应用层，可直接正常浏览。但如果需要浏览必须使用 HTTP 的文档，或者用 FTP 下载文件时，IE 就将试图访问应用层来响应这一请求，此时，应用层作为实际应用程序（IE）和下一层（OSI 参考模型中的表示层）之间的接口，将通过某种方式把应用程序的有关信息送到协议栈的下面各层。此时可以发现，应用层实际上并不是指 IE 这些实际的应用程序，而是当应用程序需要处理远程资源时起接口作用的应用层协议。

2）表示层

表示层因其用途而得名，它为应用层提供数据，并负责数据转换和代码的格式化。

从本质上来说，这一层是翻译器，并提供编码和转换功能。数据在传输之前，要转换为标准的格式，计算机被配置为可以接收这种通用标准格式数据，然后再将标准格式数据转换为实际阅读时的原始格式（如从 EBCDIC 到 ASCII）。通过提供转换（翻译）服务，表示层就可以保证从一个系统的应用层传送过来的数据能够被另一个系统的应用层所识别。

OSI 参考模型的协议标准定义了标准的数据将如何被格式化。像数据压缩、解压缩、加密和解密这些任务就与表示层有关。表示层的一些标准中还包含了多媒体的操作。

3）会话层

会话层的任务就是提供一种有效的方法，以组织并协商两个表示层进程之间的会话，并管理它们之间的数据交换。会话层的主要功能是按照在应用进程之间的原则，以正确的顺序发送和接收数据，进行各种形态的对话，其中包括核实对方是否有权参加会话并在选择功能方面取得一致，如选全双工通信还是选半双工通信。

会话层为用户建立或拆除会话，该层次的服务可使应用建立和维持会话，并能使会话获得同步。从技术应用层面讲，这个过程一般由通信系统透明完成，用户的可操作性很少。

4）传输层

传输层为主机应用程序提供端到端的数据传输服务，并且可以在互联网的发送方主机和目的主机之间建立逻辑连接。传输层在用户之间提供透明的数据传输，对高层隐瞒了任何与网络有关的细节信息。

传输层的主要功能：分割上层应用产生的数据，将数据分段并重组为数据流；在应用主机程序中直接建立端到端的连接；进行流量控制；提供可靠或不可靠的服务（如 TCP 和 UDP 都工作在传输层，TCP 提供可靠的服务，UDP 提供不可靠的服务）。

5）网络层

网络层是 OSI 参考模型中的第三层，负责设备的寻址，跟踪网络中设备的位置，并决定传送数据的最佳路径，这意味着网络层必须在位于不同地区的互联网设备之间传送数据流。网络层的关键技术是路由选择，路由器就是工作在网络层并在互联的网络中提供路由选择服务的。

6）数据链路层

数据链路层位于 OSI 参考模型的第二层，它控制着网络层和物理层的通信，是一个桥梁，在相邻网络实体（相邻节点）之间建立、维持和释放数据链路连接，并且传输数据链路服务数据单元。为了保证点到点的可靠传输，从网络层接收的数据被分割成特定的能被物理层传输的帧。帧是用来移动数据的结构包，它不仅包括原始数据，还包括发送方和接收方的物理地址、网络拓扑、线路规划、纠错和控制信息。其中的地址确定了帧将发送到何处，纠错和控制信息则确保帧能准确到达。它使有差错的物理线路变成无差错的数据链路。发送方和接收方主要是通过对帧的操作在相邻节点之间建立起可靠的数据链路。也就是说，发送方先把数据封装成一个一个的帧，然后再按照顺序发送给接收方。如果在传送数据时，接收方检测到所传数据中有差错，就必须自己改正或通知发送方重发。因此，可靠的数据链路的建立是通过帧的组装、校验和重发来实现的。

数据链路层的地址在局域网中是 MAC（媒体访问控制）地址，在不同的广域网链路层协议中采用不同的地址，如在 Frame Relay 中的数据链路层地址为 DLCI（数据链路连接标识符）。

MAC 地址有 48 位，它可以转换成 12 位的十六进制数，这个数分成三组，每组有 4 个数字，中间以点分开。MAC 地址有时也称为点分十六进制数，如图 2-3 所示。它一般烧入 NIC（网络接口控制器）中。为了确保 MAC 地址的唯一性，IEEE 对这些地址进行管理。每个地址由两部分组成，分别是供应商代码和序列号。供应商代码代表 NIC 制造商的名称，它占用 MAC 的前 6 位十六进制数字，即 24 位的二进制数字。序列号由设备供应商管理，它占用剩余的 6 位地址，即最后的 24 位的二进制数字。如果设备供应商用完了所有的序列号，则必须申请另外的供应商代码。目前 ZTE 的 GAR 产品 MAC 地址前 6 位为 00.d0.d0。

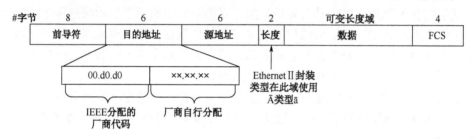

图 2-3　MAC 地址

7）物理层

在 OSI 参考模型中，物理层位于模型的底层，也是模型的第一层。物理层并不是指物理设备或媒介，而是有关物理设备通过物理媒介进行连接的描述和规定。它的主要功能是利用传输介质为数据链路层提供物理连接，实现比特流的透明传输。尽可能屏蔽具体传输介质和物理设备的差异，使其上面的数据链路层不必考虑网络的具体传输介质是什么。"透明传送比特流"表示经实际电路传送后的比特流没有发生任何变化。物理层协议定义了接口的机械、电气、功能和规程特性，如电缆和接头的类型、传送信号的电压等。在这一层接收的数据不用了解数据的含义或格式，不进行任何组织或分析组织，只需直接传给数据链路层即可。

具有物理层功能的设备有 RJ-45、各种线缆及接线设备。

任务二　数据的封装与解封装

任务要求

掌握各层的协议数据单元，理解数据的封装与解封装过程。

1. 各层的协议数据单元

在 OSI 参考模型中，节点间的对等层之间需要交换的信息单元被称为协议数据单元（Protocol Data Unit，PDU）。在 PDU 前面添加一个单字母作为前缀，表示是哪一层的数据。如应用层数据称为应用层协议数据单元（Application PDU，APDU），表示层数据称为表示层协议数据单元（Presentation PDU，PPDU），会话层数据称为会话层协议数据单元（Session PDU，SPDU）。通常，把传输层数据称为数据段（Segment），把网络层数据称为数据包（Packet），把数据链路层数据称为数据帧（Frame），把物理层数据称为比特流。事实上，在某一层需要使用下一层提供的服务传送自己的 PDU 时，其下一层总是将上一层的 PDU 变为自己 PDU 的一部分，然后利用更下一层提供的服务将信息传递出去。协议数据单元和分层寻址如图 2-4 所示。

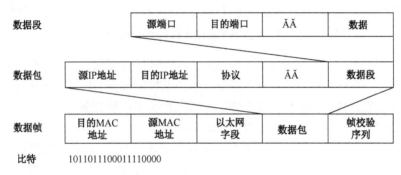

图 2-4　协议数据单元和分层寻址

2. 数据的封装与解封装

封装数据是指网络节点对要传送的数据增加特定的协议头和协议尾的过程。OSI 参考模型每层都要对数据进行封装，以保证数据能准确到达接收节点的对等层。接收端收到数据后将反向识别、提取和去除发送端对等层所增加的协议头和协议尾，这个过程称为数据解封装。

事实上，数据的封装和解封装过程可以理解为邮局发送信件的过程。发送信件时，首先需要将写好的信纸放入信封中，然后按照一定的格式书写收信人姓名、收信人地址及发信人地址，这个过程就是一种封装的过程。当收信人收到信件后，要将信封拆开，取出信纸，这就是解封装的过程。在信件通过邮局传递的过程中，邮局的工作人员仅需识别和理解信封上的内容即可。OSI 参考模型中数据的传输过程如图 2-5 所示。

（1）发送端在传输数据给接收端的过程中，发送端的应用层为数据增加本层的控制报头 AH，传送给表示层。表示层接收到此数据后，加上本层控制报头 PH，传送到会话层。会话层收到此数据，加上会话层的控制报头 SH，发送给传输层。

（2）传输层接收数据，加上本层控制报头 TH，形成传输层的协议数据单元 PDU，发送到网络层。

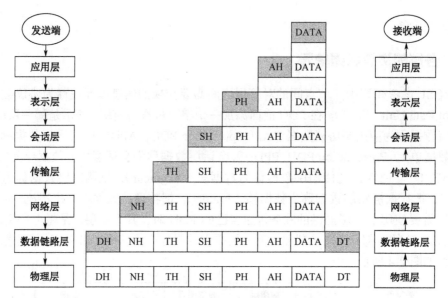

图 2-5　OSI 参考模型中数据的传输过程

（3）由于网络层的数据单元有长度限制，所以接收的数据如果过长将会被分割成多个较短的数据字段，每个分割后的数据字段加上本层的控制报头 NH 后，形成网络层的 PDU。

（4）分组传送到数据链路层，加上本层的控制报头 DH 和控制报尾 DT，形成帧。帧是数据链路层的协议数据单元，需要被送往物理层处理。

（5）物理层收到帧后，将以比特流的方式通过传输介质传输到接收端的物理层。

（6）接收端收到比特流后，从物理层依次向上传递。每一层对收到的数据进行解析和处理，去掉对应的报头和报尾，也就是对数据解封装，然后得到所需的原始数据。

如图 2-6 所示，以用户浏览网站为例说明数据的封装、解封装过程。

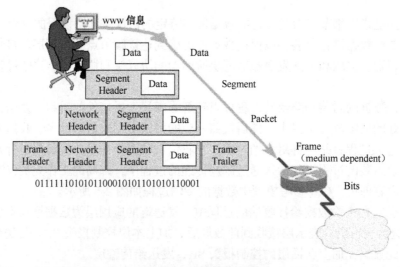

图 2-6　数据封装示例

（1）当用户输入要浏览的网站信息后由应用层产生相关的数据，通过表示层转换为计算机可识别的 ASCII 码，再由会话层产生相应的主机进程传给传输层。

（2）传输层将以上信息作为数据并加上相应的端口号信息以便目的主机辨别此报文，得知具体应由本机的哪个任务来处理。

（3）在网络层加上 IP 地址使报文能确认应到达具体某个主机，再在数据链路层加上 MAC 地址，转换成比特流信息，从而在网络上传输。

（4）报文在网络上被各主机接收，通过检查报文的目的 MAC 地址判断是否是自己需要处理的报文。如果发现 MAC 地址与自己的不一致，则丢弃该报文；如果一致，就去掉 MAC 信息送给网络层判断其 IP 地址。然后根据报文的目的端口号确定是由本机的哪个进程来处理，这就是报文的解封装过程。

任务三 常用的网络协议与网络命令

任务要求

理解 TCP/IP 层次结构，了解 TCP/IP 协议族中的各个协议。

知识点链接

1. TCP/IP 的层次结构

OSI 参考模型的提出在计算机网络发展史上具有里程碑的意义，以至于提到计算机网络就不能不提 OSI 参考模型。但是，OSI 参考模型具有定义过于繁杂、实现困难等缺点。1973 年 9 月，美国斯坦福大学的文顿·瑟夫与卡恩提出了 TCP/IP。"TCP/IP"是一组协议的代名词，包括 100 多个协议，组成了 TCP/IP 协议族，是目前被广泛使用的网络协议，几乎所有的厂商和操作系统都支持它。利用 TCP/IP 可以很方便地实现不同厂商的计算机、不同结构的网络之间的互通。所以，它既是一个协议，更是一种标准。

TCP/IP 采用分层的体系结构，共分为 4 层，每一层具有特定的功能，各层之间相互独立，采用标准接口传送数据，每一层都通过呼叫它的下一层所提供的网络来完成自己的需求。它们由下至上分别是网络接口层、网络层、传输层和应用层。TCP/IP 的层次结构与 OSI 参考模型的层次结构相比，结构更简单，如图 2-7 所示。

TCP/IP 协议族是由不同网络层次的不同协议组成的，如图 2-8 所示。

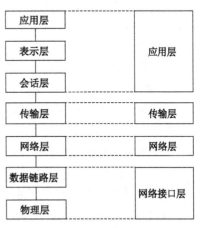

图 2-7 TCP/IP 参考模型与 OSI
参考模型的关系

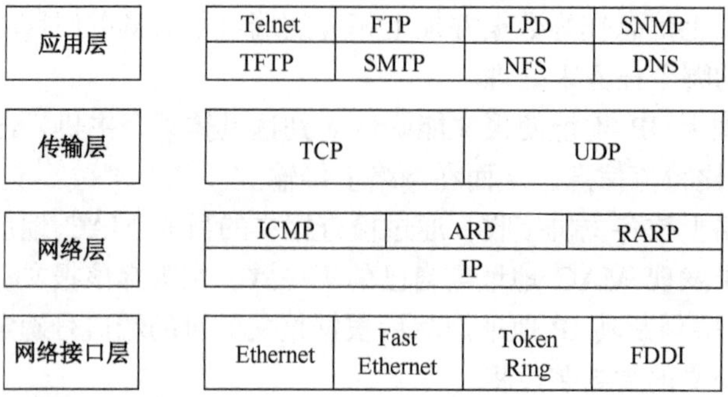

| 应用层 | Telnet | FTP | LPD | SNMP |
| | TFTP | SMTP | NFS | DNS |

| 传输层 | TCP | | UDP | |

| 网络层 | ICMP | ARP | | RARP |
| | IP | | | |

| 网络接口层 | Ethernet | Fast Ethernet | Token Ring | FDDI |

图 2-8　TCP/IP 协议族

2. TCP/IP 协议族应用层协议

应用层负责处理特定的应用程序细节，显示接收到的信息，把用户的数据发送到低层，为应用软件提供网络接口，应用层包含大量常用的应用程序。下面将重点介绍常用的几种应用层协议。

1）**远程登录协议**（Telnet）

Telnet 是客户机使用的与远端服务器建立连接的标准终端仿真协议。它允许一个用户在远程客户端（Telnet 客户）访问另一台计算机（Telnet 服务器）上的资源。Telnet 是通过在 Telnet 服务器上运行并在客户端显示操作结果来实现控制的。

2）**文件传输协议**（FTP）

FTP 是用于文件传输的协议，它可以应用在任意两台主机之间。FTP 支持一些文本文件（如 ASCII、二进制等）和面向字节流的文件结构。但 FTP 不仅是一个协议，它同时也是一个程序。作为协议，FTP 是被应用程序所使用的，而作为程序，用户需要通过手动方式来使用 FTP 并完成文件的传送。FTP 允许执行对目录和文件的访问，并且可以完成特定类型的目录操作，如将文件重新定位到不同的目录中。

即使 FTP 可以被用户以应用程序的方式来使用，FTP 的功能也只限于列表和目录操作、文件内容输入，以及在主机间进行文件复制。它不能远程执行程序文件。

3）**简单文件传输协议**（TFTP）

简单文件传输协议是 FTP 的简化版本，只有在知道想要得到的文件名及其准确位置时，才可使用 TFTP。TFTP 是一个非常易用的、快捷的程序，它不提供目录浏览的功能，只能完成文件的发送和接收操作。TFTP 传送的数据单元也是节省的，它可发送比 FTP 小的数据块，同时也没有 FTP 所需要的传送确认，因而它是不可靠的。正是由于它存在安全风险，所以事实上只有很少的站点支持 TFTP 服务。

4）**简单邮件传输协议**（SMTP）

简单邮件传输协议对应于 E-mail 的应用，它描述了邮件投递中的假脱机、排列及方法。当某个邮件被发往目的端时，将被先存放在某个设备上，通常是一个磁盘。目的地的服务器软件负责定期检查信件的存放列队，当发现有信件来时，会将信件投递到目的方。SMTP 用来发送邮件，POP3 用来接收邮件。

5）**域名服务**（DNS）

DNS 把网络节点的易于记忆的名字转化为网络地址，实现网络设备名字到 IP 地址映射的网络服务。比如，一般情况下，可以通过输入任一设备的 IP 地址来进行通信，在 Internet 中，当自己的 Web 页迁移到另一个不同的服务提供商时，Web 的 IP 地址将会发生变化，无法获知新的 IP 地址。而 DNS 则允许使用域名来指定某个 IP 地址，这样就可以灵活地变更这个 IP 地址。

3. TCP/IP 协议族传输层协议

传输层位于应用层和网络层之间，为终端主机提供端到端的连接，以及流量控制（由窗口机制实现）、可靠性（由序列号和确认技术实现）、支持全双工传输等。传输层协议有两种：TCP 和 UDP。虽然 TCP 和 UDP 都使用相同的网络层协议 IP，但是 TCP 和 UDP 为应用层提供完全不同的服务。

1）传输控制协议（TCP）

传输控制协议为应用程序提供可靠的面向连接的通信服务，适用于要求得到响应的应用程序。目前，许多流行的应用程序都使用 TCP。TCP 的整个报文由报文头部和数据两部分组成，如图 2-9 所示。

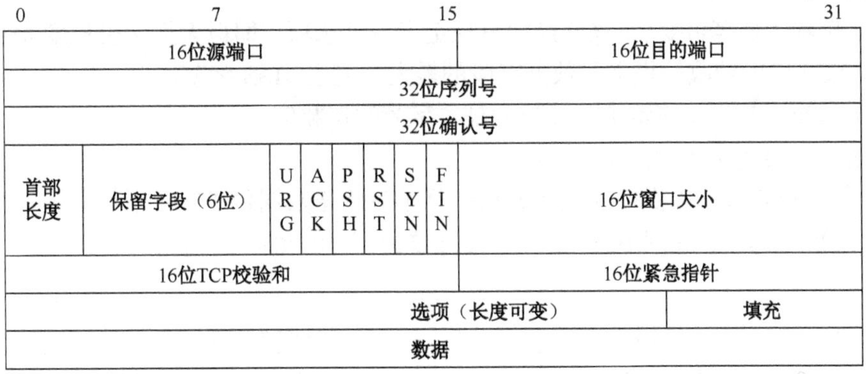

图 2-9　TCP 段格式

（1）源端口（Source Port）和目的端口（Destination Port）：用于标识和区分源端设备和目的端设备的应用进程。在 TCP/IP 协议族中，源端口号和目的端口号分别与源 IP 地址和目的 IP 地址组成套接字（Socket），唯一地确定 TCP 连接。

（2）序列号（Sequence Number）：用来标识 TCP 源端设备向目的端设备发送的字节流，它表示在这个报文段中的第一个数据字节。如果将字节流看作在两个应用程序间的单向流动，则 TCP 用序列号对每个字节进行计数。

（3）确认号（Acknowledgement Number，32 位）：包含发送确认的一端所期望接收到的下一个序号。因此，确认号应该是上次已成功收到的数据字节序列号加 1。

（4）首部长度：占 4 位，指出 TCP 首部共有多少个 4 字节，首部长度为 20～60 字节，所以，该字段值为 5～15。

（5）保留字段：占 6 位，保留为今后使用，但目前应置为 0。

（6）紧急（URG）：当 URG 为 1 时，表明紧急指针字段有效。它告诉系统此报文段中有紧急数据，应尽快传送（相当于高优先级的数据）。

（7）确认（ACK）：只有当 ACK 为 1 时确认字段才有效。当 ACK 为 0 时，确认无效。

（8）推送（PSH）：接收 TCP 收到 PSH=1 的报文段时，就尽快地交付接收应用进程，而不再等到整个缓存都填满后再向上交付。

（9）复位（RST）：当 RST 为 1 时，表明 TCP 连接中出现严重差错（如由于主机崩溃或其他原因），必须释放连接，然后再重新建立传输连接。

（10）同步（SYN）：SYN=1 表示这是一个连接请求或连接接收报文。

（11）终止（FIN）：用来释放一个连接。FIN=1 表明此报文段的发送端的数据已发送完毕，并要求释放传输连接。

（12）窗口字段：占 2 字节，用来让对方设置发送窗口的依据，单位为字节。窗口大小用字节数来表示，如 Windows size=1024，表示一次可以发送 1024 字节的数据。窗口大小起始于确认字段指明的值，是一个 16 位字段。窗口的大小可以由接收方调节。窗口实际上是一种流量控制的机制。

（13）校验和（Checksum）：占 2 字节，表示校验和字段检验的范围，包括首部和数据两部分。校验和字段用于校验 TCP 报头部分和数据部分的正确性。

（14）紧急指针：占 16 位，指出在本报文段中紧急数据共有多少字节（紧急数据放在本报文段数据的最前面）。

（15）选项（长度可变）：TCP 最初只规定了一种选项，即最大报文段长度 MSS。MSS 告诉对方 TCP 所能接收的报文段数据字段的最大长度是 MSS 字节。

（16）填充：是为了使整个首部长度是 4 字节的整数倍。

2）用户数据报协议（UDP）

用户数据报协议不提供面向连接通信，且不对传送数据包进行可靠性保证。适合于一次传输小量数据，可靠性则由应用层来负责，如图 2-10 所示。

0	15	31
16位源端口	16位目的端口	
16位UDP长度	16位UDP校验和	
数据		

图 2-10　UDP 段格式

（1）源端口：发送数据主机上应用程序的端口号。

（2）目的端口：目的主机上请求应用程序的端口号。

（3）长度：UDP 报头和 UDP 数据字段两者的校验和。

（4）数据：上层数据。

3）TCP 与 UDP 的区别

TCP 和 UDP 同为传输层协议，但从其协议报文便可发现两者之间的明显差别，从而导致它们为应用层提供了两种截然不同的服务，如表 2-1 所示。

表 2-1　TCP 和 UDP 的区别

项　目	TCP	UDP
是否面向连接	面向连接	无连接
是否提供可靠性	可靠传输	不可靠传输

续表

项　目	TCP	UDP
是否流量控制	流量控制	不提供流量控制
传输速度	慢	快
协议开销	大	小

TCP 是基于连接的协议，UDP 是面向非连接的协议。也就是说，TCP 在正式收发数据前，必须和对方建立可靠的连接。一个 TCP 连接必须经过三次"对话"才能建立起来。UDP 是面向非连接的协议，不与对方建立连接，直接把数据包发送过去。从应用场合看，TCP 适合传送大量数据，而 UDP 适合传送少量数据。

4）端口号

TCP 和 UDP 都必须使用端口号来与其上层进行通信，因为它们需要跟踪同时使用网络进行不同的会话过程。发送站的源端口号是由源主机动态指定的，这个端口号将始于 1024。1023 及其下面的号码是由 RFC3232 定义的，如图 2-11 所示。

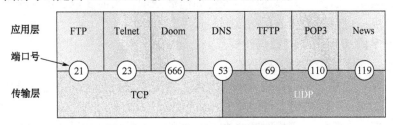

图 2-11　TCP 和 UDP 使用的端口号

低于 1024 的端口号被称为众所周知的端口号，它们由 RFC3232 定义。大于或等于 1024 的端口号被上层用来建立与其他主机的会话，并且在 TCP 数据段中被 TCP 用来作为源方和目的方的地址。

4. TCP/IP 协议族网络层协议

网络层位于 TCP/IP 协议族网络接口层和传输层的中间，网络层接收传输层的数据报文，分段为合适的大小，用 IP 报文头部封装，交给网络接口层。网络层为了保证数据包的成功转发，主要定义了以下协议。

（1）IP（Internet Protocol，互联网协议）：IP 和路由协议协同工作，寻找能够将数据包传送到目的端的最优路径。IP 不关心数据报文的内容，提供无连接的、不可靠的服务。

（2）ICMP（Internet Control Message Protocol，互联网控制消息协议）：定义了网络层控制和传递消息的功能。

（3）ARP（Address Resolution Protocol，地址解析协议）：把已知的 IP 地址解析为 MAC 地址。

（4）RARP（Reverse Address Resolution Protocol，反向地址解析协议）：用于网络接口层地址已知时，解析 IP 地址。

1）IP 数据包格式

普通的 IP 数据包头部长度为 20 字节，不包含 IP 选项字段。IP 数据包中包含的主要部分如图 2-12 所示。

0 3	7	15	18	31
版本号	头部长度	8位服务类型		16位总长度
16位标识字段			标志	13位段偏移
8位存活期		8位协议	16位报头校验和	
32位源IP地址				
32位目的IP地址				
IP选项				
数据				

图 2-12　IP 数据包格式

IP 关注每个数据包的地址，通过使用路由表，IP 可以决定一个数据包将发送给哪一个被选择好的后续最佳路径。

（1）版本号：IP 版本号。

（2）头部长度：32 位的报头长度（HLEN）。

（3）服务类型：服务类型描述数据报将如何被处理，其前 3 位表示优先级位。

（4）总长度：包括报头和数据的数据包长度。

（5）标识字段：唯一的 IP 数据包值。

（6）标志：说明是否有数据被分段。

（7）段偏移：如果数据包在装入帧时太大，则需要进行分段和重组。分段功能允许在互联网上存在有大小不同的最大传输单元（MTU）。

（8）存活期：在数据包产生时建立在其内部的一个设置。如果这个数据包在这个存活期到期时仍没有到达目的地，那么它将被丢弃。这个设置将防止 IP 数据包在寻找目的地时在网络中不断循环。

（9）协议：上层协议的端口（TCP 是端口 6；UDP 是端口 17）。同样也支持网络层协议，如 ARP 和 ICMP。在某些分析器中被称为类型字段。下文将给出这个字段更详细的说明。

（10）报头校验和：只针对报头的循环冗余校验（CRC）。

（11）源 IP 地址：发送站的 32 位 IP 地址。

（12）目的 IP 地址：数据包目的方站点的 32 位 IP 地址。

（13）选项：用于网络检测、调试、安全及更多的内容。

（14）数据：在 IP 选项字段后的就是上层数据。

2）互联网控制消息协议（ICMP）

互联网控制消息协议是一种集差错报告与控制于一身的协议。在所有 TCP/IP 主机上都可实现 ICMP。ICMP 消息被封装在 IP 数据包里，经常被认为是 IP 层的一个组成部分。它传递差错报文及其他需要注释的信息。

ICMP 消息通常被 IP 层或更高层协议（TCP 或 UDP）使用。一些 ICMP 消息可以把差错报文返回给用户进程。

3）地址解析协议（ARP）

地址解析协议可以由已知主机的 IP 地址在网络上查找到它的硬件地址。当一台主机将以太网数据帧发送到位于同一局域网上的另一台主机时，是根据以太网地址来确定目的接口的。ARP 需要为 IP 地址和 MAC 地址这两种不同的地址形式提供对应关系。

如图 2-13 所示，ARP 工作过程如下。

（1）ARP 发送一份被称作 ARP 请求的以太网数据帧给以太网上的每台主机。这个过程称作广播，ARP 请求数据帧中包含目的主机的 IP 地址，其意思是"如果你是这个 IP 地址的拥有者，请回答你的 MAC 地址"。

（2）连接到同一 LAN 的所有主机都接收并处理 ARP 广播，目的主机的 ARP 层收到这份广播报文后，根据目的 IP 地址判断出这是发送端寻找其 MAC 地址。于是发送一个单播的 ARP 应答。这个 ARP 应答包含 IP 地址及对应的 MAC 地址。收到 ARP 应答后，发送端就知道接收端的 MAC 地址了。

（3）ARP 高效运行的关键是由于每台主机上都有一个 ARP 高速缓存。这个高速缓存存放了最近 IP 地址到硬件地址之间的映射记录。当主机查找某个 IP 地址与 MAC 地址的对应关系时，首先在本机的 ARP 缓存表中查找，只有在找不到时才进行 ARP 广播。

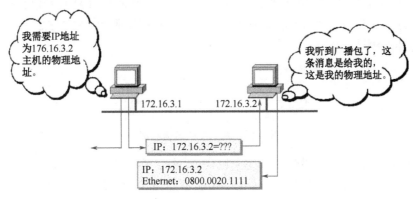

图 2-13　本地的 ARP 广播

4）反向地址解析协议（RARP）

当一台无盘计算机作为 IP 主机时，它没有办法在其初始化时了解自己的 IP 地址。但是，它可以知道自己的 MAC 地址。反向地址解析协议可以通过发送一个包含有无盘主机 MAC 地址的数据包来发现该 IP 地址的身份，并询问与此 MAC 地址相对应的 IP 地址。网络上会指定一个被称为 RARP 服务器的计算机来响应这个请求，这样，无盘主机就会得到自己的 IP 地址。RARP 使用主机所知道的 MAC 地址信息来了解自己的 IP 地址，并完成主机的 ID 设置，如图 2-14 所示。

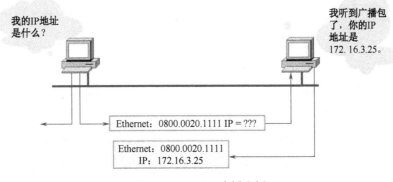

图 2-14　RARP 广播实例

5. 常用的网络命令

在进行网络组建、调试和维护的过程中，经常用到一些网络命令，通过这些网络命令可以测试网络是否连通，判断网络是否存在故障。

1) ping 命令

ping 命令主要用于测试一台主机与另一台主机之间能否连通。使用 ping 命令时，源主机将向目的主机发送一个 ICMP 请求报文，如果目的主机接收到该报文，则向源主机发回一个 ICMP 应答报文，源主机收到应答报文，则认为目的地是可达的，即连通；否则认为不可达，即不能连通。

默认情况下，主机运行的 ping 命令发送 4 个 ICMP 请求报文，每个报文 32 字节数据，如果一切正常，则发送端能够得到 4 个应答报文。

例如，两台主机 PC1 和 PC2，主机 PC1 的 IP 地址为 192.168.0.1，子网掩码为 255.255.255.0；主机 PC2 的 IP 地址为 192.168.0.2，子网掩码为 255.255.255.0，如图 2-15 所示，进行连通测试。

PC-PT　　　　　　　　　　　　　　　PC-PT
PC1　　　　　　　　　　　　　　　　 PC2

图 2-15　两台主机连通测试

在 Packet Tracer 软件环境下，在主机 PC1 的"命令提示符"窗口输入命令"ping 192.168.0.2"，按回车键，如果能够连通，则显示如图 2-16 所示的结果，表示收到来自 192.168.0.2 设备的回复，即 32 字节，时间为 24ms，生存周期为 128；如果无法连通则显示如图 2-17 所示的结果，表示请求超时。

图 2-16　两台主机之间连通

图 2-17　两台主机之间无法连通

ping 是一个测试命令，根据返回的信息，可以判断本地主机 TCP/IP 参数的设置是否正确，以及网卡、线路、网络设备等是否存在故障。

（1）ping 命令格式。

ping IP 地址/主机名/域名。

（2）ping 命令常用参数。

① ping IP 地址 -t：对某一 IP 地址不断地执行 ping 命令，直到用户按 Ctrl+C 键终止。

例如，ping 192.168.0.1 -t。

② ping IP 地址 -l 字节数：对某一 IP 地址执行 ping 命令时，指定 ping 命令中数据的长度。

例如，ping 192.168.0.1 -l 2000。

③ ping IP 地址 -n 次数：对某一 IP 地址执行一定次数的 ping 命令。

例如，ping 192.168.0.1 -n 20。

2）arp **命令**

arp 命令是 TCP/IP 协议族中的一个重要协议，通过该协议可以确定 IP 地址与对应的 MAC 地址。使用 arp 命令，可以查看主机 ARP 高速缓存中 IP 地址与 MAC 地址的对应关系，同时，还可以添加、删除 IP 地址与 MAC 地址的静态对应关系。

默认情况下，ARP 高速缓存中的对应关系是动态的，当向指定目的网络设备发送数据时，如果高速缓存中不存在当前的对应关系，则 ARP 便会自动添加。

常用命令参数：

① arp -a：用于查看高速缓存中 IP 地址与 MAC 地址所有的对应关系，如图 2-18 所示。

② arp -s IP 地址　MAC 地址：向 ARP 高速缓存中添加一个 IP 地址与 MAC 地址的对应关系。

③ arp -d IP 地址：从 ARP 高速缓存中删除一个 IP 地址与 MAC 地址的对应关系。

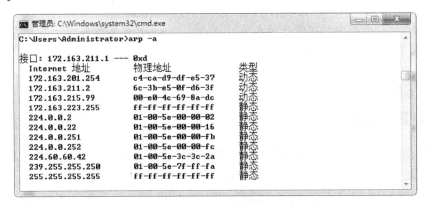

图 2-18　查看高速缓存中所有的对应关系

3）tracert **命令**

tracert 命令是路由跟踪命令，用户可以跟踪从一台主机到另一台主机之间经过的路由，常用于查看数据传输路径和定位问题出在哪个节点上。tracert 命令的格式如下。

tracert IP 地址/主机名。

例如，在本地主机跟踪百度服务器（IP 地址为 36.152.44.95），查看经过哪些路由。

tracert 36.152.44.95，如图 2-19 所示。

tracert 命令是在计算机 Windows 操作系统上使用的，如果是在其他网络设备或操作系统中，则需要使用 traceroute 命令。

```
管理员: C:\Windows\system32\cmd.exe

C:\Users\Administrator>tracert 36.152.44.95

通过最多 30 个跃点跟踪到 36.152.44.95 的路由

  1      *        *        *        请求超时。
  2    <1 毫秒   <1 毫秒   <1 毫秒  192.168.123.1
  3     2 ms     1 ms     1 ms    10.230.252.141
  4     1 ms     2 ms     1 ms    192.168.168.254
  5      *        *        *        请求超时。
  6     2 ms     2 ms     1 ms    172.16.255.29
  7     2 ms     2 ms     2 ms    172.16.255.5
  8     3 ms     2 ms     1 ms    172.16.255.1
  9     4 ms     5 ms     4 ms    223.99.63.193
 10     4 ms     3 ms     *       120.192.141.217
 11     9 ms    23 ms     8 ms    221.183.48.93
 12    19 ms    19 ms    19 ms    221.183.42.73
 13    17 ms     *        *       221.183.59.50
 14    16 ms    42 ms    17 ms    130.23.207.183.static.js.chinamobile.com [183.20
7.23.130]
 15      *        *        *        请求超时。
 16    17 ms    17 ms    16 ms    36.152.44.95

跟踪完成。
```

图 2-19　使用 tracert 命令跟踪百度服务器路由

任务四　认识 IP 地址

任务要求

理解 IP 地址的概念，能够正确表示 IP 地址，识别 IP 地址所属的分类，掌握特殊 IP 地址、公有地址及私有地址的范围。

知识点链接

1. IP 地址的概念

IP 地址是 IP 提供的一种地址格式，用 32 位的二进制数表示，由 IP 地址管理机构统一管理与分配，保证了网络上运行的设备不会产生地址冲突。

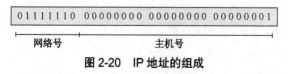

IP 地址由网络号和主机号两部分组成，如图 2-20 所示。网络号用来标识一个物理网络，主机号用来标识这个网络中的一台主机。

网络号　　　　　　　主机号
图 2-20　IP 地址的组成

2. IP 地址的表示方法

由于 IP 地址为 32 位的二进制数，为了方便记忆与书写，采用点分十进制的方法来表示，将 32 位的二进制数每 8 位分组，每组转换成十进制数，各数之间用"."来分隔。例如，IP 地址 01111110 00000000 00000000 00000001 表示为 126.0.0.1。

3. IP 地址的分类

根据 IP 地址中网络号和主机号的位数不同，将其划分为五类，分别为 A 类、B 类、C 类、D 类和 E 类，其中，A 类、B 类和 C 类地址可供用户使用，称为主类地址；D 类和 E 类称为次类地址。

1）A 类 IP 地址

A 类 IP 地址以"0"开头，如图 2-21 所示。网络号 8 位，允许有 126（2^7-2）个 A 类网络地址（地址 0.0.0.0 和 127.0.0.0 用作特殊用途，不作为网络地址），因此，第一个网络地址是 1.0.0.0/8，最后一个网络地址是 126.0.0.0/8。主机号 24 位，每个 A 类网络地址最多有 2^{24}-2 个地址，减 2 是因为主机号全"0"和主机号全"1"的 IP 地址为特殊用法，不分配给主机使用，即 A 类网络最多可容纳 2^{24}-2 台主机（1600 多万台）。A 类网络与其他类别的网络相比，主机地址最多，而网络地址仅有 126 个，因此，A 类网络地址适用于大型网络。

A 类 IP 地址的范围为 1.0.0.0 ~ 126.255.255.255。

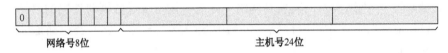

图 2-21　A 类 IP 地址

2）B 类 IP 地址

B 类 IP 地址以"10"开头，如图 2-22 所示。网络号 16 位，允许有 2^{14}（16384）个网络地址，第一个网络地址是 128.0.0.0/16，最后一个网络地址是 191.255.0.0/16。主机号 16 位，每个 B 类网络地址最多有 2^{16}-2（65534）个主机地址，即每个 B 类网络地址最多可容纳 65534 台主机，因此，B 类网络地址适用于一些国际性大公司与政府机构。

B 类 IP 地址的范围为 128.0.0.0 ~ 191.255.255.255。

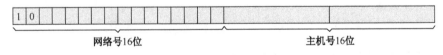

图 2-22　B 类 IP 地址

3）C 类 IP 地址

C 类 IP 地址以"110"开头，如图 2-23 所示。网络号 24 位，允许有 2^{21}（2097152）个网络地址，第一个网络地址是 192.0.0.0/24，最后一个网络地址是 223.0.0.0/24。主机号 8 位，每个 C 类网络地址最多有 2^8-2（254）个主机地址，即每个 C 类网络地址最多可容纳 254 台主机。因此，C 类网络地址适用于小型企业。

C 类 IP 地址的范围为 192.0.0.0 ~ 223.255.255.255。

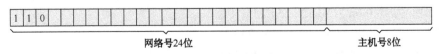

图 2-23　C 类 IP 地址

4）D 类 IP 地址

D 类 IP 地址以"1110"开头，属于组播地址，不能分配给单独的主机使用，它是一种比广播地址稍弱的形式，支持多目标传输。组播是指一台主机可以同时将数据包转发给多个接收者。

D 类 IP 地址的范围为 224.0.0.0 ~ 239.255.255.255。

5）E 类 IP 地址

E 类 IP 地址以"11110"开头，E 类 IP 地址暂时保留，用于某些实验和将来扩展使用。E 类 IP 地址的范围为 240.0.0.0 ~ 247.255.255.255。

4. 特殊 IP 地址

在 IP 地址中，有一些 IP 地址具有特殊的含义。

1）网络地址

网络地址表示一个网络，它由网络号和全"0"的主机号构成。如 120.0.0.0 是一个 A 类网络地址，180.10.0.0 是一个 B 类网络地址，202.80.120.0 是一个 C 类网络地址。

2）广播地址

广播地址是一个网络设备向其所在网络上的所有设备发送数据时使用的 IP 地址。广播地址由网络号和全"1"的主机号构成，如 120.255.255.255 是一个 A 类广播地址。

3）回环地址

以 127 开头的 IP 地址，即 127.0.0.0 ~ 127.255.255.255 的 IP 地址，用于对本地主机 TCP/IP 网络的测试，如 127.0.0.1。因此，含有网络号 127 的数据包不可能出现在任何网络上。

4）255.255.255.255 地址

IP 地址 255.255.255.255 为受限广播地址，指这台主机所在网络的所有主机，当某数据包将其作为目的地址时，这个数据包会被广播至本网络的所有主机，路由器不会转发目的地址为受限广播地址的数据包，这样的数据包仅出现在本地网络中。IP 地址 255.255.255.255 有时也用作通配符屏蔽码。

5）0.0.0.0 地址

在路由配置中代表任何一个网络，有时也用作通配符屏蔽码。

5. 公有地址与私有地址

由于 IPv4 地址数量有限，地址资源比较紧缺，为了解决这一问题，IP 地址管理机构将 IP 地址划分出一部分，将其规定为私有地址。私有地址是指只能在局域网中使用的 IP 地址，并且可以在不同的局域网中重复使用。拥有私有地址的网络设备要连接 Internet，必须使用 NAT 技术进行地址转换。公有地址指在 Internet 中使用的 IP 地址，除私有地址外的地址绝大部分为公有地址。

私有地址的范围如下：

A 类地址为 10.0.0.0 ~ 10.255.255.255；

B 类地址为 172.16.0.0 ~ 172.31.255.255；

C 类地址为 192.168.0.0 ~ 192.168.255.255。

在私有地址中有 1 个 A 类网络地址 10.0.0.0/8；16 个 B 类网络地址，范围为 172.16.0.0/16 ~ 172.31.0.0/16；256 个 C 类网络地址，范围为 192.168.0.0/24 ~ 192.168.255.0/24。

任务五　子网划分与计算

任务要求

理解子网划分的意义，能够根据给出的网络地址及要求计算出划分子网的个数、子网掩码、子网网络地址、子网广播地址和主机地址的范围。

知识点链接

1. 划分子网的原因

1）节约 IP 地址资源

当把 A 类、B 类网络地址直接分配给一些企业或政府部门使用时，因为网络地址中主机地址数量众多，会浪费大量的 IP 地址。例如，一个 A 类网络地址中主机地址有 $2^{24}-2$ 个，有 1600 多万个。实际上，根本没有哪个企业或政府部门的网络可以用完如此庞大的主机地址，造成了 IP 地址的大量浪费。通过划分子网，可以将 A 类、B 类网络地址划分为一个个更小的子网，能够节约大量的 IP 地址。

2）限制广播，提高速率

在网络中广播是不可避免的，如果网络太大，广播时网络中会充斥着大量的广播数据包，既占用大量资源，也占用大量带宽。通过划分子网可以将一个大的网络划分为若干个小网络，网络规模小了，广播被限制在一个个小的网络范围内，网络中主机等网络设备的数量也减少了，广播所占用的资源也就少了，有利于提高网络的整体性能。

基于以上两个原因，通常将一个主机地址数较多的网络地址划分为多个子网地址，既节约了 IP 地址，又可以将广播限制在一个较小的网络内，提高网络速率。

2. 子网的编址方法

为了提高 IP 地址的利用率，通常会将一个网络地址划分为多个子网。标准的 IP 地址由网络号和主机号组成，采用从主机号最高位开始借位的方法划分子网，如图 2-24 所示。借位使 IP 地址的组成变为三部分：网络号、子网号和主机号。

当从主机号"借"位时，必须保留 2 位或 2 位以上作为主机号。以 B 类网络地址为例，主机号有 16 位，最多只能借 14 位，这样主机号最少

图 2-24　包含子网位的 IP 地址结构

保留 2 位，如果保留 1 位，那么这个网络中就没有主机主地址了；在 C 类网络中，由于主

机号只有 8 位，所以最多只能借 6 位划分子网。划分的子网数为 2^n，n 为从主机号中借的位数。

划分子网时，因为采用从主机号借位的方法，因此，网络数量（子网数量）增多了，网络中的主机地址减少了。如一个 C 类网络网址，原来 8 位主机号，主机地址为 $2^8-2=254$ 个。假如从主机号借 2 位作为子网号，那么新主机号为 6 位，可以划分 $2^2=4$ 个子网，每个子网中主机地址为 $2^6-2=62$ 个。网络由原来的 1 个变为 4 个，主机地址的个数由原来的 254 变为 $62 \times 4=248$。

3. 子网网络地址与子网广播地址

在子网编址中以网络号、子网号加全"0"的主机号表示子网网络地址；以网络号、子网号加全"1"的主机号表示子网广播地址。

有一个 C 类网络地址为 202.155.33.0，网络号为 24 位，主机号为 8 位，从主机号借 2 位作为子网号，划分子网，余下 6 位为新主机号，共可以划分 4 个子网，子网号分别为 00、01、10 和 11。以子网号为 00 的子网为例，主机数为 $2^6-2=62$ 台，子网网络地址为 202.155.33.00000000，即 202.155.33.0，广播地址为 202.155.33.00111111，即 202.155.33.63，如图 2-25 所示。

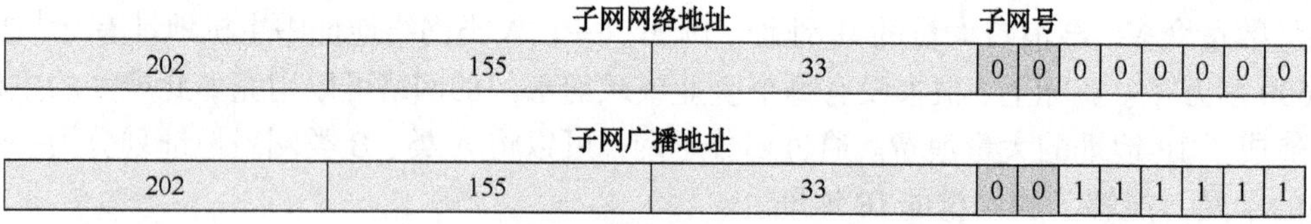

子网网络地址			子网号							
202	155	33	0	0	0	0	0	0	0	0

子网广播地址										
202	155	33	0	0	1	1	1	1	1	1

图 2-25　子网网络地址与子网广播地址

其他各子网的主机号、主机地址数、子网网络地址、子网广播地址，如表 2-2 所示。

表 2-2　网络 202.155.33.0 的子网划分

子网号	主机地址数	子网网络地址	子网广播地址
00	62	202.155.33.0	202.155.33.63
01	62	202.155.33.64	202.155.33.127
10	62	202.155.33.128	202.155.33.191
11	62	202.155.33.192	202.155.33.255

4. 子网掩码

在 IP 协议中，子网掩码用来表示网络号和主机号的位数，格式与 IP 地址一样，也为 32 位的二进制数，由两部分组成，前一部分为连续的"1"，用来标识网络号的位数；后一部分为连续的"0"，用来标识主机号的位数，如 IP 地址 192.168.1.1 的子网掩码为 11111111 11111111 11111111 00000000，表示 IP 地址的前 24 位为网络号，即 192.168.1 为网络号，后 8 位为主机号，即 1 为主机号。

为了方便书写和记忆，子网掩码也采用点分十进制的方法来表示，如子网掩码 11111111 11111111 11111111 00000000 转化为十进制数为 255.255.255.0。子网掩码的另一种表示方法是在 IP 地址后用"/"及数字表示，数字为子网掩码中 1 的位数，如 IP 地址 192.168.1.1 的子网掩码 11111111 11111111 11111111 00000000，可以表示为 192.168.1.1/24。

在未划分子网的 IP 地址中，A 类、B 类和 C 类 IP 地址的网络号和主机号是固定的，其子网掩码如下。

A 类地址的子网掩码为 11111111 00000000 00000000 00000000，可以表示为 255.0.0.0/8。

B 类地址的子网掩码为 11111111 11111111 00000000 00000000，可以表示为 255.255.0.0/16。

C 类地址的子网掩码为 11111111 11111111 11111111 00000000，可以表示为 255.255.255.0/24。

当 A 类、B 类和 C 类网络地址划分子网时，主机号的位数减少、网络号的位数增多，子网掩码中二进制数"1"的数量就会增多，对于这样的子网掩码，通常称之为变长子网掩码（Variable-Length Subnet Mask，VLSM）。

有时为了节省 IP 地址，常用/30（255.255.255.252）作为子网掩码，如网络地址 192.168.1.0/24，从主机号中拿出 6 位作为子网号，其中一个子网地址为 192.168.1.4/30，共有两个主机地址 192.168.1.5/30 和 192.168.1.6/30，就可以分别分配给路由器相连的两个端口使用，既保证了同一个网段，又节省了 IP 地址。

在 IP 路由寻址过程中，主机依靠子网掩码来判断所发送数据包的目的地址是本地的，还是需要路由转发的，从而选择不同的转发路径。假如某台主机的 IP 地址为 192.138.125.65，子网掩码为 255.255.255.192，转化为二进制数是 11111111 11111111 11111111 11000000，就可以看出从主机号借了 2 位划分子网，子网号为"01"，网络地址为 192.138.125.64。还有一台主机 IP 地址为 192.138.125.95，子网掩码为 255.255.255.192，同样可以看出从主机号借了 2 位划分子网，子网号为"01"，这两台主机网络号相同，属于同一网络，它们之间的传输数据包就不需要使用路由器转发了。

5. 子网划分的计算

1）已知需要的子网数划分子网

某公司使用网络地址 172.16.0.0/16 组建局域网，公司共有 5 个部门，每个部门使用一个子网，请问如何划分子网才能满足公司需求？每个部门最多有多少台主机？每个部门的 IP 地址范围是多少？子网掩码是多少？各子网的网络地址和广播地址是多少？

（1）确定从主机号的借位数。

网络地址 172.16.0.0/16 需要划分 5 个子网，即 $2^2 < 5 < 2^3$，因此需要从主机号借 3 位划分子网。

（2）确定子网号。

从主机号借 3 位划分子网，可划分出 8 个子网，前 5 个子网号分别为 000、001、010、011 和 100。

（3）写出子网掩码。

子网掩码用连续的"1"表示网络号（包括子网号），连续的"0"表示主机地址，子网掩码为 11111111 11111111 11111111 11100000，用十进制数表示为 255.255.255.224。

（4）每个子网的主机地址数。

从主机号借 3 位作为子网号，因此新主机号有 13 位，每个子网中全 "0" 与全 "1" 的主机号的 IP 地址不使用，因此主机地址数为 $2^{13}-2=8192$。

（5）计算子网网络地址与子网广播地址。

以子网号 000 的子网为例，子网网络地址以网络号、子网号加全 "0" 的主机号表示，因此可以写为 172.16.00000000.00000000，转换成十进制数为 172.16.0.0。子网广播地址以网络号、子网号加全 "1" 的主机号表示，因此可以写为 172.16.00011111.11111111，转换成十进制为 172.16.31.255。

（6）部门 IP 地址的范围。

以子网号 000 的子网为例，如图 2-26 所示。第一台主机 IP 地址为 172.16.00000000.00000001，十进制数表示为 172.16.0.1；最后一台主机 IP 地址为 172.16.00011111.11111110，十进制数表示为 172.16.31.254，因此主机地址的范围为 172.16.0.1 ~ 172.16.31.254。

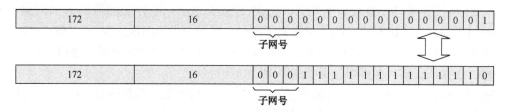

图 2-26　主机地址的范围

各部门的 IP 地址信息如表 2-3 所示。

表 2-3　各部门的 IP 地址信息

子 网 号	部门 IP 地址的范围	主 机 数	子网网络地址	子网广播地址
000	172.16.0.1~172.16.31.254	8192	172.16.0.0	172.16.31.255
001	172.16.32.1~172.16.63.254	8192	172.16.32.0	172.16.63.255
010	172.16.64.1~172.16.95.254	8192	172.16.64.0	172.16.95.255
011	172.16.96.1~172.16.127.254	8192	172.16.96.0	172.16.127.255
100	172.16.128.1~172.16.159.254	8192	172.16.128.0	172.16.159.255

2）已知子网中主机地址数划分子网

某学校计算机实训部分配到一个子网地址 192.168.31.0/24，给各实验室的计算机分配 IP 地址，实验室中最多有 50 台主机，那么最多可以给多少个实验室分配 IP 地址？子网掩码是多少？每个实验室的 IP 地址范围是多少？ 每个实验室的子网广播地址和子网网络地址是多少？

（1）确定计算主机号需要多少位才能满足要求。

划分子网时，主机号全 "0" 的 IP 地址为子网地址和全 "1" 的 IP 地址为广播地址，不能给主机使用，因此，划分后的子网中至少应该有 50+2=52 个地址，即 $2^5<52<2^6$，所以主机号至少需要 6 位才能满足需求。余下的 2 位作为子网号。

（2）确定子网号与子网数。

从主机号借 2 位划分子网。因此，可以划分的子网数为 $2^2=4$ 个，能够给 4 个实验室分配 IP 地址，子网号分别为 00、01、10 和 11。

（3）写出子网掩码。

主机号有 6 位，网络号为 32-6=26 位，因此，子网掩码为 11111111 11111111 11111111 11000000，用十进制数表示为 255.255.255.192。

（4）确定主机地址数。

主机号有 6 位，每个子网中全"0"与全"1"的主机号的 IP 地址不使用，因此主机地址数为 $2^6-2=62$，每个实验室中最多可以有 62 台主机。

（5）计算子网网络地址与子网广播地址。

以子网号为 01 的子网为例，子网网络地址以网络号、子网号加全"0"的主机号表示，因此写为 192.168.31.01000000，转换成十进制数为 192.168.31.64。子网广播地址以网络号、子网号加全"1"的主机号表示，因此可以写为 192.168.31.01111111，转换成十进制数为 192.168.31.127。

（6）计算各实验室 IP 地址的范围。

以子网号 01 的子网为例，第一个 IP 地址为 192.168.31.01000001，十进制数表示为 192.168.31.65；最后一个 IP 地址为 192.168.31.01111110，十进制数表示为 192.168.31.126。

各个实验室的 IP 地址信息如表 2-4 所示。

表 2-4 各个实验室的 IP 地址信息

子网号	实验室的 IP 地址范围	主机数	子网网络地址	子网广播地址
00	192.168.31.1～192.168.31.62	62	192.168.31.0	192.168.31.63
01	192.168.31.65～192.168.31.126	62	192.168.31.64	192.168.31.127
10	192.168.31.129～192.168.31.190	62	192.168.31.128	192.168.31.191
11	192.168.31.193～192.168.31.254	62	192.168.31.192	192.168.31.255

本项目拓展知识点链接

电子课件

项 目 评 价

学生		级班 星期 日期			
项目名称	数据通信网络体系结构			组长	
评价内容	主要评价标准		分数	组长评价	教师评价
任务一	理解 OSI 参考模型的层次结构及功能		10 分		
任务二	掌握各层的协议数据单元，理解数据的封装与解封装		10 分		
任务三	理解 TCP/IP 层次结构、各个协议中常用的网络命令		20 分		
任务四	理解 IP 地址的概念、表示方法、分类；掌握特殊 IP 地址、公有地址及私有地址的范围		30 分		
任务五	能够进行子网划分与计算		30 分		
总 分			合计		
项目总结（心得体会）					

说明：满分为 100 分，总分=组长评价×40%+教师评价×60%。

项 目 习 题

一、填空题

1. OSI 参考模型有 7 层，从低到高依次为物理层、_____、_____、传输层、会话层、表示层、应用层。

2. TCP/IP 模型有 4 层，分别为网络接口层、网络层、_____、_____。

3. 在 TCP/IP 体系结构中，与 OSI 参考模型对应的层是_____，FTP 位于 TCP/IP 模型的_____。

4. _____是 IP 提供的一种地址格式，用 32 位的二进制数表示，由 IP 地址管理机构统一管理与分配。

5. 标准的 IP 地址由网络号和主机号组成，采用从主机号_____开始借位的方法划分子网。

6. 由于 IP 地址为 32 位的二进制数，为了方便记忆与书写，采用_____表示。

二、简答题

1. 简述计算机网络协议的概念。

2．简述 OSI 参考模型各层的结构及功能。

3．IP 地址分为哪几类？每一类的范围是多少？

4．如何用子网掩码表示网络号和主机号？

三、计算题

　　某学校分配到一个网络地址 172.31.0.0/24，要求给教务处、学生处、办公室、总务处、招生处和实习处共 6 个部门的计算机分配 IP 地址，每个部门最多有 30 台主机，假如你是通信公司的技术员，请为学校规划 IP 地址，并列出每个部门的 IP 地址范围、子网掩码、子网广播地址和子网网络地址。

Packet Tracer 软件的使用 项目三

项目背景

　　Packet Tracer 软件能够为用户提供一整套完善的网络环境，并且不受设备数量的限制，用户只要安装好软件就可以随时学习。本项目将详细讲解 Packet Tracer 软件的使用方法（以 Packet Tracer 7.2 软件为例）。

学习目标

1. 知识目标

（1）认识 Packet Tracer 软件的界面。

（2）掌握路由器、交换机、计算机、服务器等网络设备的管理与配置。

（3）掌握设备连线的方法和原则。

（4）掌握网络设备间连通测试的方法。

2. 技能目标

（1）掌握 Packet Tracer 软件的使用方法。

（2）能够完成办公局域网、企业局域网拓扑结构的绘制。

（3）能够完成网络设备连线，以及设备模块的添加和删除。

任务一　认识 Packet Tracer 软件

任务要求

了解 Packet Tracer 软件的界面和常用工具栏。

知识点链接

1. Packet Tracer 软件的界面

Packet Tracer 是由 Cisco 公司发布的一个辅助学习软件，为使用者提供了规划、组建和管理网络的模拟环境。用户可以使用路由器、交换机、计算机等网络设备来构建简单或复杂的网络，创建与智慧城市、家庭和企业互联的解决方案。软件还提供了数据包在网络中的详细处理过程，以方便用户观察网络实时运行情况。

Packet Tracer 软件的界面如图 3-1 所示，主要分为主菜单栏、主工具栏、通用工具栏、逻辑/物理工作区导航栏、分组及层级管理工具栏、工作区、时间设置工具栏、设备类型选择区、具体设备选择区、实时/模拟工具栏。

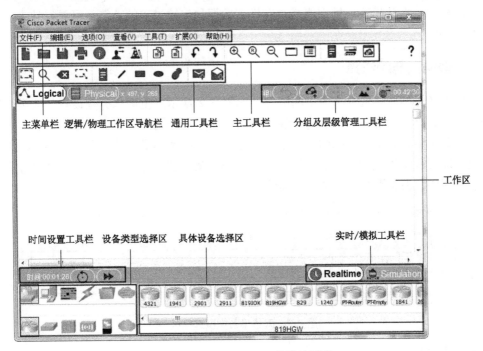

图 3-1　Packet Tracer 软件的界面

1）主菜单栏

主菜单栏从左到右包括文件、编辑、选项、查看、工具、扩展、帮助等内容。

2）主工具栏

主工具栏从左到右提供新建、打开、保存、打印、网络信息、用户资料、活动向导、复制、粘贴、撤销、重做、放大、缩放重置、缩小、显示窗口、显示工作空间列表、查看命令日志、定制设备对话框、集群关联对话框等工具的快捷方式。

3）通用工具栏

通用工具栏从左到右提供选择、查看、删除、调整大小、备注、绘制直线、绘制长方形、绘制椭圆形、绘制自由图形、添加简单数据包、添加复杂数据包等常用工具的快捷方式。

4）逻辑/物理工作区导航栏

逻辑工作区为主要工作区，用户在此工作区中可完成网络设备的逻辑连接和配置。物理工作区为模拟真实情况（城市、建筑物、工作间等）的直观图，用户可对此进行相关配置。

5）工作区

工作区可创建网络拓扑结构，以及查看模拟网络中的数据。

6）底部工具栏

底部工具栏分为设备类型选择区和具体设备选择区两部分。

设备类型选择区：给用户提供不同类型、不同型号的网络设备，包括路由器、交换机、集线器、线缆等。

具体设备选择区：由于每种网络设备都提供了多种型号，所以用户可根据网络需求进行选择。

7）实时/模拟工具栏

实时模式为默认模式。模拟模式具有模拟数据包传输过程的功能，可更好地查看整个网络的拓扑图。

2. 网络设备的选择

网络设备类型选择区分为上下两部分，如图 3-2 所示。上面部分是设备的大类，依次为网络设备、终端设备、组件、连接线、杂项、多用户连接；下面部分是该设备大类包含的具体设备类型，以最常用的网络设备大类为例，在该大类里，具体设备类型依次为路由器、交换机、集线器、无线设备、安全、WAN 仿真器。选择好设备类型后，就可以在具体设备选择区中，根据网络需求选择具体的设备型号了。

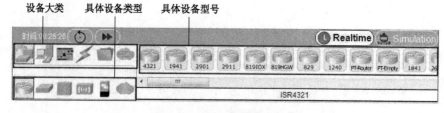

图 3-2　网络设备类型选择区

3. 设备线缆

设备线缆如图 3-3 所示。设备大类选择连接线后，在具体设备类型区中有多种连接线供用户使用，从左到右依次为自动选择连接类型、控制台连线、铜直通线、铜交叉线、光纤、电话线、同轴电缆、串行 DCE 线缆、串行 DTE 线缆、思科八爪鱼线缆、IoT 自定义线缆、USB 线。

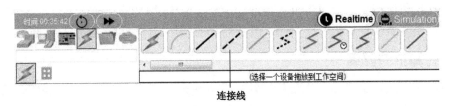

图 3-3　设备线缆

任务二　绘制办公局域网的拓扑结构

拓扑结构：组建办公局域网如图 3-4 所示。

所需设备：交换机（型号 2950）一台、计算机三台、直通线三根。

IP 地址规划：

计算机 PC0 的 IP 地址：192.168.1.1；子网掩码为 255.255.255.0。

计算机 PC1 的 IP 地址：192.168.1.2；子网掩码为 255.255.255.0。

计算机 PC2 的 IP 地址：192.168.1.3；子网掩码为 255.255.255.0。

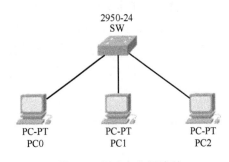

图 3-4　组建办公局域网

设备连线：

计算机 PC0 的 FastEthernet0 端口→交换机 SW 的 f 0/1 端口。

计算机 PC1 的 FastEthernet0 端口→交换机 SW 的 f 0/2 端口。

计算机 PC2 的 FastEthernet0 端口→交换机 SW 的 f 0/3 端口。

任务要求

（1）在 Packet Tracer 软件中使用给定的网络设备组建小型办公局域网，要求正确连接网络设备，并绘制拓扑结构。

（2）配置计算机的 IP 地址和子网掩码，实现计算机间的互通。

知识点链接

1. 添加网络设备

Packet Tracer 软件中有很多常用的网络设备，在使用前需要先添加网络设备。下面以添加 2950 型号的交换机为例介绍添加网络设备的方法。

（1）在底部"设备类型选择区"中选择"网络设备"选项，在"具体类型选择区"中选择"交换机"选项，在"具体设备型号"中选择"2950"选项，这样该型号的交换机就会处于选择状态 。

（2）在工作区域空白处单击鼠标左键，可添加 2950 型号的交换机。

其他网络设备如计算机、路由器、服务器等的添加与此类似，在此不再赘述。

2. 计算机的管理

在 Packet Tracer 软件中，添加的计算机设备默认以"PC"命名。单击 PC 图标，打开计算机窗口，会看到"物理""配置""桌面""编程""属性"5 个选项卡，下面简单介绍常用的选项卡。

1）"物理"选项卡

"物理"选项卡如图 3-5 所示。在该选项卡中，可以根据需求为计算机添加需要的模块。左侧为可以添加的模块，单击模块，下方区域会显示该模块的功能及物理视图，右侧为计算机的设备物理视图。

2）"配置"选项卡

"配置"选项卡如图 3-6 所示。在该选项卡中，可以对计算机进行全局设置和配置。在"全局"设置中，可以修改设备的"显示名称"，配置网关和 DNS 服务器。选择"接口"中的"FastEthernet0"选项，可以修改接口的状态、带宽、工作模式、IP 地址等。

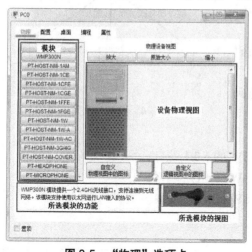

图 3-5　"物理"选项卡

图 3-6　"配置"选项卡

3）"桌面"选项卡

"桌面"选项卡如图 3-7 所示。在该选项卡中，提供了 IP 配置、终端、命令提示符、PC 无线等功能，常用功能如下。

在"IP 配置"中可以设置计算机的 IP 地址、子网掩码、网关和 DNS 的配置。

在"终端"中可以设置比特率、数据位、奇偶校验等终端设置。

在"命令提示符"中可以输入 ping、telnet 等命令进行连通测试、远程登录等。

在"MIB 浏览器"中可以模拟浏览器访问 Web 网站。

3. 交换机的管理

添加交换机（如 2950）设备后，单击交换机图标，打开交换机窗口，可以看到"物理"

"配置""命令行界面""属性"4 个选项卡，下面简单介绍常用的选项卡。

1)"**物理**"**选项卡**

"物理"选项卡如图 3-8 所示。

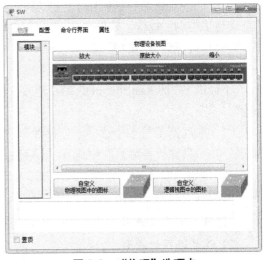

图 3-7　"桌面"选项卡　　　　　　　　　图 3-8　"物理"选项卡

2)"**配置**"**选项卡**

"配置"选项卡如图 3-9 所示。在该选项卡中，可以对交换机进行"全局""交换""VLAN 数据库"等配置；在"全局"配置中，可以修改设备的"显示名称""主机名称"等；在"交换"配置中，可以添加、删除 VLAN 数据库；在"设置"配置中，可以设置端口的状态、带宽、工作模式等。

3)"**命令行界面**"**选项卡**

"命令行界面"选项卡如图 3-10 所示。在该选项卡中，可以通过命令行对交换机进行配置。

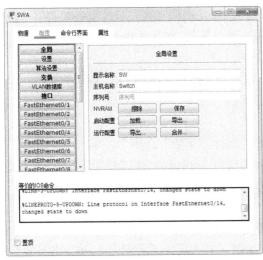

图 3-9　"配置"选项卡　　　　　　　　　图 3-10　"命令行界面"选项卡

4. 设备连线

在 Packet Tracer 软件中有直通线、交叉线、光纤、串行 DCE、串行 DTE 等线缆可以选择，不同的设备端口需使用不同类型的线缆，否则会造成通信失败。设备连线时若选择"自动连接类型"线缆，软件会按照端口的默认顺序进行连线；若选择其他类型的线缆，则需要用户自行选择连接端口。

1）设备连线的方法

下面以 PC 的 FastEthernet0 端口连接交换机（型号 2950）FastEthernet0/1 端口为例进行讲解。

（1）在底部工具栏中选择"连接线"选项，在"具体类型选择区"中选择"连接线"选项，在"具体设备型号"中选择"铜直通线"选项，直通线可处于选择状态⊘。

（2）单击 PC 图标，选择"FastEthernet0"端口，然后用鼠标单击"交换机"图标，在弹出的端口中选择"FastEthernet0/1"端口，完成设备的连线。

> 注意：不建议使用自动选择连接类型⚡，除非不知道设备之间该用什么线。

2）设备连线的原则

设备连线时，同种设备间使用交叉线，不同设备间使用直通线，但计算机与路由器相连时应使用交叉线。另外，路由器与路由器间连接时，如果使用 FastEthernet 接口，则使用交叉线；如果使用 Serial 接口（串口），则使用 DTE 线或 DCE 线。

任务实施

1）添加网络设备

（1）在设备选择区的"设备大类"中选择"终端设备"选项，在"具体设备类型"中选择"终端设备"选项和"PC"选项，并添加一台 PC 至工作区，更改显示名称为"PC0"。

（2）使用同样的方法添加计算机 PC1、计算机 PC2 和二层交换机 SW，见图 3-4。

2）设备连线

（1）在设备选择区的"设备大类"中选择"连接线"选项，在"具体设备类型"中选择"连接线"选项，然后选择"铜直通线"选项，在计算机 PC0 上单击"FastEthernet0"端口；单击交换机 SW，选择"FastEthernet0/1"端口。

（2）使用同样的方法完成计算机 PC1 的 f0 端口与交换机 SW 的 f0/2 端口的连接，以及 PC2 的 f0 端口与交换机 SW 的 f0/3 端口的连接。

3）设置计算机的 IP 地址

单击计算机 PC0 的图标，打开"PC0"窗口，选择"桌面"选项卡，单击"IP 配置"图标，打开 IP 配置界面。设置 IP 地址为 192.168.1.1，子网掩码为 255.255.255.0，如图 3-11 所示。使用同样的方法完成计算机 PC1 和计算机 PC2 的 IP 地址及子网掩码的配置。

4）连通测试

在"PC0"窗口中选择"桌面"选项卡，单击"命令提示符"图标，打开"命令行"窗口，输入命令"ping192.168.1.2"，按回车键，如图 3-12 所示，表示计算机 PC0 和计算机 PC1 之间能够连通。使用同样的方法测试计算机 PC0 和计算机 PC2、计算机 PC1 和计算机 PC2 的连通情况。

图 3-11 计算机 PC0 的 IP 地址配置

图 3-12 连通测试

任务三 绘制企业局域网的拓扑结构

拓扑结构: 组建企业局域网如图 3-13 所示。

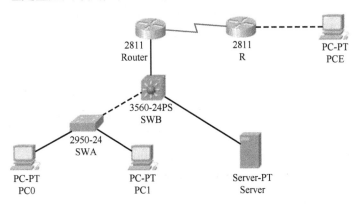

图 3-13 组建企业局域网

所需设备: 路由器(型号 2811)两台、二层交换机(型号 2950)一台、三层交换机(型号 3560)一台、计算机三台、服务器一台、直通线四根、V.35 线一根、交叉线一根。

设备连线:
计算机 PC0 的 f0 端口→交换机 SWA 的 f0/1 端口。
计算机 PC1 的 f0 端口→交换机 SWA 的 f0/2 端口。
服务器 Server 的 f0 端口→交换机 SWB 的 f0/2 端口。
交换机 SWA 的 f0/24 端口→交换机 SWB 的 f0/1 端口。
路由器 Router 的 f0/0 端口→交换机 SWB 的 f0/24 端口。

在 Packet Tracer 软件中使用给定的网络设备组建企业局域网，要求正确连接网络设备，并绘制拓扑结构。

知识点链接

1. 服务器的管理

添加服务器（Server）设备后，单击服务器图标，打开"Server"窗口，其中"物理""配置""桌面""编程""属性"5 个选项卡的使用方法与 PC 类似，在"服务"选项卡中可以配置 HTTP 服务、DHCP 服务、DNS 服务、FTP 服务等信息，如图 3-14 所示。

图 3-14 "服务"选项卡

2. 路由器的管理

添加路由器（如型号 2811）设备后，单击路由器图标，打开"Router"窗口，可以看到"物理""配置""命令行界面""属性"4 个选项卡。下面介绍常用的选项卡。

1）"物理"选项卡

在该选项卡中显示了路由器的物理设备视图，包含路由器的端口、电源等，可以根据需要进行放大、缩小等操作，如图 3-15 所示。

2）"配置"选项卡

在该选项卡中，可以通过可视化界面对路由器的"接口""路由"等进行配置，如图 3-16 所示。

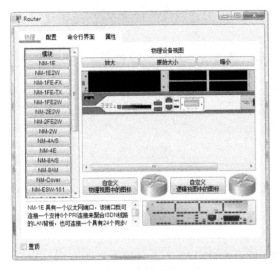

图 3-15 "物理"选项卡

图 3-16 "配置"选项卡

3）"命令行界面"选项卡

在该选项卡中，可以通过命令行对路由器进行配置。

3. 为设备添加模块

从具体设备类型的路由器 中添加的路由器默认是不添加模块，以路由器（型号 2811）添加串口模块 WIC-1T 为例，可以使用以下方法。

（1）单击路由器图标，打开路由器管理窗口，切换到"物理"选项卡，如图 3-17 所示，可以看到预留的模块插槽，单击电源开关，可关闭路由器电源。

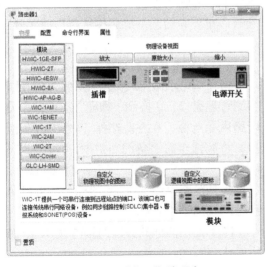

图 3-17 "物理"选项卡

图 3-18 将模块拖至插槽中

（2）在"物理"选项卡的左侧选择"WIC-1T"模块，在底部可以看到其功能说明，使用鼠标将它拖至左上角的插槽中，如图 3-18 所示。

（3）单击电源开关，开启路由器电源，完成模块的添加。将鼠标移至路由器图标上，可以看到已经添加了 Serial0/1/0 端口。

注意：如果是在"设备大类"中选择"杂项"选项后，如图 3-19 的所示，再选择其中的路由器添加，则默认模块是安装好的。

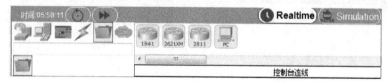

图 3-19 选择"设备大类"的"杂项"选项

4. 实时模式与模拟模式

在 Packet Tracer 软件的右下角可以使用实时模式和模拟模式进行切换，实时模式以实际状态完成网络通信，通信过程可瞬间完成；而模拟模式以类似"慢动作"的状态完成通信，并可将通信过程展现出来，便于用户理解。例如，网络中的主机 A 与主机 B 进行通信，在实时模式下，通信可瞬间完成；而在模拟模式下通信过程则可将数据包的发送和接收过程展现出来。通过单击"Realtime"和"Simulation"两个图标进行切换。

任务实施

1）添加网络设备

（1）在设备选择区的"设备大类"中选择"终端设备"选项，在"具体设备类型"中选择"终端设备"选项，单击 PC 图标，添加一台 PC 至工作区，更改显示名称为"PC0"。

（2）使用同样的方法添加计算机 PC1 和计算机 PCE、服务器 Server、二层交换机 SWA、三层交换机 SWB、路由器 Router 和路由器 R，见图 3-13。

注意：如果路由器是从"设备大类"的"杂项"中添加的，则默认模块是已安装好的，无须添加。

图 3-20 路由器添加"WIC-1T"模块

2）为路由器添加模块

（1）单击路由器 Router 图标，打开路由器管理窗口，切换到"物理"选项卡，关闭路由器电源，在左侧选择"WIC-1T"模块，将其拖至右上角的插槽中，如图 3-20所示。开启路由器电源，完成模块的添加，将鼠标移至路由器 Router 图标上，可以看到已经添加了 Serial0/2/0 端口。

（2）使用同样的方法为路由器 R 添加 WIC-1T 模块。

3）设备连线

（1）在设备选择区的"设备大类"中选择"连接线"选项，在"具体设备类型"中选择"连接线"选项，然后选择"铜直通线"

选项，单击计算机 PC0 图标，在管理窗口中选择"FastEthernet0"端口；单击交换机 SWA 图标，在交换机管理窗口中选择"FastEthernet0/1"端口。

（2）使用同样的方法完成计算机 PC1 的 f 0 端口与交换机 SWA 的 f 0/2 端口的连接、Server 的 f 0 端口与交换机 SWB 的 f 0/3 端口的连接、交换机 SWA 的 f 0/24 端口与 SWB 的 f 0/1 端口的连接、Router 的 f 0/0 端口与 SWB 的 f 0/24 端口的连接。

> **注意：** 交换机 SWA 与交换机 SWB 连接时使用交叉线。

（3）选择"串行 DCE"选项，单击路由器 Router，在路由器管理窗口中选择"Serial0/2/0"端口，单击路由器 R，在路由器管理窗口中选择"Serial0/2/0"端口，完成设备连线。

电子课件

项 目 评 价

学生	级班		星期	日期			
项目名称	Packet Tracer 软件					组长	
评价内容	主要评价标准				分数	组长评价	教师评价
任务一	能够熟练使用 Packet Tracer 软件				20 分		
任务二	掌握设备选择、端口选用、设备连线、IP 地址设置的方法				40 分		
任务三	掌握设备选择、端口选用、设备连线的方法				40 分		
总　分					合计		
项目总结（心得体会）							

说明：满分为 100 分，总分=组长评价×40%+教师评价×60%。

项 目 习 题

一、填空题

1. 在 Packet Tracer 软件中，设备大类包括_____、_____、组件、连接线、杂项、多用户连接。

2. 在 Packet Tracer 软件中，网络设备大类中具体设备类型主要包括_____、_____、集线器、无线设备、安全、WAN 仿真器。

3. 在 Packet Tracer 软件中，设备连接线主要包括自动选择连接类型、控制台连线、_____、铜交叉线、_____、电话线、同轴电缆、串行 DCE 线缆、串行 DTE 线缆、思科八爪鱼线缆、IoT 自定义线缆、USB 线。

二、简答题

1. 简述 Packet Tracer 软件的界面由哪些部分组成。

2. 简述绘制办公局域网拓扑结构的步骤。

3. 简述绘制企业局域网拓扑结构的步骤。

三、操作题

假如你是网络管理员，学校要求使用 Packet Tracer 软件绘制学校网络的拓扑结构。学校有教务科、学生科、总务科、图书馆、教研室、教学部六个部门。现有一台路由器（型号 2811）、六台交换机（型号 2950）、一台服务器，每个部门需要用两台计算机模拟，请你完成任务。

交换机的基本配置与管理 项目四

项目背景

　　交换机是局域网中重要的网络设备，具有地址学习、帧转发过滤、环路避免等功能，常用于组建局域网。首次配置交换机必须使用 Console 端口，在配置好 IP 地址后，就可以使用远程登录等方式对交换机进行配置管理。为了保证交换机的安全，管理员通常会为其设置密码，如 Console 端口密码、特权模式密码、远程登录密码等。为控制流量，管理员还常为交换机的端口设置带宽、工作模式等。

学习目标

1. 知识目标

（1）理解交换机的组成、分类、功能、工作原理和管理方式。

（2）掌握交换机的配置模式。

（3）掌握交换机的时钟、管理 IP 地址、端口、特权模式密码、Console 端口密码、远程管理的配置方法。

2. 技能目标

（1）熟悉交换机工作模式的切换。

（2）能够完成交换机各种密码的配置，以及时钟、远程管理、端口的配置。

（3）能够熟练使用交换机系统的帮助功能。

任务一　认识交换机

认识交换机的组成，理解交换机的分类、功能、工作过程、管理方式及 MAC 地址表。

知识点链接

20 世纪 90 年代初出现了交换式以太网，这种网络以交换机为中心，采用星状拓扑结构，具有独享信道、传输速率高等特点。它通过采用点对点方式传输，可有效避免广播风暴，对网络发展产生了深远的影响。

1. 交换机的简介

交换机是集线器的升级产品，它能基于目的 MAC 地址转发信息，可以实现点对点的数据传输，交换机工作于数据链路层，应用于局域网环境。目前市场上主要的交换机生产厂商有华为、思科、星网锐捷、神州数码等。

2. 交换机的分类

1）按交换机是否可网络管理分类

按交换机是否可网络管理分为不可网管交换机和可网管交换机。

（1）不可网管交换机。

不可网管交换机是不能被配置和管理的，它不对数据做任何处理，插上网线即可使用，也被称为"傻瓜"型交换机，如图 4-1 所示。

（2）可网管交换机。

可网管交换机是可以被配置和管理的，具有一定的智能性，能够根据需要对数据进行处理。它的正面有一个 Console 端口，用于连接计算机进行配置，如图 4-2 所示。

图 4-1　不可网管交换机

Console端口

图 4-2　可网管交换机

2）按网络构成分类

按照网络构成分为接入层交换机、汇聚层交换机和核心层交换机。

（1）接入层交换机。

部署在接入层的交换机称为接入层交换机，如图 4-3 所示，也称为工作组交换机，通常为固定端口交换机，用于计算机等终端设备的网络接入。

（2）汇聚层交换机。

部署在汇聚层的交换机称为汇聚层交换机，也称为骨干交换机、部门交换机，如图 4-4 所示。汇聚层交换机首先汇聚接入层交换机转发的数据，再将其传输给核心层交换机，最终发送到目的地。

图 4-3　锐捷 RG-NBS1800 接入层交换机

图 4-4　华为 S5720S 汇聚层交换机

（3）核心层交换机。

部署在核心层的交换机称为核心层交换机，也称为中心交换机，如图 4-5 所示。核心层交换机属于高端交换机，一般是采用模块化结构的可网管交换机，作为网络骨干用于构建高速局域网。

3. 交换机的组成

交换机可以看作是一台特殊的计算机，也是由软件部分和硬件部分组成的，只不过与计算机有一定的区别，不同品牌的交换机稍有差异，在此以思科交换机为例进行讲解。

图 4-5　神州数码 DCRS-6804E 核心层交换机

1）软件部分

软件部分主要是 Cisco IOS 操作系统，会因设备型号不同而有所不同。

2）硬件部分

硬件部分主要包括处理器、ASIC 芯片、只读存储器（ROM）、随机存储器（RAM）、闪存（Flash）、各类端口和配置线缆。

其中，处理器用于控制和管理网络通信的运行。

ASIC 芯片是交换机内部的硬件集成电路，用于交换机所有端口之间直接并行转发数据，以提高转发数据的性能。

只读存储器相当于计算机的 BOIS，交换机加电启动时，先要运行 ROM 中的程序，对硬件自检，再引导启动 Cisco IOS。

随机存储器相当于计算机的内存，主要是辅助处理器工作，对处理的数据暂时存储。如果交换机将当前的配置信息保存在 RAM 中，断电时就会丢失。

闪存用于保存交换机的操作系统程序，以及交换机系统的配置文件信息等，它可读、可写、可存储，具有读/写速度快的特点。

交换机的端口主要有 RJ-45 端口、光纤端口和 Console 端口，如图 4-6 所示，其中 Console 端口为交换机的配置端口，首次配置交换机时必须使用该端口。

配置线缆用于交换机的配置，如图 4-7 所示，其一端为 9 针串口接头，用于连接计算机的串口，另一端为 RJ-45 接头，用于连接交换机的 Console 端口。

光纤端口　　　　　RJ-45端口　Console端口

图 4-6　交换机的端口

图 4-7　交换机配置线缆

4. 交换机的工作过程与功能

1）MAC 地址表

在交换机中存在并维护着一个 MAC 地址表。该表可保证交换机的正常工作，表中存放着所有连接交换机端口设备的 MAC 地址与相应端口号的对应关系，如图 4-8 所示。交换机在转发数据帧前要先查询 MAC 地址表，找到对应的端口，然后再转发数据帧。

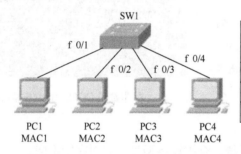

主机MAC地址	端口
MAC1	f 0/1
MAC2	f 0/2
MAC3	f 0/3
MAC4	f 0/4

MAC地址表

图 4-8　MAC 地址表

2）交换机的工作过程

交换机的工作过程就是存储与转发，它将接收到的数据帧先存储，然后读/取数据帧的目的 MAC 地址，查询 MAC 地址表，如果找到目的 MAC 地址对应的端口，则转发；如果没有找到对应的端口，那么就向除源端口外的所有端口转发（广播），并把数据帧的源地址与接收数据帧的端口的对应关系写入 MAC 地址表。

下面以计算机 PC1 发送数据帧给计算机 PC4 为例进行讲解，假设交换机处于初始化状态，如图 4-9 所示。计算机 PC1 通过网卡将数据帧发送给交换机，交换机收到数据帧后，取出数据帧中的目的 MAC 地址（MAC4），然后，查询 MAC 地址表，由于此时交换机处于初始化状态，MAC 地址表是空的，查询不到对应的端口，就将数据帧向除源端口（f0/1）外的所有端口转发（广播），并把源端口（f 0/1）与数据帧源 MAC 地址（MAC1）记录在 MAC 地址表中，如图 4-10 所示。此时，计算机 PC2、计算机 PC3 和计算机 PC4 都会收到该数据帧，各计算机将目的 MAC 地址（MAC4）与自己的 MAC 地址进行对比，如果相同，则接收数据帧；如果不相同，则丢弃数据帧，最终，计算机 PC4 接收了数据帧。

注意： 计算机 PC1 ping 计算机 PC4 时，数据帧的传输过程为 PC1→交换机→PC4，PC4→交换机→PC1，是一个往返的过程。

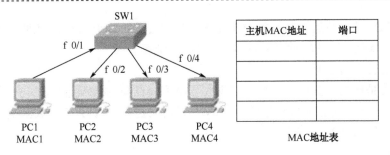

图 4-9　交换机初始化时

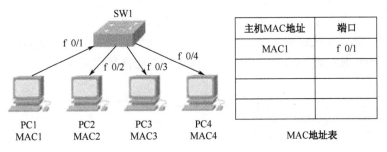

图 4-10　MAC1 与端口 f 0/1 的对应关系

当计算机 PC4 发送数据帧给计算机 PC1 时，由于 MAC 地址表中已经有了 MAC1 与端口 f 0/1 的对应关系，查询 MAC 地址表后，便可直接将数据帧通过 f 0/1 转发。

每台计算机转发数据帧前都要查询 MAC 地址表，并执行上述过程，只有当计算机向交换机发送一次数据帧后，MAC 地址表才能完整建立，如图 4-11 所示。交换机不断地定时更新 MAC 地址表，当有新设备加入时，就会添加 MAC 地址与端口的对应关系；当有设备离开时，就会删除 MAC 地址与端口的对应关系；如果较长时间没有转发数据帧，交换机便会清除 MAC 地址表中所有的对应关系。

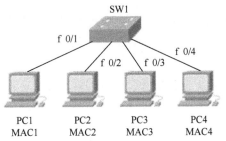

图 4-11　MAC 地址表完整建立

3）交换机的功能

交换机的功能主要有地址学习、帧的转发与过滤和环路避免。

（1）地址学习。

交换机初始化或连接的设备发生变化时，交换机能够记录所有连接端口设备的 MAC

地址与端口的对应关系。交换机初始化时，其 MAC 地址表是空的，当收到数据帧时，就会向除源端口之外的所有端口转发，并把源端口和数据帧的源 MAC 地址的对应关系记录在 MAC 地址表中。

交换机每次转发数据帧前都要先查询 MAC 地址表，如果没有查询到，就将收到数据帧的端口与源 MAC 地址的对应关系写入 MAC 地址表。

（2）帧的转发与过滤。

帧的转发是指交换机从一个端口接收数据帧后，查询 MAC 地址表，并转发到其他端口的过程。帧的过滤是指交换机中的 VLAN 会过滤发往其他 VLAN 的数据帧，手动设定的 MAC 地址也可以起到过滤作用。

（3）环路避免。

为了保证数据传输的可靠性，经常会将交换机与交换机连接成一个环路，如图 4-12 所示，但形成的环路会产生广播风暴、多帧复制和 MAC 地址表不稳定等现象，严重影响网络的正常运行。为了解决这个问题，交换机运行生成树协议，可让冗余的链路处于阻断状态形成备份，当正常链路中断时，便自动启用备份链路恢复网络通信。

PC-PT　　　　2960-24TT　　　　2960-24TT　　　　　　　PC-PT
PC1　　　　　SWA　　　　　　　SWB　　　　　　　　　 PC2

图 4-12　形成环路

5. 交换机的管理方式

交换机的管理方式主要有四种，分别是仿真终端管理、Telnet 远程管理、Web 管理和 SNMP 管理。

1）仿真终端管理

首次配置交换机时可以使用仿真终端通过 Console 端口对交换机进行管理，需要用到一台计算机和一条配置线缆。

2）Telnet 远程管理

Telnet 远程管理需要计算机与交换机能够通信，且交换机也需要配置特权模式密码、远程登录，这种管理方式的优点是可以对远端的网络设备进行管理。

3）Web 管理

通过 Web 页面对交换机进行管理，需要直接输入交换机的管理地址，并在登录配置界面时提示输入用户名和密码。

4）SNMP 管理

SNMP 是一种简单的网络管理协议，适用于对网络环境的整体情况进行监控的场合。通过计算机可以远程管理所有支持该协议的网络设备，能够执行网络状态的监视、网络设备的配置等任务。它是一种较为高效的管理方式。

任务二 配置模式与管理 IP 地址

拓扑结构： 配置管理 IP 地址与信息查看如图 4-13 所示。

PC-PT
PCB

2960-24TT
SWA

图 4-13 配置管理 IP 地址与信息查看

所需设备： 交换机（型号 2960）一台、计算机一台、配置线缆一根。

设备连线： 计算机 B 的 RS 232 端口→交换机 SWA 的 Console 端口。

任务要求

（1）以仿真终端的方式配置交换机，并能进行各种配置模式的切换。

（2）配置交换机的管理 IP 地址为 192.168.0.1，子网掩码为 255.255.255.0，并开启。

知识点链接

1. 交换机的配置模式

为了保证交换机的安全，交换机设有不同的配置模式，运行时需要使用不同的命令。根据配置管理功能的不同，交换机设有用户模式、特权模式、全局配置模式、端口配置模式和 VLAN 配置模式等。

1）用户模式

配置交换机时首先进入用户模式，然后才能进入其他模式。用户模式可以显示交换机硬件、软件版本信息等，其提示符为 Switch>，输入 exit 命令可以离开该模式。

2）特权模式

特权模式可以进行网络的测试、调试、重启等操作，还可以查看配置信息和时钟等，其提示符为 Switch#。在用户模式下可使用 enable 命令进入，返回时输入 exit 命令。

3）全局配置模式

全局配置模式可以创建 VLAN、配置特权模式密码、进入端口配置模式等，提示符为 Switch(config)#。在特权模式下可使用 configure terminal 命令进入该模式。返回时可输入 exit 命令或 end 命令，也可按 Ctrl+Z 组合键。

4）端口配置模式

端口配置模式主要用于端口的配置，如带宽、工作模式、端口状态等，提示符为 Switch(config-if)#。在全局配置模式下使用 interface 端口，如 interface f 0/1 进入 f 0/1 端口配置模式。返回全局配置模式时可输入 exit 命令。

5）VLAN 配置模式

VLAN 配置模式主要用于与 VLAN 相关的配置，如 VLAN 的 IP 地址设置等，提示符为 Switch(config-vlan)#。在全局配置模式下使用 int vlan 10 便可进入 VLAN 10 的配置模式，返回全局配置模式时可输入 exit 命令。

2. 交换机的名称

交换机的名称指交换机在配置窗口和命令提示符中显示的名称。当在 Packet Tracer 软件窗口中有多个网络设备的配置窗口打开时，因设备名称相同易产生混淆引起错误操作。为避免这种情况的发生，通常会更改设备名称，其操作命令如下。

```
Switch(config)#hostname SWA     //更改交换机的名称为SWA
```

3. 交换机的管理 IP 地址

如果要对一台交换机进行网络管理，该交换机必须要有 IP 地址用于联网和区别其他网络设备，这个地址就是管理 IP 地址。交换机的管理 IP 地址需要在 VLAN 1 上配置，并开启，配置方法如下。

```
Switch(config)#int vlan 1              //进入VLAN 1配置模式
Switch(config-if)#ip address 192.168.0.1 255.255.255.0  //配置IP地址
Switch(config-if)#no shut                          //开启VLAN 1
```

如果要更改已配置的管理 IP 地址，可以重新配置；如果要删除已配置的管理 IP 地址，其命令如下。

```
Switch(config-if)#no ip address
```

4. 系统信息

交换机与计算机一样也是由硬件和软件组成的，系统信息是指显示硬件和软件版本等信息。查看系统信息的命令如下。

```
Switch#show version
```

5. 配置信息

配置信息是用户对交换机进行配置操作的一系列信息，也是当前运行的配置信息，查看配置信息的命令如下。

```
Switch#show running-config
```

6. 使用系统的帮助功能

在配置交换机时，如果能够合理使用 IOS 操作系统的帮助功能，对配置交换机可起到事半功倍的作用。系统帮助功能的使用方法如下。

1）输入"？"获得帮助

在某个模式下输入"？"，按回车键，可列出在该模式下使用的命令。

```
方法一：Switch#?        //列出特权模式下可以使用的所有命令
Exec commands:
clear Reset functions
```

```
clock Manage the system clock
…
方法二：Switch>e?       //列出用户模式下以e开头的所有命令
enable  exit
方法三：Switch(config-if)#ip ?   //列出ip命令后可以接的参数
address  Set the IP address of an interface
```

2）使用 Tab 键补齐命令

输入某个命令的一部分后，按 Tab 键可以自动补齐命令剩余的字母。

```
Switch#configure t         //按Tab键可自动补齐terminal
Switch#configure terminal
```

3）使用命令的简写

为了简化操作，也可以输入命令首字母或前几个字母，但前提是必须保证在该模式下这些字母是唯一命令。

```
Switch#conf t    //使用命令的简写，相当于configure terminal
Switch#e        //当输入e字母时，因e字母开头的命令有enable和exit，无法确定是哪个命
//令的开头，因此输入e字母是无效的
```

4）使用方向键

使用方向键"↑"和"↓"可以将以前操作过的命令重新调出。如刚输入过 conf t 命令，按"↑"键，就可以调出这个命令，按两次可以调出刚刚输入的倒数第二条命令，以此类推。

5）理解错误提示

```
Switch#show i
% Ambiguous command: "show i"
```

其中 show i 表示输入的命令有误，出现该错误信息后应重新输入命令。

```
Switch(config-if)#ip address
% Incomplete command.
```

其中% Incomplete command.表示用户输入命令缺少关键字或参数。出现该提示后应重新输入该命令，并输入空格，再输入一个问号，按回车键，便可将相关的关键字和参数列出来。

```
Switch#show interface^
% Invalid input detected at '^' marker.
```

其中% Invalid input detected at '^' marker.表示用户输入的命令在符号"^"指向的位置有错误，应将出错的单词删除。通过输入问号，按回车键的操作，相关的关键字就会显示出来。

任务实施

1）绘制拓扑结构

在 Packet Tracer 软件中绘制拓扑结构（见图 4-13）。

2）以仿真终端的方式进入交换机的命令行界面

单击 PCB 图标，在"B"窗口中选择"桌面"选项卡，设置比特率为 9600、数据位为 8，奇偶校验为 None，停止位为 1，流控为 None，如图 4-14 所示，单击"确定"按钮，打开交换机的配置界面，如图 4-15 所示。

3）进入特权模式

```
Switch>enable                    //命令可以缩写为en
```

4）进入全局配置模式

```
Switch#configure terminal        //命令可以缩写为conf t
```

5）进入VLAN配置模式

```
Switch(config)#int vlan 1        //进入VLAN 1配置模式
Switch(config-if)#exit           //返回全局模式
```

图4-14　终端配置

图4-15　交换机的配置界面

6）进入端口配置模式

```
Switch(config)#int FastEthernet 0/1    //进入端口FastEthernet 0/1配置模式
Switch(config-if)#end           //返回特权模式，也可以按Ctrl+C组合键
```

7）更改交换机的名称

```
Switch#conf t
Switch(config)#hostname SWA      //更改交换机的名称为SWA
```

8）配置交换机的管理IP地址

```
SWA(config)#int vlan 1           //进入VLAN 1配置模式
SWA(config-if)#ip address 192.168.0.1 255.255.255.0    //配置IP地址
SWA(config-if)#no shut           //开启VLAN 1
SWA(config-if)#end
```

9）查看系统信息

```
SWA#show version
Cisco Internetwork Operating System Software
IOS (tm) C2950 Software (C2950-I6Q4L2-M), Version 12.1(22)EA4, RELEASE
SOFTWARE(fc1)
Copyright (c) 1986-2005 by cisco Systems, Inc.// 操作系统为IOS C2950，版
//本为12.1
…
ROM: Bootstrap program is C2950 boot loader  // ROM信息
…
Cisco WS-C2950T-24 (RC32300) processor (revision C0) with 21039K bytes
of memory.
```

```
Processor board ID FHK0610Z0WC    //处理器信息
…
```

可以看到设备的型号为 C2950，操作系统为 IOS C2950，版本为 12.1，以及处理器、ROM 等信息。

10）查看配置信息

```
SWA(config)#show run           //查看当前配置信息
…
hostname SWA  //更改后的交换机名称
…
interface Vlan1
 ip address 192.168.0.3 255.255.255.0 //配置的管理IP地址
…
```

可以看到交换机的名称、管理 IP 地址已经配置成功。

任务三　配置时钟与密码

拓扑结构：配置交换机的时钟与密码如图 4-16 所示。

所需设备：交换机（型号 2960）一台、计算机一台、配置线缆一根。

设备连线：计算机 PC 的 RS 232 端口→交换机 SWA1 的 Console 端口。

PC-PT
PC

2960-24TT
SWA1

图 4-16　配置交换机的时钟与密码

任务要求

　　配置交换机的时钟为当前时间，Console 端口的密码为 abc，设置交换机明文密码为 psw，密文密码为 sec。

知识点链接

1. 交换机的时钟

网络设备中的时钟用于显示当前时间，交换机也不例外，其时钟格式为"时：分：秒 月 日 年"，其中"月"为英文单词前三个字母的缩写，配置时钟的命令如下。

```
Switch#clock set 21:10:09 Mar 22 2020        //配置时钟
Switch#show clock                            //显示时钟
21:10:18.372 UTC Sun Mar 22 2020
```

2. 保存配置信息

配置信息是用户对交换机所做的配置，默认保存在随机存储器中，当重启或断电时会丢失。使用 write 命令可以将当前的配置信息写入闪存的 config.text 文件中，也可以使用 copy 命令将当前配置信息保存到启动文件中，系统重新启动时初始化交换机，两者效果是一样的。如果要永久删除闪存中的配置文件 config.text，可以使用 delete 命令，具体命令如下。

```
Switch#write      //将当前的配置信息写入闪存中
Switch#copy running-config startup-config  //将当前的配置信息保存到启动文件中
Switch#delete flash:config.text      //永久删除闪存中的配置文件config.text
```

3. 交换机的密码

在对交换机的管理过程中，为了安全起见需要设置密码。交换机大致有三种密码，分别是特权模式密码、Console 端口密码和远程登录密码。

1）特权模式密码

特权模式密码是从用户模式进入特权模式时需要输入的密码，特权模式密码有两种，一种是明文密码，使用 show run 命令时会显示原密码；另一种是密文密码，使用 show run 命令时会以密文的方式显示密码。密文密码的优先级高于明文密码，当两种密码同时设置时，明文密码就会失效，因此建议使用密文密码，其保密性较好，更加安全。

```
Switch(config)#enable password 密码   //设置明文密码，若删除可使用no enable
//password
Switch(config)#enable secret 密码      //设置密文密码，若删除可使用no enable
//secret
```

2）Console 端口密码

Console 端口密码也称为控制台密码，是用户通过 Console 端口配置交换机进入用户模式时输入的密码，Console 端口密码的配置命令如下。

```
Switch(config)#line console 0       //进入Console端口模式
Switch(config-line)#password 123    //配置密码为123，删除密码时可以使用no
//password命令
Switch(config-line)#login               //配置登录验证，即登录时需要输入密码，如果
//不需要验证则可使用no login命令
```

3）远程登录密码

远程登录密码是远程登录交换机时输入的密码，这部分内容将在任务四中讲解。

任务实施

1）绘制拓扑结构

在 Packet Tracer 软件中绘制拓扑结构（见图 4-16），以仿真终端的方式进入交换机的命令行界面。

2）配置交换机的时钟

```
Switch>enable
Switch#clock set 10:10:09 Mar 23 2020
Switch#show clock
10:10:18.372 UTC Mon Mar 23 2020
```

3）设置特权模式的明文密码并测试

```
Switch#conf t
Switch(config)#enable password psw       //设置明文密码为psw
Switch(config)#exit
Switch#write    //将当前的配置信息写入闪存中，如不写入，重启时交换机的配置信息则
//会丢失
Building configuration...
[OK]
Switch#reload        //重新启动交换机
Proceed with reload? [confirm]y    //输入"y"表示重新启动
```

```
Switch>en
Password:      //提示输入密码
Switch#
```

当再次进入特权模式时，需要输入密码"psw"，注意该密码是不显示的。

4）设置特权模式的密文密码并测试

```
Switch#conf t
Switch(config)#enable secret sec      //设置密文密码为sec
Switch(config)#exit
Switch#write
Switch#reload
Proceed with reload? [confirm]y
Switch>en
Password:
```

输入明文密码"psw"无法进入，但输入密文密码"sec"时，可成功进入，说明这两种密码同时设置时，明文密码会自动失效。

5）设置 Console 端口密码

```
Switch#conf t
Switch(config)#line console 0         //进入Console配置模式
Switch(config-line)#password abc   //设置密码
Switch(config-line)#login             //设置登录验证
Switch(config-line)#end
Switch#copy running-config startup-config //将当前配置信息保存到启动文件中
Destination filename [startup-config]?
Building configuration…
[OK]
Switch#exit
…
```

6）测试 Console 端口密码

在仿真终端中退出用户模式，再次进入时会提示输入密码。输入密码 abc 后可成功进入用户模式，如图 4-17 所示。

图 4-17　测试 Console 端口密码

7）查看配置

```
Switch#show run
enable secret 5 $1$mERr$iBV5d53bGUY5D9G2S.e9R      //设置的密文密码
enable password psw                //设置的明文密码可显示
!
interface FastEthernet0/1
line con 0
password abc        //设置的Console端口密码
...
```

最终，可以看到设置的两种特权模式密码和 Console 端口密码。

任务四　配置远程登录

拓扑结构： 交换机的远程管理如图 4-18 所示。

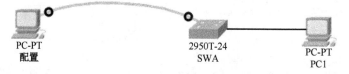

PC-PT
配置

2950T-24
SWA

PC-PT
PC1

图 4-18　交换机的远程管理

所需设备： 交换机一台（型号 2950）、计算机两台、直通线一根、配置线缆一根。

IP 地址规划：

计算机 PC1 的 IP 地址：192.168.1.2/24。

交换机 SWA 的管理 IP 地址：192.168.1.1/24。

设备连线：

计算机 PC1 的 FastEthernet0 端口→交换机 SWA 的 FastEthernet0/24。

计算机 PC 配置的 RS 232 端口→交换机 SWA 的 Console 端口。

任务要求

　　通过仿真终端配置交换机的管理 IP 地址，配置特权模式密文密码为 ABCD#。配置远程登录，最多允许 6 条线路，密码为 123ABC，登录时需要验证。通过计算机 PC1 实现远程登录和管理交换机。

知识点链接

1. VTY 的简介

　　VTY 是虚拟端口的缩写，是一种虚拟的端口，也称为虚拟连接，用于使用 Telnet 命令登录到路由器或交换机等网络设备。

2. 交换机远程登录

使用 Console 端口配置交换机，连线十分麻烦且只能对本地的交换机配置，因此，首次使用 Console 端口配置后，会采用远程登录的方式对交换机进行配置，既省去了连线的麻烦，又可实现远程设备的管理。远程登录交换机的配置如下。

1）配置 VTY 虚拟端口

```
Switch(config)#line vty 0 5    //进入虚拟端口模式
```

对交换机 5 个虚拟端口（分别为 0、1、2、3、4）模式进行配置，如果要同时进入 5 个虚拟端口模式，可以使用 line vty 0 4 命令，当然也可以分开进入，如使用命令 line vty 0 2 和 line vty 3 4。交换机最多有 16 个虚拟端口。

2）配置远程登录密码

在进入虚拟端口模式后，需要配置远程登录密码，其命令如下。

```
Switch(config-line)#password ABCD
```

如果要删除远程登录密码，可以使用的命令如下。

```
Switch(config-line)#no password
```

3）配置登录验证

配置登录验证可以使用的命令如下。

```
Switch(config-line)#login
```

如果登录时需要验证（输入密码），可使用 login 命令；如果不需要验证（不输入密码）直接登录，可使用 no login 命令。

4）配置特权模式密码

配置特权模式密码可以使用的命令如下。

```
Switch(config)#enable secret 123
```

5）配置计算机的管理 IP 地址

配置计算机的管理 IP 地址可以使用的命令如下。

```
Switch(config)#int vlan 1        //进入VLAN 1模式
Switch(config-if)#ip address 192.168.1.1 255.255.255.0
Switch(config-if)#no shut        //开启VLAN 1
```

> 注意：
> ① 配置远程登录时必须同时配置特权模式密码，使用明文密码与密文密码都可以，否则将无法实现远程登录。
> ② 如果不想让用户通过 0～4 虚拟端口进行远程登录，只要清除虚拟端口密码即可，其配置如下。
> ```
> Switch(config)#line vty 0 4
> Switch(config-line)#no password      //清除密码，关闭了虚拟端口，用户就不能
>                                      //进行远程登录了
> ```

任务实施

1）绘制拓扑结构

在 Packet Tracer 软件中绘制拓扑结构，见图 4-18。

2）切换界面进行配置

通过仿真终端登录交换机，为简化操作可在后面的任务中直接单击网络设备的图标，切换到命令行界面进行配置。

3）配置交换机的管理 IP 地址

```
Switch>en
Switch#conf t
Switch(config)#int vlan 1
Switch(config-if)#ip address 192.168.1.1 255.255.255.0
Switch(config-if)#no shut
Switch(config-if)#exit
```

4）配置特权模式密码

```
Switch(config)#enable secret ABCD#
```

5）配置远程登录

```
Switch(config)#line vty 0 5          //进入虚拟端口模式
Switch(config-line)#password 123ABC //配置密码
Switch(config-line)#login              //登录时需要验证
Switch(config-line)#end
Switch#write
Switch#show run
hostname Switch
!
enable secret 5 $1$mERr$iBV5d53bGUY5D9G2S.e9R     //特权模式密码
…
interface VLAN1
 ip address 192.168.1.1 255.255.255.0    //管理IP地址
!
line con 0
!
line vty 0 4
 password 123ABC    //远程登录密码
 login
line vty 5
 password 123ABC    //远程登录密码
 login
…
```

6）配置远程登录的计算机

计算机 PC1 为远程登录的计算机，其 IP 地址应与交换机的管理 IP 地址在同一网络中，设置其 IP 地址为 192.168.1.2，子网掩码为 255.255.255.0。

7）连通测试

远程登录前，先测试计算机 PC1 与交换机是否能够连通，方法是单击计算机 PC1，切换到"桌面"选项卡，单击"命令提示符"图标，在窗口中输入"ping 192.168.1.1"，按回车键，如图 4-19 所示。

8）远程登录测试

在计算机 PC1 命令提示符中输入"telnet 192.168.1.1"。根据提示，先输入远程登录密码 123ABC，再输入特权模式密码 ABCD#，进入特权模式，表示远程登录成功。

9）故障诊断

①如果计算机 PC1 与交换机不能连通，则可能是交换机的管理 IP 地址与计算机 PC1

的 IP 地址不在同一网络或某一个没有被配置。

②如果能连通，但出现 "[Connection to 192.168.1.9 closed by foreign host]" 提示，则可能是没有配置密码。

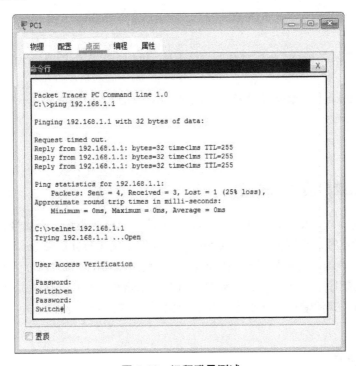

图 4-19 远程登录测试

③如果能连通，但出现 "% Connection timed out; remote host not responding" 提示，则可能是 Telnet 命令中的 IP 地址有误。

任务五 配置交换机的端口

拓扑结构：交换机端口的配置如图 4-20 所示。

所需设备：交换机（型号 2960）一台、计算机四台、直通线四根。

IP 地址规划：

PCA 的 IP 地址：192.168.0.1/24。

PCB 的 IP 地址：192.168.0.2/24。

PCC 的 IP 地址：192.168.0.3/24。

PCD 的 IP 地址：192.168.0.4/24。

设备连线：

PCA 的 FastEthernet0 端口→交换机 SWA 的 f 0/1 端口。

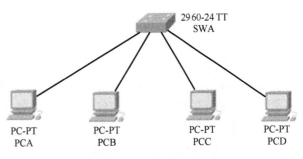

图 4-20 交换机端口的配置

PCB 的 FastEthernet0 端口→交换机 SWA 的 f 0/2 端口。

PCC 的 FastEthernet0 端口→交换机 SWA 的 f 0/3 端口。

PCD 的 FastEthernet0 端口→交换机 SWA 的 f 0/4 端口。

任务要求

　　（1）配置交换机端口 f 0/1、f 0/2、f 0/3 和 f 0/4 的带宽为 100Mbit/s，工作模式为全双工通信。

　　（2）通过 Packet Tracer 软件理解交换机 MAC 地址表的概念、地址学习功能、存储与转发功能和工作过程。

知识点链接

1. 交换机端口的表示方法

　　交换机的端口（Interface）也称为接口，一般使用端口的类型、模块号和端口号共同表示。端口的类型通常是指以太网（Ethernet）、快速以太网（Fast Ethernet）和吉比特以太网（Gigabit Ethernet）等；模块号是指端口模块在插槽上的编号，编号从 0 开始；端口号是指端口在模块上的顺序号，从 1 开始。例如，FastEthernet 0/1 表示快速以太网、0 号模块、顺序号为 1 的端口，其他端口以此类推，为了简化起见，FastEthernet 0/1 也可以写为 F 0/1 或 f 0/1。

2. 端口模式

　　对交换机的端口进行配置需要先进入端口模式，根据要配置的端口数量的不同，可以选择进入一个端口的配置模式，也可以选择进入一组端口的配置模式，配置命令如下。

1）进入一个端口的配置模式

```
SWA(config)#int FastEthernet 0/1
```

2）进入一组端口的配置模式

```
SWA(config)#int range f 0/1-10
```

3. 配置交换机端口

　　进入端口模式后就可以对交换机的端口进行配置了，配置包括端口带宽、工作模式、端口状态等。端口带宽一般为 10Mbit/s、100Mbit/s 和 1000Mbit/s，其因交换机型号的不同而不同。工作模式有全双工（full）通信、半双工（half）通信和自动适应（auto）通信。端口的状态有两种 up 和 down，up 表示端口处于开启状态，down 表示端口处于关闭状态，对于没有连接的端口则始终处于 down 的状态。用户可以根据需要设置端口的关闭与开启，如发现某个端口在大量转发数据包，则表示该端口被病毒感染，此时，就需要通过命令关闭端口，端口的配置命令如下。

1）配置端口的带宽、工作模式、端口状态

```
SWA(config-if)#speed 带宽          //配置带宽
SWA(config-if)#duplex 工作模式      //配置工作模式
SWA(config-if)#no shutdown         //开启端口
```

> 注意：在配置交换机时，链路两端的端口工作模式要相互匹配，即两端都为自动适应通信或半双工通信、全双工通信的模式，带宽也要相同，否则会导致高出错率，出现严重的丢包现象。

2）查看端口信息

查看端口的带宽、工作模式、状态等信息，其配置命令如下。

```
SWA#show interface FastEthernet 0/1
```

4. 查看MAC地址表

MAC地址表里面存放着所有连接到交换机端口的设备MAC地址与相应端口号的映射关系，查看命令如下。

```
SWA#show mac-address-table        //查看MAC地址表
```

任务实施

1）绘制拓扑结构

在Packet Tracer软件中绘制拓扑结构（见图4-20）。

2）IP地址规划

按要求配置计算机PCA、计算机PCB、计算机PCC和计算机PCD的IP地址。

3）理解交换机的功能与工作过程

理解交换机的存储与转发功能、地址学习功能，以及交换机的工作过程。

（1）查看交换机的MAC地址表。

在命令行界面中输入如下命令。

```
SWA#show mac-address-table
```

此时，显示MAC地址表为空，如图4-21所示。因为交换机处于初始化状态，没有任何计算机向交换机发送过数据帧，交换机还没有学习到MAC地址与端口的对应关系。

```
        Mac Address Table
-------------------------------------------

Vlan    Mac Address     Type        Ports
----    -----------     --------    -----
```

图4-21 空的MAC地址表

图4-22 时实模式与模拟模式

（2）观看动态的通信过程。

单击Packet Tracer软件的右下角"Simulation"图标，如图4-22所示。将Packet Tracer软件切换到模拟模式，自动打开仿真面板。在计算机PCA中ping计算机PCB，按回车键，并在仿真面板中单击播放图标，如图4-23所示。观看动态的通信过程：PCA先将数据帧完整接收并存储，再将数据帧以广播的方式转发；计算机PCB将数据帧转发计算机PCA时，交换机收到数据帧后，直接将数据帧通过端口f

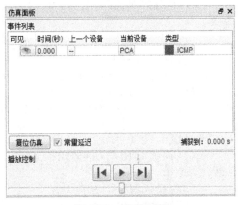

图4-23 仿真面板

0/1 转发给计算机 PCA，而不是广播。

> **注意**：计算机 PCA ping 计算机 PCB 时，数据帧的传输过程是计算机 PCA→交换机→计算机 PCB，计算机 PCB→交换机→计算机 PCA，是一个往返的过程。

结论：①交换机只有先存储数据帧，再转发的功能。

②交换机初始化时，MAC 地址表为空，会将收到的数据帧以广播的方式转发。

③在 MAC 地址表中，MAC 地址与端口建立对应关系后，将以点对点的方式转发数据帧。

（3）再次查看 MAC 地址表。

输入命令如下。

```
SWA#show mac-address-table
```

MAC 地址表中增加了两条 MAC 地址与端口的对应关系，如图 4-24 所示，因为计算机 PCA 与计算机 PCB 都向交换机至少发送了一次数据帧，交换机将 MAC1 与端口 f 0/1 的对应关系、MAC2 与端口 f 0/2 的对应关系写入交换机的 MAC 地址表。

结论：交换机具有 MAC 地址学习功能。

（4）形成完整的 MAC 地址表。

单击"Realtime"图标（见图 4-22），切换回时实模式。从计算机 PCC 中 ping 计算机 PCD，这样所有计算机都会向交换机发送至少一次数据帧，MAC 地址表可完整建立，如图 4-25 所示。切换回模拟模式，在计算机 PCA 中随机 ping 其他计算机，按回车键，在仿真面板中单击播放图标，观看动态的通信过程，可以看到计算机 PCA 将数据帧直接转发给相应的计算机，而不是广播。

Vlan	Mac Address	Type	Ports
1	000c.cf57.bdd9	DYNAMIC	Fa0/1
1	0060.3eec.09b4	DYNAMIC	Fa0/2

图 4-24 MAC 地址表

Vlan	Mac Address	Type	Ports
1	0002.17a2.e8c9	DYNAMIC	Fa0/4
1	000c.cf57.bdd9	DYNAMIC	Fa0/1
1	0060.3eec.09b4	DYNAMIC	Fa0/2
1	00d0.5816.1844	DYNAMIC	Fa0/3

图 4-25 完整的 MAC 地址表

4）配置交换机的端口

（1）单击交换机图标，打开"SWA"窗口，切换至"命令行界面"选项卡，输入如下命令。

```
Switch>enable
Switch#conf t
Switch#(config)#hostname SWA
SWA(config)#int f 0/1                   //进入端口f 0/1
SWA(config-if)#speed 100                //设置带宽为100Mbit/s
SWA(config-if)#duplex full              //设置端口为全双工通信模式
%LINK-3-UPDOWN: Interface FastEthernet0/2, changed state to down
%LINEPROTO-5-UPDOWN: Line protocol on Interface FastEthernet0/2, changed
state to down
SWA(config-if)#exit
SWA(config)#int f 0/2
```

```
SWA(config-if)#speed 100
SWA(config-if)#duplex full
%LINK-3-UPDOWN: Interface FastEthernet0/2, changed state to down
%LINEPROTO-5-UPDOWN: Line protocol on Interface FastEthernet0/2, changed
state to down
SWA(config-if)#exit
SWA(config)#int f 0/3
SWA(config-if)#speed 100
SWA(config-if)#duplex full
%LINK-3-UPDOWN: Interface FastEthernet0/3, changed state to down
%LINEPROTO-5-UPDOWN: Line protocol on Interface FastEthernet0/3, changed
state to down
SWA(config-if)#exit
SWA(config)#int f 0/4
SWA(config-if)#speed 100
SWA(config-if)#duplex full
%LINK-3-UPDOWN: Interface FastEthernet0/4, changed state to down
%LINEPROTO-5-UPDOWN: Line protocol on Interface FastEthernet0/4, changed
state to down
SWA(config-if)#end
```

（2）故障诊断。

每次配置完端口的工作模式时都会出现端口转为关闭状态的提示，这是因为交换机的端口设置了100Mbit/s、全双工通信模式，而与之相连的计算机网卡端口的带宽和工作模式没有配置，就出现了链路两端带宽、工作模式不匹配的情况，解决办法是将计算机的网卡端口也设置为100Mbit/s、全双工通信模式。

5）配置计算机网卡端口的带宽与工作模式

（1）单击计算机 PCA 图标，打开"PCA"窗口的"配置"选项卡，选择"FastEthernet0"端口，取消勾选"带宽"中的"自动"复选框，选中"100Mbps"单选项；取消勾选"双工"中的"自动"复选框，选中"全双工"单选项，如图 4-26 所示。

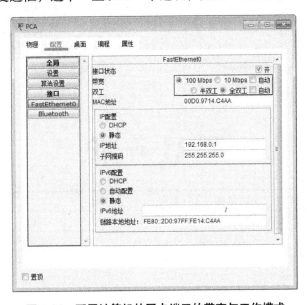

图 4-26　配置计算机的网卡端口的带宽与工作模式

（2）此时，交换机的配置界面会出现如下提示，表示端口 FastEthernet0/1 已转为开启状态。

```
%LINK-5-CHANGED: Interface FastEthernet0/1, changed state to up
%LINEPROTO-5-UPDOWN: Line protocol on Interface FastEthernet0/1, changed
state to up
```

（3）使用同样的方法，对其他计算机配置全双工通信模式和 100Mbit/s 的带宽。

6）测试

（1）查看端口信息。

```
SWA#show int f 0/1      //显示f 0/1端口的信息
FastEthernet0/1 is up, line protocol is up (connected)  //f 0/1端口的状
//态为UP，已连接
...
   Full-duplex, 100Mbit/s         //端口的带宽为100Mbit/s，工作模式为全双工通信
...
```

同样的方法可以查看交换机端口 f 0/2、f 0/3 和 f 0/4 的信息，与 f 0/1 端口相同则表示配置正确。

```
SWA#show interfaces f 0/5     //显示f 0/5端口的信息
FastEthernet0/5 is down, line protocol is down (disabled)      //端口的状
//态为down
...
```

通过上面的端口信息可以看到端口 f 0/1、f 0/2、f 0/3 和 f 0/4 处于开启状态，速度为 100Mbit/s，全双工通信模式，f 0/5 端口处于关闭状态，因为没有使用。

（2）连通测试。

从计算机 PC1 中 ping 其他计算机，显示都能连通。

本项目综合案例

电子课件

项 目 评 价

学生	级班		星期	日期			
项目名称	交换机的基本配置与管理					组长	
评价内容	主要评价标准				分数	组长评价	教师评价
任务一	掌握交换机的组成、分类、功能，以及工作原理和管理方式				20分		
任务二	能够正确配置时钟与管理 IP 地址				20分		

续表

任务三	能够正确配置特权密码和 Console 密码	20 分	
任务四	能够正确配置远程管理	20 分	
任务五	能够正确配置端口的带宽和工作模式，理解交换机的工作过程	20 分	
总　分		合计	
项目总结（心得体会）			

说明：（1）实训任务从设备选择、设备连线、设备配置、连通测试等方面进行评价。

（2）满分为 100 分，总分=组长评价×40%+教师评价×60%。

项 目 习 题

一、填空题

1. 按交换机是否可网管分为_____交换机和_____交换机。

2. 交换机中存在并维护着一个_____，该表可保证交换机的正常工作，表中存放着所有连接交换机端口设备的 MAC 地址与相应端口号的对应关系。

3. 交换机的基本功能是_____、_____和环路避免。

4. 首次配置交换机时，仿真终端可以通过_____端口对交换机进行管理。

二、简答题

1. 交换机常见的管理方式有哪些？

2. 简述交换机的工作过程。

三、操作题

假如你是某通信公司的员工，需要为某学校网络接入层的交换机（型号 2960）提供安全保证，并配置远程登录功能。提供了两台笔记本电脑用于测试，拓扑结构如图 4-27 所示，请你完成任务。

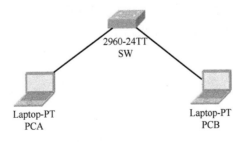

图 4-27　拓扑结构

交换技术 项目五

项目背景

　　在企业网络的管理与维护中，虚拟局域网技术能够限制广播，提高网络带宽的利用率，减少网络设备资源的消耗，使局域网的管理更加方便、灵活，目前该技术得到了广泛的应用。在一些服务器访问量特别大的企业中，由于网络带宽不足，很多企业使用了端口聚合技术，在不增加成本的情况下，不但提高了网络带宽，且能够均衡负载。

学习目标

1. 知识目标

（1）掌握虚拟局域网的概念及优势。

（2）掌握交换机端口的操作模式和管理模式。

（3）理解 IEEE 802.1q 标准。

（4）掌握标签帧的结构。

（5）掌握端口聚合、负载均衡的概念。

（6）掌握端口聚合的协议、聚合模式。

2. 技能目标

（1）能够创建 VLAN 并划分端口。

（2）能够配置交换机端口的模式。

（3）能够配置许可 VLAN 列表与 Native VLAN。

（4）能够配置端口聚合及均衡负载。

任务一 同一 VLAN 间的通信

拓扑结构: 同一 VLAN 间的通信如图 5-1 所示。

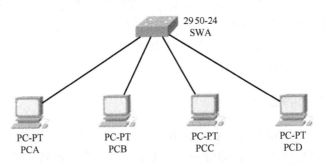

图 5-1 同一 VLAN 间的通信

所需设备: 交换机(型号 2950)一台、计算机四台、直通线若干根。

规划 IP 地址:

计算机 PCA 的 IP 地址:192.168.1.1/24。计算机 PCB 的 IP 地址:192.168.1.2/24。

计算机 PCC 的 IP 地址:192.168.2.1/24。计算机 PCD 的 IP 地址:192.168.2.2/24。

设备连线:

计算机 PCA→交换机 SWA 的 f 0/1,计算机 PCB→交换机 SWA 的 f 0/2,计算机 PCC →交换机 SWA 的 f 0/11,计算机 PCD→交换机 SWA 的 f 0/12。

任务要求

(1)交换机 SWA 的 f 0/1-10 端口属于 VLAN 10;f 0/11-20 端口属于 VLAN 20。

(2)通过配置交换机的 VLAN,实现计算机 PCA 与计算机 PCB 的连通,以及计算机 PCC 与计算机 PCD 的连通。

知识点链接

1. 虚拟局域网的产生

早期的交换网络被设计成平面网络,所发送的每个广播都会被网络上的所有设备接收,而不管这些设备是否需要接收。如图 5-2 所示,计算机 A 发送了一个广播帧,所有交换机的端口上都会转发此广播帧(除第一个收到广播的端口),广播帧广播的最大区域称为广播域。这

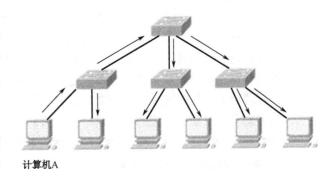

计算机A

图 5-2 早期的交换网络

至少会带来两个问题，一是当用户和设备越多时，每台交换机要处理的广播帧就越多，而且网络上的广播帧也会越多，这必然会浪费大量的带宽空间，如果使用的是集线器设备，则情况会更加严重；二是任何一台计算机只要连入端口就可以使用网络上的资源，存在严重的安全隐患。

广播是不可避免的，交换机会对所有的广播进行转发，然而使用虚拟局域网技术就可以分割广播域，将广播限制在一个较小的范围，以提高网络的性能。如某企业使用虚拟局域网技术前，当用户发送广播帧时，全公司的用户都会受到影响；应用虚拟局域网技术后，广播被限制在某个部门的网络内，则只有本部门的用户会受到影响，既提高了网络带宽的速度，也使其安全性得以保障。

2. 虚拟局域网的简介

虚拟局域网（Virtual Local Area Network，VLAN）是在一个物理网络上按照功能或部门等因素划分出来的逻辑网络，即每一个 VLAN 是一个广播域，不会被转发到其他的VLAN。VLAN 的划分不受物理位置的限制，VLAN 中的设备和用户不需要考虑各自所处的物理位置，它有着和物理网络完全一样的属性，与普通局域网一样。

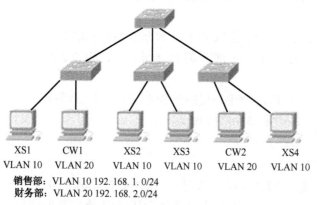

XS1　CW1　XS2　XS3　CW2　XS4
VLAN 10　VLAN 20　VLAN 10　VLAN 10　VLAN 20　VLAN 10
销售部：VLAN 10 192.168.1.0/24
财务部：VLAN 20 192.168.2.0/24

图 5-3　每一个 VLAN 对应一个网段

VLAN 通常用 VLAN ID 来标识，ID 号从 1 至 4094（除非使用扩展的 VLAN，否则只使用 1005 个 VLAN），一个部门的网络对应着一个 VLAN，这个网络与地理位置无关，也与 VLAN ID 无关，使用哪一个 VLAN ID 都可以，但每一个 VLAN 必须对应一个网段，如图 5-3 所示。VLAN 1 是管理 VLAN 的，默认创建，不能被删除，其他 VLAN 是可以任意创建和删除的。

3. 虚拟局域网的优势

1）增强网络管理的灵活性和扩展性

VLAN 技术使部门网络的划分更加灵活，不再受地理位置的影响，如某公司有销售部和设计部分别在不同的办公区域，销售部新加入一位职员，此时销售部的交换机端口与办公空间已经用完，而设计部的交换机还有较多空余端口，办公空间也有剩余。使用传统的网络，若安排销售部的新职员在设计部办公，则需要使用设计部的网络访问销售部的服务器资源，管理员为了解决这个网络问题需要大费周章，并且访问效率又低。若使用 VLAN 技术，只需要将这位职员连接的端口划分到销售部的 VLAN，就可以与销售部的其他成员一样访问本部门的网络资源，而不受地理位置的影响。

2）限制广播的范围，提高带宽

使用 VLAN 技术可以将原来的网络按部门划分成多个 VLAN，原来的广播域被分成多个小的广播域，广播只会在本 VLAN 内转发，而不会扩散到其他的 VLAN。虽然广播域的数量增加了，但广播被限制在多个很小的范围内，既不会消耗太多的资源，也不会占用太多的带宽，因此提高了网络的性能。

3）提高网络的安全性

传统的网络是不安全的，首先，连接到物理网的任何人都可以访问本网络的资源；其次，只要插入一个网络分析仪，任何人都可以观察到网络上产生的数据流，存在严重的安全隐患。使用 VLAN 技术后，管理员就可以对每个端口和每个用户都加以控制，提高了网络的安全性。

4. 划分虚拟局域网

划分 VLAN 有多种方法，如基于交换机端口、基于计算机的 MAC 地址等。基于端口划分的 VLAN 称为静态 VLAN；基于其他方式划分的 VLAN 称为动态 VLAN，在此只学习静态 VLAN。

基于端口划分 VLAN 是一种简单而有效的方法，目前被广泛应用，绝大多数的交换机都支持这种划分方法。它只需将交换机上的物理端口分成不同的组，每一个组属于一个 VLAN 即可。如果把一个端口划分为某一个 VLAN 的成员，那么，所有连接这个端口的终端设备都是 VLAN 的一部分，如将交换机 FastEthernet0/1 端口划分至 VLAN 20，则连接的计算机或打印机等设备都属于 VLAN 20。若连接集线器，则集线器所连接的所有终端设置都属于 VLAN 20。

如果某台计算机离开了原来的端口，连接到一个新交换机的端口，则必须将这个端口再划分为原来的 VLAN。

5. 虚拟局域网的配置

在交换机中使用 VLAN 时，必须先创建 VLAN，然后再将相应的端口划分到 VLAN，其配置命令如下。

1）创建 VLAN

```
SWA(config)#Vlan Vlan ID      //删除VLAN使用no VLAN命令
SWA(config)#name 名称         //为VLAN命名
```

2）将端口划分到 VLAN

将端口划分到 VLAN 有两种情况，一种是将某一个端口划分到 VLAN；另一种是将某一组或多组端口划分到 VLAN。

情况一：将某一个端口划分到 VLAN。

```
Switch(config)#interface 端口      //进入端口模式
Switch(config-if)#switchport access VLAN ID  //将端口划分到VLAN
```

情况二：将某一组或多组端口划分到 VLAN。

```
Switch(config)#int range 一组端口或多组端口      //如果是多组端口应使用","隔开
Switch(config-if-range)#switchport access VLAN ID
```

如将 f0/1-10 端口、f0/13-14 端口和 f0/20 端口划分到 VLAN 20。

```
Switch(config)#int range f0/1-10,f0/13-14,f0/20
Switch(config-if-range)#switchport access VLAN 20
```

如果要将端口从 VLAN 中删除,可以使用 no switchport access Vlan 命令。从 VLAN 中删除的端口会自动回到 VLAN 1 中。

3)显示 VLAN 的信息

可以显示 VLAN 的名称、状态及各个 VLAN 中的端口。

```
SWA#show Vlan
```

注意:①删除 VLAN 时,如果 VLAN 中有端口,应先删除 VLAN 中的所有端口,或将其划分到 VLAN 1 中,否则删除 VLAN 后,这些端口处于非活动状态,依然属于原来的 VLAN,查看 VLAN 时也看不到这些端口。

②VLAN 1 是交换机默认的 VLAN,不能删除。默认时,交换机所有的端口都属于 VLAN 1。

任务实施

(1)配置各计算机的 IP 地址。

(2)在 Packet Tracer 软件中绘制拓扑结构(见图 5-1),单击交换机图标,进入命令行界面,并进行配置。

```
Switch>en
Switch#conf t
Switch(config)#hostname SWA        //更改交换机名称
SWA(config)#Vlan 10                //创建VLAN 10
SWA(config-Vlan)#name test10       //给VLAN 10命名
SWA(config-Vlan)#exit
SWA(config)#Vlan 20
SWA(config-Vlan)#name test20
SWA(config-Vlan)#exit
SWA(config)#int range f 0/1-10                    //进入f 0/1-10端口
SWA(config-if-range)#switchport access Vlan 10    //将端口加入VLAN 10
SWA(config-if-range)#exit
SWA(config)#int range f 0/11-20                   //进入f 0/11-20端口
SWA(config-if-range)#switchport access Vlan 20    //将端口加入VLAN 20
SWA(config-if-range)#end
SWA#show Vlan
Vlan Name            Status      Ports
---- --------------- ---------   ----------------------------
1    default         active      Fa0/21, Fa0/22, Fa0/23, Fa0/24
10   test10          active      Fa0/1, Fa0/2, Fa0/3, Fa0/4
                                 Fa0/5, Fa0/6, Fa0/7, Fa0/8
                                 Fa0/9, Fa0/10
20   test20          active      Fa0/11, Fa0/12, Fa0/13, Fa0/14
                                 Fa0/15,Fa0/16, Fa0/17, Fa0/18
                                 Fa0/19, Fa0/20
...
```

可以看到创建的 VLAN 10 和 VLAN 20,以及其中的端口。

(3)测试与故障诊断。

计算机 PCA ping 计算机 PCB 是连通的,因为属于同一个 VLAN。计算机 PCC ping 计算机 PCD 是连通的,因为属于同一个 VLAN。其他计算机之间则不通,因为它们不属于同一个 VLAN。

故障诊断：如果不能连通，可能是 VLAN 创建或端口划分有错误，可以借助链接指示灯来排除故障。如果指示灯显示为黄色或红色，则表示此处无法连接，可能有故障。

任务二　跨交换机同一 VLAN 的通信与控制

拓扑结构： 跨交换机同一 VLAN 的通信与控制，如图 5-4 所示。

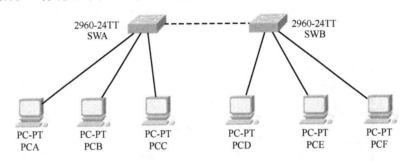

图 5-4　跨交换机同一 VLAN 的通信与控制

所需设备： 交换机两台（型号 2960）、计算机六台、直通线六根、交叉线一根。

规划 IP 地址：

计算机 PCA 的 IP 地址：172.16.10.1/24。计算机 PCD 的 IP 地址：172.16.10.2/24。

计算机 PCB 的 IP 地址：172.16.20.1/24。计算机 PCE 的 IP 地址：172.16.20.2/24。

计算机 PCC 的 IP 地址：172.16.30.1/24。计算机 PCF 的 IP 地址：172.16.30.2/24。

设备连线：

计算机 PCA→交换机 SWA 的 f 0/1，计算机 PCB→交换机 SWA 的 f 0/4，计算机 PCC →交换机 SWA 的 f 0/7。

计算机 PCD→交换机 SWB 的 f 0/1，计算机 PCE→交换机 SWB 的 f 0/4，计算机 PCF →交换机 SWB 的 f 0/7。

交换机 SWA 与交换机 SWB 的 GigabitEthernet0/1 端口的交叉线连接。

任务要求

（1）交换机 SWA 的 f 0/1-3 端口属于 VLAN 10；f 0/4-6 端口属于 VLAN 40；f 0/7-9 端口属于 VLAN 70。

交换机 SWB 的 f 0/1-3 端口属于 VLAN 10；f 0/4-6 端口属于 VLAN 40；f 0/7-9 端口属于 VLAN 70。

（2）配置干道链路，实现计算机 PCA 与计算机 PCC 之间连通，计算机 PCB 与计算机 PCD 之间连通。通过配置许可 VLAN 列表实现计算机 PCC 与计算机 PCF 之间不连通。

（3）干道链路两端 VLAN 10 的计算机数据传输量较大，要求配置为 Native VLAN 以提高传输速率。

1. 交换机端口的模式

交换机的端口有操作模式（Operational Mode）和管理模式（Administrative Mode）之分，如图 5-5 所示。

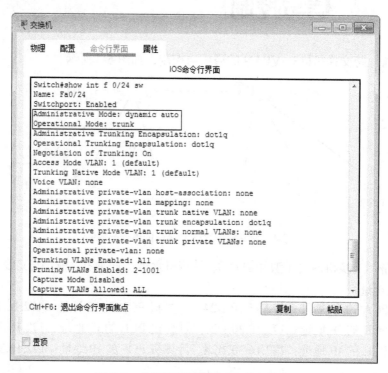

图 5-5　交换机的操作模式与管理模式

1）操作模式

操作模式是指交换机的端口属于哪些 VLAN，可以连接哪些设备。它有访问模式和中继模式两种，其区别如下。

（1）访问（access）模式。

access 模式是默认的操作模式，一个 access 模式的端口只能属于一个 VLAN，一般用于连接计算机、服务器等终端设备。此模式下的交换机端口可以与链路对端的端口主动协商，要求对方成为 access 模式。在端口模式下，将端口配置为访问模式的命令如下。

```
Switch(config-if)#switchport mode access
```

（2）中继（trunk）模式。

trunk 模式的端口一般用于连接交换机或路由器。在默认情况下，trunk 模式的端口属于交换机的所有 VLAN，能够通过所有 VLAN 的数据帧，当然也可以通过设置只让它通过属于某些 VLAN 的数据帧。此模式下的交换机端口能主动与链路对端的端口协商，要求对方成为 trunk 模式，所以当链路对端的交换机端口为 desirable 或 auto 时，就会成为 trunk 端口。在端口模式下，将端口配置为 trunk 模式的命令如下。

```
Switch(config-if)#switchport mode trunk
```

2）管理模式

管理模式是指端口采用何种协商方式，包括主动协商模式和被动协商模式两种。

（1）主动（desirable）协商模式。

此模式下的交换机端口能主动与链路对端的端口协商成为 trunk 模式。如果链路对端的端口操作模式为 trunk，或者链路对端的端口管理模式为 desirable 或 auto 时，才会变成 trunk 模式的端口。如果不能形成 trunk 模式，则形成 access 模式。在端口模式下，将端口配置为 desirable 模式的命令如下。

```
Switch(config-if)#switchport mode dynamic desirable
```

（2）被动（auto）协商模式。

此模式下，只有链路对端的端口主动与自己协商时，才会变成 trunk 模式的端口，所以它是一种被动模式。当对端的端口操作模式为 trunk，或者端口的管理模式为 desirable 时，才会成为 trunk 模式的端口。如果不能形成 trunk 模式，则形成 access 模式，这种模式是交换机默认的管理模式。在端口模式下，配置为 auto 模式的命令如下。

```
Switch(config-if)#switchport mode dynamic auto
```

另外，交换机端口的协商功能是通过发送 DTP 数据帧来实现的，在端口模式下执行 switchport nonegotiate 命令可以阻止交换机端口发出 DTP 数据帧，并关闭协商功能。这个命令必须与 switchport mode trunk 命令或 switchport mode access 命令一起运用。

如果要查看端口的详细信息，可以使用如下命令。

```
Switch#show interfaces FastEthernet 0/1 switchport
```

2. IEEE 802.1q 标准

1）使用 IEEE 802.1q 标准的原因

在一台交换机上同一 VLAN 内的计算机能够相互通信，那么当一个 VLAN 的计算机跨交换机时还能通信吗？它们之间要进行通信可以在 VLAN 内的端口间连接一条链路，如图 5-6 所示，就可以实现跨交换机 VLAN 内的计算机相互通信。按照这个方法，当交换机上有三个 VLAN 时，要实现同一 VLAN 相互通信，至少需要连接三条链路，如图 5-7 所示。当有更多 VLAN 时，就需要连接更多条链路，随着 VLAN 的增多，用于连接计算机的端口就会减少，从而造成端口的大量浪费，IEEE 802.1q 标准的出现很好地解决了这个问题。

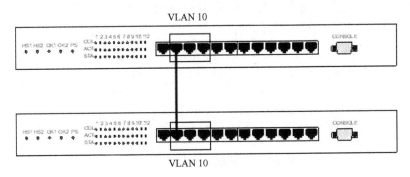

图 5-6 跨交换机 VLAN 内的计算机相互通信

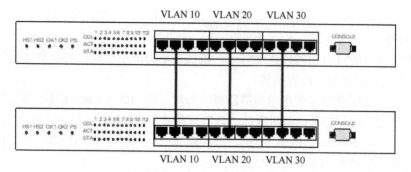

图 5-7　跨交换机三个 VLAN 实现同一 VLAN 的相互通信

IEEE 802.1q 标准的做法是在两个交换机端口之间只连接一条链路，将链路两端的端口都配置为中继模式，这样，这条链路就可以通过全部 VLAN 的数据帧，如图 5-8 所示，解决了端口浪费的问题。但新的问题又来了，在链路上通过的数据帧是属于不同 VLAN 的，该如何区分不同 VLAN 的数据帧呢？IEEE 802.1q 标准通过在数据帧中打标签的方法来区别。

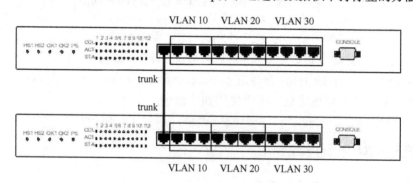

图 5-8　跨交换机同一 VLAN 通信

2）无标签帧和标签帧

在一个交换网络中，以太网数据帧有两种格式：无标签帧和标签帧。无标签帧即普通的数据帧；而标签帧是在普通数据帧上打一个 Tag 标签，如图 5-9 所示，其位置在源地址的后面，长度为 4 字节，前 2 字节为协议标识字段（TPID），后 2 字节是控制信息字段。控制信息字段中最重要的信息是 VLAN ID，共 12Bit，取值范围是 0～4095，其中，0 和 4095 是保留未被使用的。这样，每个数据帧就可以通过标签指明自己属于哪一个 VLAN 了，解决了无法区分不同 VLAN 数据帧的问题。

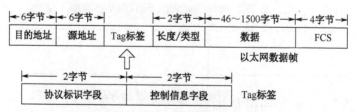

图 5-9　IEEE 802.1q 标准的标签帧

3）接入链路与干道链路

在 VLAN 技术下，链路分为接入链路与干道链路，如图 5-10 所示。接入链路指的是连接计算机和交换机的链路，在交换机上接入链路的端口只能属于一个 VLAN，且只能承载本 VLAN 的数据帧；干道链路指的是连接交换机与交换机的链路，或者是连接交换机与路由器的链路，它可以承载多个或全部

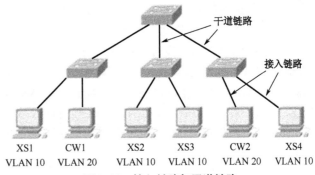

图 5-10　接入链路与干道链路

VLAN 的数据帧，当然也可以设置为只承载允许 VLAN 的数据帧。

一般情况下，干道链路上传输的都是标签帧，而接入链路上传输的都是无标签帧。

4）跨交换机数据帧的区分

为了区分不同 VLAN 的数据帧，在干道链路上传输的数据帧都是打了标签的帧，通过带有 VLAN ID 的标签，交换机就可以确定数据帧属于哪个 VLAN，从而确定数据帧向哪个 VLAN 转发。

目前，大多数计算机的网卡是不支持 802.1q 标准的，也不需要知道自己属于哪个 VLAN。因此，无法识别带有 802.1q 标签的数据帧，所以交换机向计算机转发标签帧前会剥去数据帧的 Tag 标签，这样计算机就可以识别收到的数据帧，并通过对数据帧打标签的方法，很好地解决了跨交换机数据帧无法区分的问题，这个打标签的过程对用户是完全透明的。

5）跨交换机同一 VLAN 的通信

因为计算机不支持 802.1q 标准，所以发出的数据帧都是无标签帧，如图 5-11 所示。交换机收到数据帧之后，根据端口信息可判断出数据帧所属的 VLAN，并打上 Tag 标签，使之成为标签帧。通过中继端口转发，数据帧通过干道链路传输到另一台交换机，交换机收到数据帧后，查看 Tag 标签，根据 VLAN ID 确定转发的端口，并将数据帧去掉标签后发送给计算机，这样计算机接收到的数据帧就都是不带标签的数据帧，可以进行正常识别。

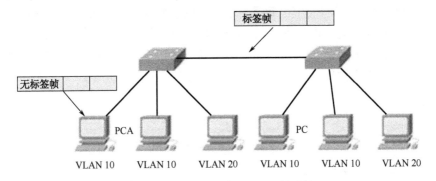

图 5-11　跨交换机同一 VLAN 的通信

3. Native VLAN

在跨交换机同一 VLAN 的通信中，由于干道链路上的数据帧在转发时需要打上 Tag 标

签，这对数据帧的转发速率会产生一定的影响。如果将某个 VLAN 设为 Native VLAN，那么，此 VLAN 的数据帧就不需要打 Tag 标签了，这在一定程度上能够提高转发的速率。通常在干道链路上将跨交换机流量很大的 VLAN 设置为 Native VLAN。干道链路上默认的 Native VLAN 是 VLAN 1，用户可以根据需要进行配置。配置时，一定要保证链路两端的 Native VLAN 相同，在端口模式下，Native VLAN 的配置命令如下。

```
Switch(config-if)#switchport trunk native Vlan ID
```

如果需要把 Native VLAN 改回默认的 VLAN 1，可以使用 no switchport trunk native Vlan 命令。

4. 许可 VLAN 列表

一个 trunk 端口默认可以通过本交换机所有 VLAN 的数据帧，对许可 VLAN 列表进行设置可以限制某些 VLAN 数据帧的通过，配置命令如下。

```
Switch(config-if)#switchport trunk allowed Vlan all|add|remove|except
Vlan列表
```

其中，all 表示所有 VLAN，其后无须接 VLAN 列表。

VLAN 列表可以是一个 VLAN，也可以是一组 VLAN。如果是一组 VLAN，则需要以小的 VLAN ID 开头，以大的 VLAN ID 结尾，中间用 "-" 号连接，如 10-20。以下命令的后面是需要接 VLAN 列表的。

add 表示将指定 VLAN 列表加入许可 VLAN 列表。

remove 表示将指定 VLAN 列表从许可 VLAN 列表中删除。

except 表示将除 VLAN 列表外的所有 VLAN 加入许可 VLAN 列表。

例如，不允许交换机的 trunk 端口 FastEthernet 0/1 通过 VLAN 100 的数据帧。

```
Switch(config)#interface FastEthernet 0/1
Switch(config-if)#switchport mode trunk
Switch(config-if)#switchport trunk allowed Vlan remove 100
```

5. 虚拟局域网间的通信

同一 VLAN 中的计算机相互之间是可以通信的。若不同 VLAN 中的计算机要通信，则必须使用具有第三层功能的设备来实现，如使用路由器或三层交换机。从 IP 地址上看，不同 VLAN 计算机的 IP 地址分别属于不同网络或子网。不同网络或子网之间要通信，当然要使用路由器或三层交换机了，这部分内容将在后面的项目中讲解。

任务实施

1）绘制拓扑结构
绘制拓扑结构（见图 5-4），配置各计算机的 IP 地址。
2）创建 VLAN 与端口划分
（1）单击交换机 SWA 图标，进入命令行界面，并进行配置。

```
Switch>en
Switch#conf t
Switch(config)#hostname SWA
SWA(config)#vlan 10          //创建VLAN 10
```

```
SWA(config-vlan)#exit
SWA(config)#vlan 40          //创建VLAN 40
SWA(config-vlan)#exit
SWA(config)#vlan 70          //创建VLAN 70
SWA(config-vlan)#exit
SWA(config)#int range f 0/1-3                   //进入端口模式
SWA(config-if-range)#switchport access vlan 10  //将f 0/1-3端口划分到VLAN 10
SWA(config-if-range)#exit
SWA(config)#int range f 0/4-6
SWA(config-if-range)#switchport access vlan 40  //将f 0/4-6端口划分到VLAN 40
SWA(config-if-range)#exit
SWA(config)#int range f 0/7-9
SWA(config-if-range)#switchport access vlan 70  //将f 0/7-9端口划分到VLAN 70
SWA(config-if-range)#end
SWA#show Vlan              //显示 VLAN信息
Vlan    Name                           Status    Ports
------- ------------------------------ --------- ----------------------
1       default                        active    Fa0/10, Fa0/11, Fa0/12, Fa0/13
                                                 Fa0/14,Fa0/15, Fa0/16, Fa0/17
                                                 Fa0/18,Fa0/19, Fa0/20, Fa0/21
                                                 Fa0/22, Fa0/23, Fa0/24, Gig0/1
                                                 Gig0/2
10      VLAN0010                       active    Fa0/1, Fa0/2, Fa0/3
40      VLAN0040                       active    Fa0/4, Fa0/5, Fa0/6
70      VLAN0070                       active    Fa0/7, Fa0/7, Fa0/9
...
```

（2）单击交换机 SWB 图标，进入命令行界面，并进行配置。

```
Switch>en
Switch#conf t
Switch(config)#hostname SWB
SWB(config)#vlan 10          //创建VLAN 10
SWB(config-vlan)#exit
SWB(config)#vlan 40          //创建VLAN 40
SWB(config-vlan)#exit
SWB(config)#vlan 70          //创建VLAN 70
SWB(config-vlan)#exit
SWB(config)#int range f 0/1-3                   //进入端口模式
SWB(config-if-range)#switchport access vlan 10  //将f 0/1-3端口划分到VLAN 10
SWB(config-if-range)#exit
SWB(config)#int range f 0/4-6
SWB(config-if-range)#switchport access vlan 40  //将f 0/4-6端口划分到VLAN 40
SWB(config-if-range)#exit
SWB(config)#int range f 0/7-9
SWB(config-if-range)#switchport access vlan 70  //将f 0/7-9端口划分到VLAN 70
SWB(config-if-range)#end
SWB#show Vlan              //显示 VLAN信息
Vlan    Name                           Status    Ports
------- ------------------------------ --------- ----------------------
1       default                        active    Fa0/10, Fa0/11, Fa0/12, Fa0/13
                                                 Fa0/14,Fa0/15, Fa0/16, Fa0/17
                                                 Fa0/18,Fa0/19, Fa0/20, Fa0/21
```

			Fa0/22, Fa0/23, Fa0/24, Gig0/1 Gig0/2
10	Vlan0010	active	Fa0/1, Fa0/2, Fa0/3
40	Vlan0040	active	Fa0/4, Fa0/5, Fa0/6
70	Vlan0070	active	Fa0/7, Fa0/7, Fa0/9
...			

（3）测试与故障诊断。

计算机 PCA 与计算机 PCD 不连通，同样，计算机 PCB 与计算机 PCE 之间、计算机 PCC 与计算机 PCF 之间也不连通。

故障诊断：计算机 PCA 与计算机 PCD 虽然属于同一 VLAN，但属于不同的交换机，两台交换机之间链路的端口为默认的 VLAN 1，只能通过 VLAN 1 的数据帧，而计算机 PCA 发往计算机 PCD 的数据帧属于 VLAN 10，因此无法通过。为了保证 VLAN 10、VLAN 40 和 VLAN 70 的数据帧通过，需要将链路两端的端口配置为 trunk 模式。

3）配置交换机的干道链路

（1）配置交换机 SWA 端口 g0/1 为 trunk 模式。

```
SWA(config)#conf t
SWA(config)#int g0/1
SWA(config-if)#switchport mode trunk
```

（2）将交换机 SWA 的 g0/1 端口配置为 trunk 模式后，它会主动与链路对端的端口协商，要求对方成为 trunk 模式。因对端端口 SWB 的 g0/1 端口目前的模式为 dynamic auto，接受了协商，所以交换机 SWB 的 g0/1 端口无须配置，会自动变成 trunk 模式。

（3）查看交换机 SWB 端口的信息。

```
SWB#show interfaces gigabitEthernet 0/1 switchport
```

交换机 SWB 端口的信息如图 5-12 所示，其中"Administrative Mode: dynamic auto"表示端口的管理模式为被动协商，"Operational Mode: trunk"表示端口的操作模式为 trunk，此时干道链路连通。

图 5-12　交换机 SWB 端口的信息

（4）测试与故障诊断。

计算机 PCA 与计算机 PCD 之间连通，计算机 PCB 与计算机 PCE 之间连通，计算机 PCC 与计算机 PCF 之间连通。

故障诊断：

如果全都不能连通，则可能是端口的 trunk 模式设置错误。

如果个别计算机间不能连通，则可能是 VLAN 创建或 VLAN 划分的错误。

4）配置交换机的许可 VLAN 列表与 Native VLAN

（1）配置交换机 SWA。

```
SWA(config-if)#exit
SWA(config)#int g0/1
SWA(config-if)#switchport trunk allowed vlan remove 70  //将VLAN 70从VLAN
//许可列表中删除
SWA(config-if)#switchport trunk native vlan 10          //设置Native VLAN
SWA(config-if)#end
SWA#show run
```

交换机 SWA 端口 g0/1 的配置信息如图 5-13 所示，当 Native VLAN 为 VLAN 10 时，允许 VLAN 1-69、VLAN 71-1005 的数据帧通过，但不允许 VLAN 70 的数据帧通过。

（2）配置交换机 SWB。

```
SWB#conf t
SWB(config)#int g0/1
SWB(config-if)#switchport trunk allowed vlan remove 70
SWB(config-if)#switchport trunk native vlan 10
SWB(config-if)#end
SWB#show run
```

交换机 SWB 端口 g0/1 的配置信息如图 5-14 所示，与交换机 SWA 一致。

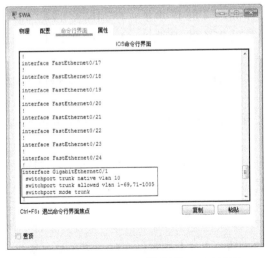

图 5-13　交换机 SWA 的许可 VLAN 列表

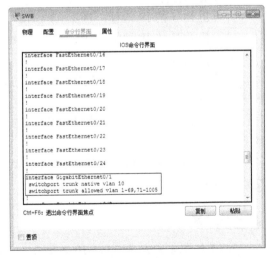

图 5-14　交换机 SWB 的许可 VLAN 列表

（3）测试与故障诊断。

计算机 PCA 与计算机 PCD 之间连通，计算机 PCB 与计算机 PCE 之间连通，计算机 PCC 与计算机 PCF 之间不能连通，因为计算机 PCC 与计算机 PCF 属于 VLAN 70，而干道链路不允许通过 VLAN 70 的数据帧。

　　故障诊断：

　　①如果出现"%CDP-4-NATIVE_VLAN_MISMATCH: Native VLAN mismatch discovered on gigabitEthernet0/1 (1), with Switch gigabitEthernet0/1 (10)." 提示，则表示干道链路两端的 Native VLAN 设置不一致。

　　②如果计算机 PCC 与计算机 PCF 之间能连通，则说明是许可 VLAN 列表的错误。

任务三　端口聚合

拓扑结构：端口聚合如图 5-15 所示。

所需设备：交换机（型号 2950）两台、计算机四台、直通线四根、交叉线两根。

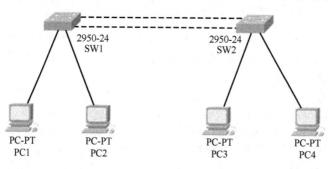

图 5-15　端口聚合

规划 IP 地址：

计算机 PC1 的 IP 地址：192.168.1.1/24。计算机 PC2 的 IP 地址：192.168.2.1/24。

计算机 PC3 的 IP 地址：192.168.1.2/24。计算机 PC4 的 IP 地址：192.168.2.2/24。

设备连线：

计算机 PC1 的 f0 端口→交换机 SW1 的 f 0/1 端口，计算机 PC2 的 f0 端口→交换机 SW1 的 f0/11 端口。

计算机 PC3 的 f0 端口→交换机 SW2 的 f 0/1 端口，计算机 PC4 的 f0 端口→交换机 SW2 的 f0/11 端口。

交换机 SW1 的 f 0/23 端口→交换机 SW2 的 f 0/23 端口，交换机 SW1 的 f 0/24 端口→交换机 SW2 的 f 0/24 端口。

任务要求

　　（1）交换机 SW1 的 f 0/1-10 端口属于 VLAN 100；交换机 SW1 的 f 0/11-20 端口属于 VLAN 200。

　　交换机 SW2 的 f 0/1-10 端口属于 VLAN 100；交换机 SW2 的 f 0/11-20 端口属于 VLAN 200。

　　（2）配置端口聚合，提高链路带宽、网络可靠性，并按目的 MAC 地址均衡负载。

（3）配置干道链路，实现计算机 PC1 与计算机 PC3 之间连通，计算机 PC2 与计算机 PC4 之间连通。

知识点链接

1. 端口聚合的简介

端口聚合是将多条链路的端口通过聚合技术绑定在一起，形成一个拥有更大带宽的逻辑端口，将多条链路形成以太网通道，这个逻辑端口就称之为聚合端口。聚合端口通常由两个或多个成员端口组成，有效地拓展了链路带宽，聚合端口的带宽为多个成员端口带宽的叠加。

端口聚合除能够提高网络带宽外，还能够提高网络的可靠性，实现负载均衡，如交换机 SWA 和交换机 SWB 的 FastEthernet 0/1（f 0/1）、FastEthernet 0/2（f 0/2）和 FastEthernet 0/3 端口聚合在一起，如图 5-16 所示。聚合后的带宽为端口的总带宽，当其中一条链路故障时，聚合端口会自动将数据流量转移到其他成员链路上，这个转移动作可瞬间完成，几乎不会中断网络服务，大大提高了网络的可靠性。当聚合端口上的数据流量很大时，还能将流量按照一定的规则分配到各个成员端口上，以起到均衡负载的作用。

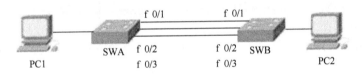

图 5-16　端口聚合

聚合端口与普通物理端口的使用方法类似，默认属于 VLAN 1，其端口模式与成员端口的模式一致，如果成员端口为 access 模式，那么聚合端口的模式也为 access 模式，也可以将聚合端口加入某个 VLAN 中；如果成员端口为 trunk 模式，那么聚合端口的模式也为 trunk 模式，同样可以设置许可 VLAN 列表、Native VLAN。

2. 端口聚合的方式

思科交换机端口聚合有两种协议，一种是 Cisco 私有的协议 PAgP（Port Aggregation Protocol，端口汇聚协议），为思科交换机的默认协议；另一种是遵循国际标准 IEEE 802.3ad 的协议 LACP（Link Aggregation Control Protocol，链路汇聚控制协议）。在这两种协议下，可以使用手动方式和自动方式形成以太网通道，如表 5-1 和表 5-2 所示。

1）PAgP

表 5-1　PAgP

方　式	模　式	含　义
手动	on	端口不用协商，直接形成以太网通道。只有对端是 on 模式时，以太网通道才能正常工作
主动协商	desirable	主动与对端交换机进行协商，只有对端是 desirable 或 auto 模式时，以太网通道才能正常工作
被动协商	auto	不主动与对端交换机进行协商，等待 PAgP 的协商请求。当出现请求时才进行协商，只有对端是 desirable 模式时，以太网通道才能正常工作

2）LACP

表 5-2　LACP

方　式	模　式	含　义
手动	on	主动与对端交换机进行协商，只有对端是 desirable 或 auto 模式时，以太网通道才能正常工作
主动协商	active	主动与对端交换机进行协商，只有对端是 active 或 passive 模式时，以太网通道才能正常工作
被动协商	passive	不主动与对端进行协商，等待 LACP 的协商请求，只有出现请求时才进行协商，对端必须是 active 模式，以太网通道才能正常工作

3. 端口聚合的配置

这里的端口与聚合端口均指的是二层端口，端口聚合的配置需要经过创建聚合端口、配置聚合协议和配置聚合方式的过程，以思科 2950 交换机为例，相关的配置命令如下。

1）创建聚合端口

```
Switch(config)#interface port-channel 聚合端口号    //创建聚合端口
```

其中，聚合端口号的范围为 1~6，这步也可以省略，直接进入下面的步骤，聚合端口会自动创建。

如果要删除聚合端口可以使用如下命令。

```
Switch(config-if-range)#no interface port-channel
```

2）配置聚合协议、聚合方式

端口聚合可以采用手动方式，也可以采用自动协商的方式。进入成员端口模式后，需要进行如下配置。

（1）PAgP 方式。

```
Switch(config-if-range)#channel-protocol pagp    //配置PAgP
Switch(config-if-range)#channel-group 1 mode on  //手动方式
Switch(config-if-range)#channel-group 聚合端口号 mode desirable
//自动协商desirable模式
Switch(config-if-range)#channel-group 聚合端口号 mode auto
//自动协商auto模式
```

注意：配置时，可以一端为 desirable 模式，另一端为 auto 模式，或是两端都为 desirable 模式，但不可以两端都为 auto 模式，因为无法协商。

（2）LACP 方式。

```
Switch(config-if-range)#channel-protocol lacp    //配置LACP
Switch(config-if-range)#channel-group 1 mode on  //手动方式
Switch(config-if-range)#channel-group 聚合端口号 mode active
//自动协商active模式
Switch(config-if-range)#channel-group 聚合端口号 mode passive
//自动协商passive模式
```

注意：配置时，可以一端为 active 模式，另一端为 passive 模式，或是两端都为 active 模式，但不可以两端都为 passive 模式。

如果要将某成员端口从聚合端口中删除，可以进入成员端口模式下使用如下命令。

```
Switch(config-if-range)#no channel-group
```

例如，创建一个聚合端口，成员端口为 f 0/1-3，应用 PAgP，采用 desirable 模式。

```
SW2(config)#int range f 0/1-3
SW2(config-if-range)#channel-protocol pagp
SW2(config-if-range)#channel-group 1 mode desirable
```

以上并没有先创建聚合端口，因为聚合端口 1 会自动创建。聚合端口的另一端可以使用 desirable 模式或 auto 模式。

3）显示聚合端口的相关信息

（1）查看以太网通道的汇总信息。

```
Switch#show etherchannel summary
```

（2）查看各聚合端口的详细信息。

```
Switch#show etherchannel port-channel
```

> 注意：
> ①聚合端口中成员端口的类型（RJ-45 端口、光纤端口）、速率、工作模式必须相同。
> ②聚合端口最多可以有 6 组，成员端口最多为 8 个。
> ③聚合端口与其成员端口必须都属于二层端口或三层端口。

4. 聚合端口操作模式的配置与加入 VLAN

1）配置聚合端口的操作模式

成员端口可以在聚合前设置操作模式，也可以在聚合后设置操作模式，聚合端口设置操作模式的命令如下。

```
Switch(config)#interface port-channel 聚合端口号  //进入聚合端口模式
Switch(config-if)#switchport mode 操作模式 //操作模式为trunk或access
```

2）聚合端口加入 VLAN

成员端口可以在聚合前加入某个 VLAN，也可以在聚合后加入 VLAN，聚合端口加入 VLAN 的命令如下。

```
Switch(config)#interface port-channel 聚合端口号  //进入聚合端口模式
Switch(config-if)# switchport access Vlan ID       //聚合端口号加入VLAN
```

> 注意：
> ①如果成员端口都为 access 模式，则应属于同一个 VLAN。
> ②如果成员端口都为 trunk 模式，则其允许通过的 VLAN、Native VLAN 也应该相同。
> ③将一个端口加入聚合端口中，则该端口就具有了聚合端口的属性。

5. 负载均衡

聚合端口不但可以提高端口的带宽，而且还能均衡负载。它能将数据流量按照目的 MAC 地址、源 MAC 地址、目的 IP 地址等分配到各聚合链路中，如在聚合链路中，可以根据不同的目的 MAC 地址将报文分配到不同的成员链路转发。负载均衡的配置命令如下。

```
SWA(config)#port-channel load-balance dst-mac  //根据目的MAC地址分配流量
SWA(config)#port-channel load-balance src-mac  //根据源MAC地址分配流量
SWA(config)#port-channel load-balance src-dst-mac//同时根据源MAC地址与目
```

```
//的MAC地址分配流量
        SWA(config)#port-channel load-balance dst-ip   //根据目的IP地址分配流量
        SWA(config)#port-channel load-balance src-ip   //根据源IP地址分配流量
        SWA(config)#port-channel load-balance src-dst-ip  //根据源IP地址与目的IP
        //地址分配流量
        //查看聚合端口均衡负载的方式
        Switch#show etherchannel load-balance
```

如果需要将聚合端口的均衡负载方式还原为默认值，可以使用 no port-channel load-balance 命令。

任务实施

1）绘制拓扑结构

绘制拓扑结构（见图5-15），并配置各计算机的 IP 地址。

2）创建 VLAN、划分端口与设置 trunk 模式

（1）单击交换机 SW1 图标，进入命令行界面，并进行配置。

```
        Switch>en
        Switch#conf t
        Switch(config)#hostname SW1
        SW1(config)#vlan 100   //创建VLAN 100
        SW1(config-vlan)#exit
        SW1(config)#vlan 200   //创建VLAN 200
        SW1(config-vlan)#exit
        SW1(config)#int range f 0/1-10
        SW1(config-if-range)#switchport access vlan 100   //划分端口至VLAN 100
        SW1(config-if-range)#exit
        SW1(config)#int range f 0/11-20
        SW1(config-if-range)#switchport access vlan 200   //划分端口至VLAN 200
        SW1(config-if-range)#exit
        SW1(config)#int range f0/23-24
        SW1(config-if-range)#switchport mode trunk      //将端口设为trunk模式
        SW1(config-if-range)#end
        SW1#show vlan        //显示VLAN信息
        Vlan    Name             Status    Ports
        ------- ---------------- --------- --------------------------------
        1       default          active    Fa0/21, Fa0/22
        100     Vlan0100         active    Fa0/1, Fa0/2, Fa0/3, Fa0/4
                                           Fa0/5, Fa0/6, Fa0/7, Fa0/8
                                           Fa0/9, Fa0/10
        200     Vlan0200         active    Fa0/11, Fa0/12, Fa0/13, Fa0/14
                                           Fa0/15, Fa0/16, Fa0/17, Fa0/18
                                           Fa0/19, Fa0/20
        ...
```

（2）单击交换机 SW2 图标，进入命令行界面，并进行配置。

```
        Switch>en
        Switch#conf t
        Switch(config)#hostname SW2
        SW2(config)#vlan 100   //创建VLAN 100
        SW2(config-vlan)#exit
        SW2(config)#vlan 200   //创建VLAN 200
```

```
SW2(config-vlan)#exit
SW2(config)#int range f 0/1-10
SW2(config-if-range)#switchport access vlan 100   //划分端口至VLAN 100
SW2(config-if-range)#exit
SW2(config)#int range f 0/11-20
SW2(config-if-range)#switchport access vlan 200   //划分端口至VLAN 200
SW2(config-if-range)#exit
SW2(config)#int range f 0/23-24
SW2(config-if-range)#switchport mode trunk      //将端口设为trunk模式
SW2(config-if-range)#end
SW2#show vlan        //显示VLAN信息
Vlan Name              Status    Ports
----- ---------------- --------- -------------------------------
1     default          active    Fa0/21, Fa0/22
100   Vlan0100         active    Fa0/1, Fa0/2, Fa0/3, Fa0/4
                                 Fa0/5, Fa0/6, Fa0/7, Fa0/8
                                 Fa0/9, Fa0/10
200   Vlan0200         active    Fa0/11, Fa0/12, Fa0/13, Fa0/14
                                 Fa0/15, Fa0/16, Fa0/17, Fa0/18
                                 Fa0/19, Fa0/20
...
```

3）配置端口聚合

（1）配置交换机 SW1。

```
SW1#conf t
SW1(config)#int range f 0/23-24
SW1(config-if-range)#channel-protocol lacp       //配置LACP
SW1(config-if-range)#channel-group 1 mode active //配置为主动协商模式
SW1(config-if-range)#end
SW1#show etherchannel summary          //显示以太网通道汇总信息
Flags: D - down P - in port-channel
I - stand-alone s - suspended
H - Hot-standby (LACP only)
R - Layer3 S - Layer2
U - in use f - failed to allocate aggregator
u - unsuitable for bundling
w - waiting to be aggregated
d - default port
Number of channel-groups in use: 1
Number of aggregators: 1
Group  Port-channel  Protocol  Ports
-------+------------ -+-----------+--------------------
1      Po1(SU)       LACP       Fa0/23(P) Fa0/24(P)
//可以看到聚合端口1的状态为SU（开启状态），如果为SD（关闭状态）则说明配置错误。
//应用的协议为LACP，有两个成员端口是Fa0/23和Fa0/24
SW1#show etherchannel port-channel //查看各聚合端口详细信息
                    Channel-group listing:
                    ---------------------
Group: 1
----------
Port-channels in the group:
---------------------------
```

```
Port-channel: Po1 (Primary Aggregator)
------------
Age of the Port-channel = 00d:01h:18m:21s
Logical slot/port = 2/1 Number of ports = 2
GC = 0x00000000 HotStandBy port = null
Port state = Port-channel
Protocol = LACP      //应用的协议
Port Security = Disabled
Ports in the Port-channel:
Index Load   Port   EC state           No of bits
------+------+-------+------------------+-----------
0    00    Fa0/23 Active             0
0    00    Fa0/24 Active             0
Time since last port bundled: 00d:01h:17m:18s Fa0/24
```

可以看到在列出的聚合端口中，聚合端口 1 应用的协议为 LACP，有两个成员端口是 Fa0/23 和 Fa0/24，模式为主动模式 active。

（2）配置交换机 SW2。

```
SW2#conf t
SW2(config)#int range f 0/23-24
SW2(config-if-range)#channel-protocol lacp
SW2(config-if-range)#channel-group 1 mode passive
SW2(config-if-range)#end
SW2#show etherchannel summary          //显示聚合链路汇总信息
......
Group  Port-channel  Protocol  Ports
-------+------------ -+-----------+--------------------
1     Po1(SU)      LACP      Fa0/23(P) Fa0/24(P)
//可以看到聚合端口1的状态为SU（开启状态），应用的协议为LACP,有两个成员端口是Fa0/23
//和Fa0/24
SW1#show etherchannel port-channel          //显示聚合端口的详细信息
                    Channel-group listing:
                    ----------------------
Group: 1
----------
Port-channels in the group:
----------------------------
Port-channel: Po1 (Primary Aggregator)
------------
......
Protocol = LACP      //应用的协议
......
Index Load   Port   EC state           No of bits
------+------+-------+------------------+-----------
0    00    Fa0/23 Passive            0
0    00    Fa0/24 Passive            0
Time since last port bundled: 00d:00h:10m:04s Fa0/24
```

可以看到列出的聚合端口中，聚合端口 1 应用的协议为 LACP，有两个成员端口是 Fa0/23 和 Fa0/24，模式为被动模式 passive。

4）测试与故障诊断

（1）从计算机 PC1 中 ping 计算机 PC3 是连通的；从计算机 PC2 中 ping 计算机 PC4 是

连通的，以上说明聚合端口的配置正确。

故障诊断：如果不连通，可能是聚合端口的模式配置错误，或者是协议应用不一致。

（2）删除交换机 f 0/23 端口之间的连线，再次测试后，依然是连通的。

结论：当一条成员链路出现故障时，聚合端口会自动将数据流量转移到其他的成员链路上，以提高网络的可靠性。

5）配置负载均衡

（1）配置交换机 SW1。

```
SW1#conf t
SW1(config)#port-channel load-balance dst-mac
SW1(config)#exit
SW1#show etherchannel load-balance
EtherChannel Load-Balancing Operational State (dst-mac):
Non-IP: Destination MAC address
  IPv4: Destination MAC address
  IPv6: Destination MAC address
```

（2）配置交换机 SW2。

```
SW2#conf t
SW2(config)#port-channel load-balance dst-mac
SW2(config)#exit
SW2#show etherchannel load-balance
EtherChannel Load-Balancing Operational State (dst-mac):
Non-IP: Destination MAC address
IPv4: Destination MAC address//根据目的MAC地址进行负载均衡
IPv6: Destination MAC address
```

可以看到负载均衡的方式为目的 MAC 地址，配置正确。

6）手动方式配置端口聚合

除使用自动协商模式配置端口聚合外，还可以使用手动方式配置端口聚合，配置如下。

（1）配置交换机 SW1 的端口聚合。

```
SW1(config)#int range f 0/23-24
SW1(config-if-range)#channel-group 1 mode on  //配置为手动方式
SW1(config-if-range)#end
```

（2）配置交换机 SW2 的端口聚合。

```
SW2#conf t
SW2(config)#int range f 0/23-24
SW2(config-if-range)#channel-group 1 mode on  //配置为手动方式
SW2(config-if-range)#end
```

（3）显示交换机 SW1 的聚合端口信息。

```
SW1#show etherchannel port-channel
…
Protocol = LACP
…
Index Load    Port    EC state           No of bits
------+------+-------+------------------+------------
0    00     Fa0/23  on                 0
0    00     Fa0/24  on                 0
Time since last port bundled: 00d:00h:02m:28s Fa0/24
```

可以看到交换机 SW1 的聚合端口 1 应用的协议为 LACP，有两个成员端口是 Fa0/23 和 Fa0/24，模式为主动模式 on。

（4）显示交换机 SW2 的聚合端口信息。

```
SW2#show etherchannel port-channel
…
Protocol = LACP
…
Index Load    Port    EC state               No of bits
------+------+-------+-------------------+-----------
0      00     Fa0/23  on                     0
0      00     Fa0/24  on                     0
Time since last port bundled: 00d:00h:00m:18s Fa0/24
```

交换机 SW2 聚合端口信息与交换机 SW1 相同。

（5）从计算机 PC1 中 ping 计算机 PC3 是连通的；从计算机 PC2 中 ping 计算机 PC4 是连通的。

电子课件

项 目 评 价

学生	级班		星期		日期		
项目名称	交换技术					组长	
评价内容	主要评价标准				分数	组长评价	教师评价
任务一	能够正确配置 VLAN 和端口				30 分		
任务二	能够正确配置 VLAN、trunk 模式，以及许可 VLAN 列表、Native VLAN				40 分		
任务三	能够正确配置 VLAN，以及 trunk 模式、聚合端口、负载均衡				30 分		
总　分					合计		
项目总结（心得体会）							

说明：（1）从设备选择、设备连线、设备配置、连通测试等方面对任务进行评价。

（2）满分为 100 分，总分=组长评价×40%+教师评价×60%。

项 目 习 题

一、填空题

1. 在交换机中_____是交换机默认的 VLAN，既不能删除，也不能修改。

2. _____是在一个物理网络上按照功能或部门等因素划分出来的逻辑网络。

3. 基于_____划分 VLAN 是一种简单而有效的方法，目前被广泛应用，绝大多数的交换机都支持这种划分方法。

4. _____模式的端口一般用于连接交换机或路由器，在默认情况下，该端口属于交换机的所有 VLAN，能够通过所有 VLAN 的数据帧。

5. 思科交换机的端口聚合遵循两种协议，一种是 Cisco 私有的协议_____，另一种是国际标准的 IEEE 802.3ad 协议_____。

二、简答题

1. 交换机端口管理模式有哪两种？它们是如何工作的？

2. 配置端口聚合时应注意的问题是什么？

3. 简述端口聚合的内容。

三、操作题

某传媒公司有两个分公司，每个分公司都各有一个资源部和一个设计部，因部门内经常有大量视频资料传递，所以希望在两个分公司的局域网间建一条信息高速公路，实现部门内可以相互访问，但部门间不能相互访问。两个分公司的网络用两台思科交换机（型号 2960）、八台计算机、若干根直通线、交叉线进行模拟，请为其组建网络，以实现公司的要求，其拓扑结构如图 5-17 所示。

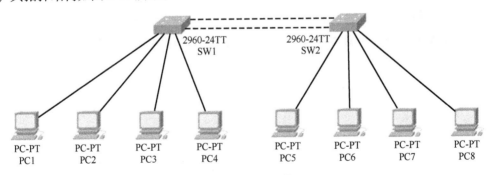

图 5-17　拓扑结构

路由器的基本配置与管理 项目六

项目背景

路由器是网络中常见的设备之一，它有各种类型的端口，能够实现不同网络间的连接。首次配置路由器时必须使用 Console 端口，在配置好 IP 地址后，就可以使用远程登录等方式对路由器进行配置管理了。为了保证路由器的安全，管理员会为其设置密码，如 Console 端口密码、特权模式密码、远程登录密码等。

学习目标

1. 知识目标

（1）掌握路由器的组成、分类、主要功能、常用端口和管理方式的相关内容。

（2）掌握路由器，以及路由、路由表和网关的概念。

（3）理解路由器的功能与数据包的转发过程。

2. 技能目标

（1）能够完成路由器时钟、密码的配置，以及远程登录的配置。

（2）能够完成路由器端口工作模式、带宽、端口 IP 地址的配置。

任务一　认识路由器

知识点链接

1. 路由器的简介

路由器（网关设备）是一种网络设备，如图 6-1 所示，有各种类型的端口，可用于连接多个不同的网络，通过路由功能能够将数据包从一个网络发送到另一个网络，因此具有路由选择的功能。路由器工作在 OSI 参考模型的网络层，目前已经被广泛应用于各行各业，主要的路由器品牌有华为、思科、中兴、TP-LINK、神州数码、锐捷等。

图 6-1　H3C MSR2600 路由器

2. 路由器的组成

路由器是由软件部分和硬件部分组成的，可以将其看作是一台特殊的计算机。不同品牌的路由器的组成稍有差异，在此以思科 1841 型路由器为例进行讲解。

1）软件部分

思科路由器的软件部分主要是指管理路由器的操作系统 Cisco IOS，因设备型号不同会有所不同。

2）硬件部分

硬件部分主要包括处理器、只读存储器（ROM）、随机存取存储器（RAM）、非易失性 RAM（NVRAM）、闪存（Flash）、各类端口和配置线缆。

3. 路由器的端口

思科 1841 路由器的端口主要有 RJ-45 端口、Serial 端口、AUX 端口和 Console 端口，如图 6-2 所示，不同型号的路由器端口差异较大。

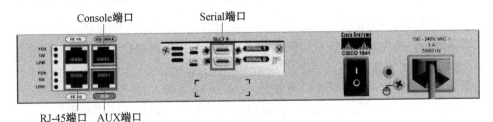

图 6-2　思科 1841 路由器的端口

路由器的端口类型决定了网络连接的类型，越是高端的路由器端口类型就越多，所能连接的网络类型也就会越多。路由器不仅能实现局域网之间的连接，而且能够实现局域网与广域网、广域网与广域网之间的连接。另外，还需要有配置路由器的端口，因此，路由器的端口主要分为局域网端口、广域网端口和配置端口。

1）局域网端口

局域网端口用于实现局域网之间的连接，常见的端口有 RJ-45 端口和光纤端口等。其中，RJ-45 端口多为快速以太网端口，主要用于通过双绞线连接局域网，是路由器最常见的一种端口。

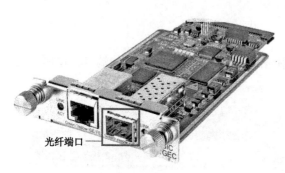

光纤端口（SC 端口）用于与光纤的连接，如图 6-3 所示。光纤端口并不直接连接工作站，而是通过光纤连接快速以太网或千兆以太网等具有光纤端口的路由器。

图 6-3　光纤端口

2）广域网端口

因广域网规模宏大，且种类不同，就决定了路由器用于连接广域网的端口的速率要求比较高，端口类型各异。常见的广域网端口有 RJ-45 端口、AUI 端口、光纤端口、高速同步串口和高速异步串口等。

其中，RJ-45 端口也可以用于广域网与局域网 VLAN（虚拟局域网）之间，以及远程网络或 Internet 的连接，一般速率都要达到 100Mbit/s 以上。

光纤端口用于与光纤的连接，常用于广域网中骨干网络的连接，具有传输速率快的特点。

AUI 端口是用来与粗同轴电缆连接的端口，它是一种 "D" 型 15 针端口，如图 6-4 所示。在令牌环网或总线结构网络中这是一种比较常见的端口。

高速同步串口是路由器与广域网连接中应用较多的端口，如图 6-5 所示，这种端口用于连接 DDN、帧中继、X.25 和 PSTH 等网络模式，一般速率较高。

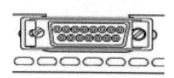

图 6-4　AUI 端口

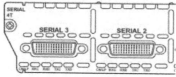

图 6-5　高速同步串口

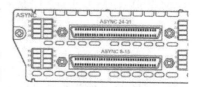

图 6-6　高速异步串口

高速异步串口用于路由器与路由器间的连接，使用 V.35 线缆，分为 DCE 端和 DTE 端，两端不需要同步，使用时需要设置时钟频率，是一种低速率的端口，如图 6-6 所示。

3）路由器的配置端口

一般路由器的配置端口有两个，分别是 Console 端口和 AUX 端口。

Console 端口用于使用配置线缆与计算机的串口相连，利用仿真终端程序，可以实现路由器的配置。首次配置路由器时必须使用 Console 端口，然后才可以采用其他配置方式。

虽然 AUX 端口在外观上与 RJ-45 端口一样，但其内部电路却不同，实现的功能也不一样。它通过收发器与调制解调器进行连接，可用于远程拨号连接配置。对路由器进行远程配置时可以使用 AUX 端口。

4. 路由器的分类

路由器产品种类较为繁多，按照路由器的功能可分为骨干级路由器、企业级路由器和接入级路由器。

骨干级路由器是实现骨干网络连接的关键设备，如图 6-7 所示。它具有数据吞吐量大、速率高和可靠性高等特点，常采用热备份、双电源、双数据通路等传统冗余技术来提高数据传输的可靠性。

企业级路由器虽然连接许多终端系统，但系统相对简单，且数据流量较小，对这类路由器的要求是用较低成本实现尽可能多的端点连接，如图 6-8 所示。

图 6-7　锐捷 RG-RSR-08 M 核心路由器

接入级路由器是较为低端的路由器，它对速率、可靠性的要求都不高，主要应用于连接家庭或 ISP 内的小型企业客户群体，如图 6-9所示。

图 6-8　华为 AR1220 企业级路由器

图 6-9　华三（H3C）ER3200 接入级路由器

5. 路由与路由表

路由是指路由器将接收的数据包转发另一个网络设备的过程。当数据包想要经过一个网络传递到另一个网络时，如果没有路由器则无法进行路由。为了完成路由过程，路由器需要知道到达每一个网络的方法。

在路由器中记录了数据包到达每一个网络的方法，即路由表，表中保存着多条网络地址与端口（或下一跳）对应的条目，这些条目称为路由，路由决定了数据包从哪个端口发出。这些路由有的是路由器自己的，称为直连路由；有的路由是通过协议学习到的，称为动态路由；还有的路由器是由管理员手动配置的，称为静态路由。通过对路由表的查询，可以为每个要转发的数据包找到一条最佳的传输路径，当有路由器加入或离开时，路由表就会更新。

6. 路由器的主要功能与数据包的转发过程

路由器有两个主要功能，分别是连接不同网络和路由选择，路由器不同类型的端口决定了能够实现不同类型网络的连接，它可以实现局域网与局域网、局域网与广域网、广域网与广域网的连接。当路由器收到数据包时，会查询路由表进行转发，当有多条路由可以到达某个网络时，路由器可根据管理距离选择最佳路由进行转发。

数据包是 OSI 参考模型中网络层的单位，路由器传输的数据以数据包为基本单位。为了方便分析，可以简单地认为数据包由目的网络地址、源网络地址、数据及其他组成，如图 6-10 所示。

目的网络地址	源网络地址	数据	其他

图 6-10 数据包的结构

路由器在收到数据包后，首先读/取数据包中的目的网络地址，然后根据目的网络地址查询路由表。如果查询到对应的端口，则将数据包从端口转发；如果没有查询到，则将数据包丢弃。

在此对简单的路由器网络进行讲解。路由器与两台计算机连接，IP 地址设置如图 6-11 所示。此时，路由器中的路由表有两条直连路由，分别表示数据包要到达 192.168.1.0/24 网络需要从 f 0/0 端口转发；要到达 192.168.2.0/24 网络需要从 f 0/1 端口转发。

路由表

网络	端口
192.168.1.0/24	f 0/0
192.168.2.0/24	f 0/1

图 6-11 简单的路由器网络

以计算机 PC1 发送数据包给计算机 PC2 为例，数据包的转发过程如下：路由器 R 收到计算机 PC1 发来的数据包后，读取目的网络地址为 192.168.2.0/24，根据目的网络地址查询路由表，发现要到达 192.168.2.0 网络需要通过端口 f 0/1 转发，于是路由器 R 便通过端口 f 0/1 将数据包转发出去。计算机 PC2 给计算机 PC1 发送应答数据包的过程与此类似。

7. 路由器的管理方式

路由器的管理方式主要有四种，分别是仿真终端管理、Web 管理、SNMP 管理和远程管理。与交换机的管理方式一样，在此不再赘述。

任务二　配置密码与查看信息

拓扑结构： 配置路由器的密码与查看信息如图 6-12 所示。

所需设备： 路由器（型号 1841）一台、计算机一台、线缆一根。

设备连线： 计算机配置的 RS 232 端口→路由器的 Console 端口。

图 6-12 配置路由器的密码与查看信息

配置路由器的名称为 RA，时钟为当前时间，Console 端口的密码为 abc，路由器特权模式密码为 Router。

本任务中路由器的配置与交换机的配置类似，在此只做简单讲解。

1. 路由器的配置模式

路由器的配置模式与交换机类似，在此不再赘述。

2. 路由器的名称

路由器的名称是指路由器在配置窗口和命令提示符中显示的名称，更改路由器名称的操作命令如下。

```
Router(config)#hostname RA     //更改路由器的名称为RA
```

3. 路由器的时钟

路由器的时钟用于显示当前时间，与路由器的配置方法相同。

4. 系统信息

路由器的系统信息是指显示的硬件和软件版本等内容，查看系统信息的命令如下。

```
Router#show version
```

5. 配置信息

配置信息是用户对路由器进行配置操作的一系列信息，也是当前运行的配置信息，查看配置信息的命令如下。

```
Router#show running-config
```

配置信息需要写入路由器才能永久保存，否则，当重启或断电时会丢失。保存当前配置信息有两种方法，它们的操作结果是一样的。

方法一：使用 write 命令将当前的配置信息写入闪存中的 config.text 文件。

```
Router#write
```

方法二：使用 copy 命令将当前的配置信息保存到启动文件中，系统重新启动时初始化路由器。

```
Router#copy running-config startup-config
```

如果要删除闪存中配置文件 config.text，可以使用 delete 命令。

```
Router#delete flash:config.text
```

6. 路由器的密码

路由器主要有三种密码，分别是特权模式密码、Console 端口密码和远程登录密码。

1）特权模式密码

特权模式密码与路由器的配置方法相同，在此不再赘述。

2）Console 端口密码

Console端口密码是用户通过Console端口进入用户模式时输入的密码，配置命令如下。

```
Router(config)#line console 0        //进入Console端口模式
Router(config-line)#password 123     //配置密码为123
Router(config-line)#login            //配置登录验证，即登录时需要输入的密码。
//如果不需要验证则使用no login命令
```

3）远程登录密码

远程登录密码是远程登录路由器时输入的密码，这部分内容将在任务三中讲解。

任务实施

1）绘制拓扑结构

在 Packet Tracer 软件中绘制拓扑结构（见图6-12），以仿真终端的方式进入路由器的命令行界面，输入"no"命令，并按回车键，表示不使用对话框的方式配置。

2）配置路由器的时钟

```
Router>enable
Router#clock set 10:10:09 Mar 23 2020        //配置时钟
Router#show clock                            //显示时钟
10:10:18.372 UTC Mon Mar 23 2020
Router#conf t
Router(config)#hostname RA                   //更改路由器的名称
```

3）设置 Console 端口密码并测试

```
RA#conf t
RA(config)#line console 0        //进入Console端口模式
RA(config-line)#password abc     //设置密码
RA(config-line)#login            //设置登录验证
RA(config-line)#end
RA#copy running-config startup-config        //将当前配置信息保存到启动文件中
Destination filename [startup-config]?
Building configuration...
[OK]
RA#exit        //从仿真终端退到用户模式
User Access Verification
Password:      //提示输入密码，注意输入的密码是不显示的
RA>en
```

再次进入用户模式时提示输入密码，输入密码为abc，成功进入用户模式。

4）查看配置

```
RA#show run
…
hostname RA    //更改的路由器名称
enable secret 5 $1$mERr$0Ro16I2M4Oai8phnoHBV80        //设置的密文密码
…
line con 0
password abc    //设置的Console端口密码
login
…
```

可以看到修改后的路由器名称、特权模式密码和 Console 端口密码。

```
RA#show version
Cisco IOS Software, 1841 Software (C1841-ADVIPSERVICESK9-M), Version
12.4(15)T1, RELEASE SOFTWARE (fc2)    //思科操作系统版本
Technical Support: http://www.cisco.com/techsupport
Copyright (c) 1986-2007 by Cisco Systems, Inc.
Compiled Wed 18-Jul-07 04:52 by pt_team
ROM: System Bootstrap, Version 12.3(8r)T8, RELEASE SOFTWARE (fc1)//ROM
信息
…
Processor board ID FTX0947Z18E        //处理器信息
M860 processor: part number 0, mask 49
2 FastEthernet/IEEE 802.3 interface(s)    //端口信息
…
```

可以看到路由器的操作系统版本、处理器信息、ROM 信息、端口信息等。

任务三　配置远程登录

拓扑结构： 配置远程登录如图 6-13 所示。

所需设备： 路由器（型号 2811）一台、计算机两台、线缆一根、交叉线一根。

规划 IP 地址：

计算机 PC1 的 IP 地址：192.168.1.1/24。

路由器 RA 端口 FastEthernet0/0 的 IP 地址：192.168.1.9/24。

图 6-13　配置远程登录

设备连线：

计算机配置的 RS 232 端口→路由器 RA 的 Console 端口。

计算机 PC1 的 f0 端口→路由器 RA 的 f 0/0 端口。

任务要求

（1）通过仿真终端配置路由器，FastEthernet0/0 端口的工作模式为全双工通信、带宽为 100Mbit/s。

（2）配置特权模式密码为 acb123，配置远程登录密码为 456，同时允许 3 个用户登录，登录时需要验证。

知识点链接

1. 配置路由器的端口

路由器端口的配置包括带宽、工作模式、状态和 IP 地址等，其中端口带宽一般为 10Mbit/s、100Mbit/s、1000Mbit/s 和自动适应，带宽因端口类型的不同而不同。工作模式一

般有全双工（full）通信、半双工（half）通信和自动适应（auto）通信。端口的状态有 up 和 down 两种状态，up 表示端口开启，down 表示端口关闭。

1）配置端口的带宽、工作模式

配置端口的带宽、工作模式的命令如下。

```
Router(config-if)#speed 带宽
Router(config-if)#duplex 工作模式
```

注意：链路两端端口的工作模式要相互匹配，即两端都要配置为自动适应通信或半双工通信、全双工通信模式，带宽也要与之相同。

2）配置端口的 IP 地址

路由器的端口必须在配置 IP 地址并开启后才能使用，配置命令如下。

```
Router(config)#int 端口                      //进入端口模式
Router(config-if)#ip address IP地址 子网掩码 //配置端口的IP地址
Router(config-if)#no shutdown                //关闭端口使用shutdown
```

如果要更改端口的 IP 地址，直接重新配置即可；如果要删除配置的 IP 地址，可以使用如下命令。

```
Router(config-if)#no ip address
```

3）查看端口信息

查看端口的带宽、工作模式、状态和 IP 地址等信息可以使用如下命令。

```
Router#show interface FastEthernet 0/0
```

2. 配置远程登录

路由器首次配置时需要使用 Console 端口，在配置好端口的 IP 地址后，就可以使用远程登录对路由器进行配置管理了，方法与交换机类似，也需要配置特权模式密码、VTY 虚拟端口、远程登录密码，但路由器不能配置管理 IP 地址，只要配置端口的 IP 地址就可以了。

任务实施

1）绘制拓扑结构

在 Packet Tracer 软件中绘制拓扑结构（见图 6-13），以仿真终端的方式进入路由器的命令行界面，输入"no"命令，并按回车键，表示不使用对话框的方式配置。

2）配置路由器的端口带宽、工作模式和 IP 地址

```
Router>enable
Router#conf t
Router(config)#hostname RA
RA(config)#int f 0/0
RA(config-if)#ip address 192.168.1.9 255.255.255.0  //配置端口的IP地址
RA(config-if)#no shut
RA(config-if)#speed 100       //设置带宽为100Mbit/s
RA(config-if)#duplex full     //设置工作模式为全双工通信
%LINEPROTO-5-UPDOWN: Line protocol on Interface FastEthernet0/0,changed
state to down.
```

故障诊断：配置完工作模式后，会出现如上所示的提示，表示 FastEthernet0/0 转为关闭状态，这是因为路由器 FastEthernet0/0 端口设置了 100Mbit/s 带宽和全双工通信模式，而

与之相连的计算机的端口却没有设置，导致链路两端的带宽和工作模式不匹配，端口出现了关闭现象，解决办法是将计算机的网卡端口也设置为 100Mbit/s 带宽和全双工通信模式。

3）配置 IP 地址

计算机 PC1 的 IP 地址为 192.168.1.1，子网掩码为 255.255.255.0。

4）配置计算机网卡端口的带宽与工作模式

单击计算机 PC1 图标，打开"PC1"窗口，选择"配置"→"端口"→"FastEthernet0"，选中"带宽"的"100Mbps"单选项，并选中"双工"的"全双工"单选项，如图 6-14 所示。

路由器命令行界面出现以下提示，表示 FastEthernet0/0 转为开启状态，故障已解决。

```
%LINEPROTO-5-UPDOWN: Line protocol on Interface FastEthernet0/0, changed
state to up
RA(config-if)#end
RA#show int f 0/0      //查看路由器端口的状态
FastEthernet0/0 is up, line protocol is up (connected)
Hardware is Lance, address is 00d0.ffe1.1d01 (bia 00d0.ffe1.1d01)
Internet address is 192.168.1.9/24        //端口的IP地址
MTU 1500 bytes, BW 100000 Kbit, DLY 100 usec,
...
```

可以看到端口的状态是 up，IP 地址为 192.168.1.9/24。

5）测试

从路由器 ping 计算机 PC1，如图 6-15 所示，不但可以在计算机中使用 ping 命令测试，在其他网络设备中也可以使用，如路由器与计算机之间，路由器与路由器之间。

图 6-14　配置网卡端口的带宽与工作模式

图 6-15　从路由器 ping 计算机 PC1

6）配置特权模式密码

```
RA#conf t
RA(config)#enable secret abc123
```

7）配置远程登录

```
RA(config)#line vty 0 2      //进入虚拟端口模式，同时允许3个用户登录
RA(config-line)#password 456   //设置密码
```

```
RA(config-line)#login            //设置登录时需要验证
RA(config-line)#end
RA#show run
…
hostname RA    //更改后的路由器名称
!
enable secret 5 $1$mERr$2DtFmo8.aK.ge8uRJckmY.    //特权模式密码
…
interface FastEthernet0/0
ip address 192.168.1.9 255.255.255.0    //端口的IP地址
duplex full    //全双工通信
speed 100      //带宽为100Mbit/s
…
line vty 0 2
password 456   //远程登录密码
…
```

8）远程登录测试

单击计算机 PC1 图标，打开命令行窗口，输入 telnet 192.168.1.9 命令，如图 6-16 所示。根据提示，首先输入远程登录密码为 456，再输入特权模式密码为 abc123，显示配置成功。

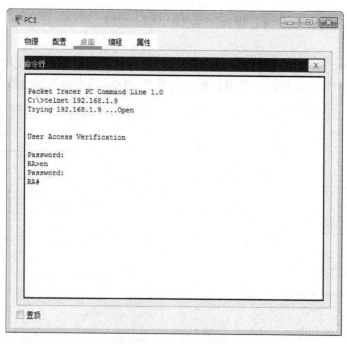

图 6-16　远程登录测试

任务四　　配置端口的 IP 地址

拓扑结构：配置路由器的串口如图 6-17 所示。

所需设备：路由器（型号 2621）两台、计算机两台、串口线缆一根、交叉线两根。

规划 IP 地址：

计算机 PC1 的 IP 地址：192.168.1.1/24。计算机 PC2 的 IP 地址：192.168.2.1/24。

路由器 R1 端口 f 0/0 的 IP 地址：192.168.1.9/24。路由器 R2 端口 f0/1 的 IP 地址：192.168.2.9/24。

路由器 R1 端口 S 0/0 的 IP 地址：192.168.3.1/24。路由器 R2 端口 S 0/0 的 IP 地址：192.168.3.2/24。

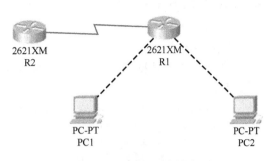

图 6-17　配置路由器的串口

设备连线：

计算机 PC1 的 f0 端口→路由器的 f 0/0 端口，计算机 PC2 的 f0 端口→路由器的 f 0/1 端口。

路由器 R1 端口 S 0/0→路由器 R2 端口 S 0/0。

任务要求

> 配置路由器端口、计算机的 IP 地址与网关，实现计算机 PC1、计算机 PC2、路由器间互通。

知识点链接

1. 网关的简介

网关可以理解为是一个网络连接另一个网络的节点，这个节点是一台网络设备，它可能是一台交换机，也可能是路由器，或是其他网络设备。

TCP/IP 中的网关是计算机为了与其他网络通信而设置的 IP 地址，这个 IP 地址可能是一个交换机的 VLAN 地址，也可能是一个路由器的端口地址。如果数据包是发往本地网络的，则不需要网关；如果是发往其他网络的，则必须要有网关，计算机首先将数据包发送给网关，再由网关进行转发。默认网关是指默认情况下的网关，在此，计算机的默认网关需要设置为相连路由器端口的 IP 地址。

2. 路由器端口 IP 地址的配置原则

因路由器的功能之一是连接不同的网络，因此决定了路由器每个端口的 IP 地址必须属于不同的网络，并且必须开启端口。例如，路由器 R 1 有 f 0/0、f 0/1 和 S 0/0 三个端口，其 IP 地址需要属于三个不同的网络，IP 地址可以分别设置为 192.168.1.1/24、192.168.2.1/24 和 192.168.3.1/24，如图 6-18 所示。

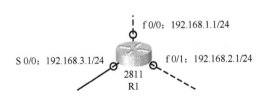

图 6-18　路由器端口配置 IP 地址

3. 路由器串口的配置

1）串口的表示方法

串口（Serial）依据是否使用模块组，表示方法稍有不同，如端口 Serial 0/1、Serial 0/0/0，其中 Serial 0/1 表示 0 号模块的 1 号端口，

Serial 0/0/0 则表示 0 号模块组的 0 号子模块的 0 号端口。

2）串口的配置方法

路由器的串口即高速异步串口，使用 V.35 线缆，其一端为 DTE（数据终端设备），另一端为 DCE（数据通信设备）。DCE 端需要配置时钟，而 DTE 端则不需要，串口的命令如下。

```
Router(config)#interface 串口        //进入串口模式
Router(config-if)#clock rate 64000    //配置时钟
Router(config-if)#ip address IP地址 子网掩码    //配置IP地址
Router(config-if)#no shutdown    开启端口
```

> 注意：两个路由器相连接的端口应配置为同一网络的 IP 地址。例如，路由器 RA 与路由器 RB 两个路由器通过串口 Serial0/0 相连，那么，路由器 RA 的 Serial0/0 端口 IP 地址可以设置为 192.168.3.1/24，路由器 RB 的 Serial0/0 端口 IP 地址可以设置为 192.168.3.2/24。

3）显示端口的配置信息

如果要显示所有端口的简洁信息，如端口的名称、IP 地址，以及端口的状态信息等，可以使用如下命令。

```
RA#show ip interface brief
```

任务实施

1）绘制拓扑结构

（1）在 Packet Tracer 软件的底端工具栏中，单击 Miscellaneous 图标█，选择 2621 型号的路由器，添加两台路由器，并分别命名为 R1 和 R2，因为从这里选择的路由器默认有串口，使用比较方便。

（2）单击连接线图标 ⚡，选择串行 DCE 线 ✂。单击路由器 R1 图标，选择 S 0/0 端口，再单击路由器 R2 图标，选择 S 0/0 端口，这样路由器 R1 端的 S 0/0 为 DCE，需要配置时钟，根据图 6-17 绘制好拓扑结构。

2）设置计算机的 IP 地址与默认网关

计算机 PC1 的 IP 地址：192.168.1.1/24，默认网关为 192.168.1.9。

计算机 PC2 的 IP 地址：192.168.2.1/24，默认网关为 192.168.2.9。

3）配置路由器 R1

单击路由器 R1 图标，进入命令行界面，输入 "no" 命令，并按回车键，表示不使用对话框的方式配置。

```
Router>en
Router#conf t
Router(config)#hostname R1
R1(config)#int f 0/0
R1(config-if)#ip address 192.168.1.9 255.255.255.0  //配置端口IP地址
R1(config-if)#no shut    //开启端口
R1(config-if)#exit
R1(config)#int f 0/1
R1(config-if)#ip address 192.168.2.9 255.255.255.0
R1(config-if)#no shut
R1(config-if)#exit
```

```
R1(config)#int s 0/0
R1(config-if)#ip address 192.168.3.1 255.255.255.0
R1(config-if)#clock rate 64000      //配置时钟
R1(config-if)#no shut
```

4）配置路由器 R2

单击路由器 R2 图标，进入命令行界面，输入"no"命令，并按回车键，表示不使用对话框的方式配置。

```
Router>en
Router#conf t
Router(config)#hostname R2
R2(config)#int s 0/0
R2(config-if)#ip address 192.168.3.2 255.255.255.0
R2(config-if)#no shut
```

5）查看路由器信息

（1）查看路由器 R1 所有端口的信息。

```
R1(config-if)#end
R1#show ip interface brief //显示端口信息
Interface        IP-Address      OK?    Method   Status    Protocol
FastEthernet0/0  192.168.1.1     YES    manual   up        up
FastEthernet0/1  192.168.2.1     YES    manual   up        up
Serial0/0        192.168.3.1     YES    manual   up        up
Serial0/1        unassigned      YES    unset    down      down
```

可以看到路由器 R1 端口的信息。

（2）查看路由器 R2 的端口信息。

```
R2(config-if)#end
R2#show int s 0/0
Serial0/0 is up, line protocol is up (connected) //端口的状态
Hardware is HD64570
Internet address is 192.168.3.2/24  //端口IP地址信息
MTU 1500 bytes, BW 1544 Kbit, DLY 20000 usec,
…
```

可以看到路由器 R2 端口 Serial0/0 的信息。

6）测试与故障诊断

（1）从计算机 PC1 中 ping 计算机 PC2 的 IP 地址，查看是否连通。

（2）从路由器 R1 中 ping 路由器 R2 串口 Serial0/0 的 IP 地址，查看是否连通，方法如下。

```
R1#ping 192.168.3.2
Type escape sequence to abort.
Sending 5, 100-byte ICMP Echos to 192.168.3.2, timeout is 2 seconds:
!!!!!
Success rate is 100 percent (5/5), round-trip min/avg/max = 1/1/2 ms
```

以上表示发送 5 个数据包，收到 5 个数据包，成功率为 100%，表示能连通。

故障诊断：如果不能连通，可能是路由器 R1 串口 Serial0/0 没有配置时钟，或某个 IP 地址配置错误。

（3）去掉计算机 PC1 的默认网关。

再次从计算机 PC1 中 ping 计算机 PC2，结果为不能连通，因为计算机 PC1 不知道将

数据包发给其他网络的谁。

结论：如果计算机没有默认网关则不能与其他网络通信。

本项目拓展知识点链接

电子课件

项 目 评 价

学生		级班	星期	日期		
项目名称	路由器的基本配置与管理				组长	
评价内容	主要评价标准			分数	组长评价	教师评价
任务一	掌握路由器的组成、端口、分类、功能，以及数据包的转发过程			30 分		
任务二	能够正确配置密码			20 分		
任务三	能够正确配置端口、远程登录			20 分		
任务四	能够正确配置网关、路由器的端口			30 分		
总 分				合计		
项目总结（心得体会）						

说明：（1）实训任务从设备选择、设备连线、设备配置、连通测试等方面进行评价。

（2）满分为 100 分，总分=组长评价×40%+教师评价×60%。

项 目 习 题

一、填空题

1. _____是一种网络设备，用于连接多个不同的网络，通过路由功能可将数据包从一个网络发送到另一个网络。

2. 路由器的端口主要分为_____端口、_____端口和配置端口。

3. 按照路由器的功能将路由器分为_____路由器、_____路由器和接入级路由器。

4. _____是指路由器将接收的数据包转发到另一个网络设备的过程，数据包经过一个网络传递到另一个网络。

二、简答题

1. 路由器的硬件部分主要包括哪些？
2. 简述路由器端口 IP 地址配置的原则。
3. 简述路由表的概念。

三、操作题

假如你是某通信公司的员工，公司购买了两台 Cisco 2621 路由器，需要配置快速以太网口的带宽、工作模式和 IP 地址，以及串口的 IP 地址，为保证安全要为路由器配置密码，如远程登录密码、特权模式密码、Console 端口密码等。公司还提供了两台计算机用于配置和测试，拓扑结构如图 6-19 所示。请你完成任务。

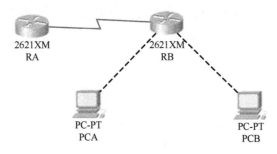

图 6-19　拓扑结构

路由器的路由配置 项目七

项目背景

随着网络规模的不断扩大，网络间的通信也变得越来越复杂。如果是企业内部网络之间的通信，可以使用静态路由、RIP 路由等；如果是企业网络与外部网络的通信，可以使用默认路由、OSPF 路由等。通过本项目的学习，可以解决网络间的通信问题。

学习目标

1. 知识目标

（1）理解直连路由、静态路由和动态路由的概念。

（2）理解静态路由、动态路由的特点。

（3）掌握创建路由表三种途径的方法。

（4）掌握动态路由协议分类。

（5）掌握 RIP 的特点、版本。

（6）理解 RIP 路由、OSPF 路由的工作过程。

（7）理解默认路由、RIP 路由、OSPF 路由和路由重发布的概念。

（8）掌握 OSPF 区域、被动端口的概念。

2. 技能目标

（1）能够完成静态路由、默认路由的配置。

（2）能够完成 RIP V1、RIP V2 路由的配置。

（3）能够完成单区域 OSPF 路由、多区域 OSPF 路由的配置。

（4）能够实现各种路由的重发布。

任务一 静态路由

拓扑结构：静态路由拓扑结构如图 7-1 所示。

所需设备：路由器（型号 1841）三台、计算机三台、交叉线若干根、V.35 线一根。

规划 IP 地址：

计算机 PC1 的 IP 地址：192.168.1.1/24，网关为 192.168.1.2。

计算机 PC2 的 IP 地址：192.168.2.1/24，网关为 192.168.2.2。

计算机 PC3 的 IP 地址：192.168.3.1/24，网关为 192.168.3.2。

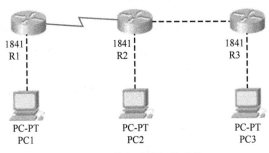

图 7-1 静态路由拓扑结构

路由器 R1：f0/1 的 IP 地址为 192.168.1.2/24，S0/0/0 的 IP 地址为 192.168.4.1/24。

路由器 R2：f0/0 的 IP 地址为 192.168.5.1/24，f0/1 的 IP 地址为 192.168.2.2/24。Serial0/0/0 的 IP 地址为 192.168.4.2/24。

路由器 R3：f0/0 的 IP 地址为 192.168.5.2/24，f0/1 的 IP 地址为 192.168.3.2/24。

设备连线：

计算机 PC1→路由器 R1 的 f0/1，计算机 PC2→路由器 R2 的 f0/1，计算机 PC3→路由器 R3 的 f0/1。

路由器 R1 的 S0/0/0 端口（DCE）→路由器 R2 的 S0/0/0 端口（DTE）。

路由器 R2 的 f0/0 端口→路由器 R3 的 f0/0 端口。

任务要求

通过配置静态路由实现计算机 PC1、计算机 PC2 与计算机 PC3 之间的连通。

知识点链接

1. 静态路由

静态路由是指管理员通过手动方式添加到路由表中的路由，这种路由比较安全且简洁。

1）静态路由的优点

（1）静态路由不占用额外的路由器资源与带宽。

静态路由是由管理员手动配置的，在路由器运行过程中不需要相互交换路由信息，因此，它不占用路由器的 CPU 资源，也不占用网络带宽。

（2）静态路由安全且简洁。

由于静态路由不能动态反映网络拓扑结构，就不会将网络拓扑结构暴露出来，因此更加安全，保密性更好。在一个小而简单的网络中，使用静态路由是不错的选择。

2）静态路由的缺点

静态路由一般应用于小型网络或拓扑结构相对较稳定的网络，如果网络规模过大，静态路由的配置就会变得非常复杂，难以完成。当网络链路发生变化时，如增加或删除路由器，管理员就必须手动更新路由，操作非常麻烦。

2. 路由表的来源

路由器在转发数据包时，先要从路由表中查询相应的路由，才知道数据包该如何转发。那么，路由表是如何建立起来的呢？它主要有以下三种途径。

（1）直连路由：当配置好路由器的端口地址后，路由器会自动添加直接网络的路由。

（2）静态路由：由管理员根据网络情况手动添加的路由。

（3）动态路由：由路由器根据动态路由协议搜集周边网络信息，并不断交换网络信息而获得的路由信息。

3. 静态路由的通信过程

网络中有路由器 R1、路由器 R2 和计算机 PC1、计算机 PC2，以及三个网络分别是网络 192.168.1.0/24、192.168.2.0/24 和 192.168.12.0/24。假定路由器的端口、计算机的 IP 地址与网关都已经配置好，如图 7-2 所示。

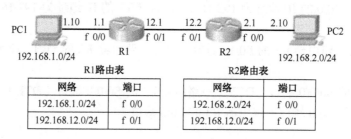

图 7-2　两台路由器网络

通过路由表可知路由器 R1 的数据包可以到达直连网络 192.168.1.0/24 和 192.168.12.0/24，路由器 R2 的数据包可以到达直连网络 192.168.12.0/24 和 192.168.2.0/24。而路由器 R1 不能到达的网络是 192.168.2.0/24，路由器 R2 不能到达的网络是 192.168.1.0/24。

试想一下，如果计算机 PC1 与计算机 PC2 通信会发生什么情况呢？通信过程是这样的，路由器 R1 收到计算机 PC1 发来的数据包后，取出目的网络地址是 192.168.2.0/24，查询路由表，结果没有查找到，因不知道如何发送，于是将数据包丢弃，导致通信失败。这是因为路由器 R1 没有到达网络 192.168.2.0/24 的路由信息；同理，路由器 R2 也没有到达网络 192.168.1.0/24 的路由信息。那么如何才能让数据包到达呢？

告诉路由器 R1，数据包要到达网络 192.168.2.0/24 通过 f 0/1 端口转发；告诉路由器 R2，数据包要到达网络 192.168.1.0/24 通过 f 0/1 端口转发，这种告诉路由器路由的方法即为配置静态路由。路由器 R1 和路由器 R2 分别添加一条静态路由，数据包即可到达，路由表如图 7-3 所示。

此时，计算机 PC1 和计算机 PC2 就可以相互通信了，通信过程如下。

（1）计算机 PC1 先将数据包发送给路由器 R1，路由器 R1 收到数据包后，取出目的网络地址，并查询路由表，知道要到达 192.168.2.0/24 网络需要通过端口 f 0/1 转发数据包，于是路由器 R1 便将数据包转发到路由器 R2。

R1路由表	
网络	端口
192.168.1.0/24	f 0/0
192.168.12.0/24	f 0/1
192.168.2.0/24	f 0/1

R2路由表	
网络	端口
192.168.2.0/24	f 0/0
192.168.12.0/24	f 0/1
192.168.1.0/24	f 0/1

图 7-3　路由器 R1 和路由器 R2 的路由表

（2）路由器 R2 收到数据包后，取出目的网络地址 192.168.2.0/24，并查询路由表，知道要到达网络 192.168.2.0/24 需要通过端口 f 0/0 转发。于是将数据包通过端口 f 0/0 转发给计算机 PC2，计算机 PC2 收到数据包。

（3）计算机 PC2 向计算机 PC1 发送确认数据包的过程与此类似。

4. 静态路由的配置

配置静态路由就是告诉路由器数据包到达某个目的网络的方法，命令格式如下。

1）配置静态路由

```
Router(config)#ip route  [目的网络地址]  [子网掩码]  [本路由器端口或下一跳IP
地址]  [管理距离]
```

例如，在图 7-2 的网络中，路由器 R1 的静态路由可以进行如下配置。

```
R1(config)#ip route 192.168.2.0 255.255.255.0 192.168.12.2 或
R1(config)#ip route 192.168.2.0 255.255.255.0 f0/1
```

其中 ip route 为静态路由命令，192.168.2.0 255.255.255.0 为目的网络地址和子网掩码，192.168.12.2 为下一跳 IP 地址，当然也可以使用路由器 R1 的端口 f 0/1。从功能上讲，两者的运行结果是一样的，管理距离保持为默认。

管理距离表示一条路由的可信度，取值范围为 0 ~ 255，其值越大表示可信度越差。静态路由的管理距离默认为 1，可以根据需要修改。

2）删除静态路由

如果要删除静态路由可以使用如下命令。

```
Router(config)#no ip route [目的网络地址]  [子网掩码]
```

3）查看路由表

```
Router#show ip route
Codes: C - connected, S - static, I - IGRP, R - RIP, M - mobile, B - BGP
       D - EIGRP, EX - EIGRP external, O - OSPF, IA - OSPF inter area
       N1 - OSPF NSSA external type 1, N2 - OSPF NSSA external type 2
       E1 - OSPF external type 1, E2 - OSPF external type 2, E - EGP
       i - IS-IS, L1 - IS-IS level-1, L2 - IS-IS level-2, ia - IS-IS inter
area
       * - candidate default, U - per-user static route, o - ODR
       P - periodic downloaded static route
Gateway of last resort is not set
S    192.168.1.0/24 [1/0] via 192.168.5.1
S    192.168.2.0/24 [1/0] via 192.168.5.1
C    192.168.3.0/24 is directly connected, FastEthernet0/1
```

路由表的开头是关于路由来源缩写的解释，主要是为了方便描述路由的来源。路由表各项每个字段意义如下所示。

（1）路由来源：每条路由的第一个字段表示路由的来源，如"S"表示静态路由，"C"表示直连路由。

（2）目的网络：路由中的网络地址和子网掩码，表示一个网络，如192.168.1.0/24。

（3）下一跳IP地址：数据包要到达的下一个路由器的端口IP地址，如192.168.5.1。

（4）管理距离/度量值：如1/0，前者为管理距离，表示该路由的可信度，后者为度量值。不同的路由来源值不相同，度量值代表该路由的花费，度量值越小，说明这条路径越好。

4）静态路由的思路

配置静态路由时，可以遵循如下思路。

（1）对照拓扑结构图找出所有的网络。

（2）在每一个路由器上找出直连网络后，再从所有网络中除去直连网络，即为该路由器不能到达的网络。

（3）在每一个路由器上为不能到达的网络配置一条静态路由。

任务实施

1）绘制拓扑结构

绘制拓扑结构（见图7-1）。

2）配置计算机的IP地址与网关

计算机PC1的IP地址：192.168.1.1/24，网关为192.168.1.2。

计算机PC2的IP地址：192.168.2.1/24，网关为192.168.2.2。

计算机PC3的IP地址：192.168.3.1/24，网关为192.168.3.2。

3）配置路由器的端口

（1）配置路由器R1端口。

```
Router>en
Router#conf t
Router(config)#hostname R1
R1(config)#int s 0/0/0     //进入端口模式
R1(config-if)#ip address 192.168.4.1 255.255.255.0     //为端口配置IP地址
R1(config-if)#clock rate 64000     //DCE端配置时钟
R1(config-if)#no shut     //开启端口
R1(config-if)#exit
R1(config)#int f0/1
R1(config-if)#ip address 192.168.1.2 255.255.255.0     //为端口配置IP地址
R1(config-if)#no shut     //开启端口
R1(config-if)#exit
```

（2）配置路由器R2端口。

```
Router>en
Router#conf t
Router(config)#hostname R2
R2(config)#int s 0/0/0     //进入端口
R2(config-if)#ip address 192.168.4.2 255.255.255.0     //为端口配置IP地址
R2(config-if)#no shut     //开启端口
R2(config-if)#exit
R2(config)#int f0/1     //进入端口
R2(config-if)#ip address 192.168.2.2 255.255.255.0     //为端口配置IP地址
```

```
R2(config-if)#no shut    //开启端口
R2(config-if)#exit
R2(config)#int f0/0
R2(config-if)#ip address 192.168.5.1 255.255.255.0    //为端口配置IP地址
R2(config-if)#no shut    //开启端口
R2(config-if)#exit
```

（3）配置路由器 R3 端口。

```
Router>en
Router#conf t
Router(config)#hostname R3
R3(config)#int f0/0
R3(config-if)#ip address 192.168.5.2 255.255.255.0
R3(config-if)#no shut
R3(config-if)#exit
R3(config)#int f0/1
R3(config-if)#ip address 192.168.3.2 255.255.255.0
R3(config-if)#no shut
R3(config-if)#exit
```

4）配置静态路由

（1）配置路由器 R1 的静态路由。

网络拓扑结构中共有五个网络，分别是 192.168.1.0/24、192.168.2.0/24、192.168.3.0/24、192.168.4.0/24 和 192.168.5.0/24。

路由器 R1 的直连网络有 192.168.1.0/24 和 192.168.4.0/24，不能到达的网络是192.168.2.0/24、192.168.3.0/24 和 192.168.5.0/24，分别配置如下静态路由。

```
R1(config)#ip route 192.168.2.0 255.255.255.0 192.168.4.2
R1(config)#ip route 192.168.3.0 255.255.255.0 192.168.4.2
R1(config)#ip route 192.168.5.0 255.255.255.0 192.168.4.2
R1(config)#exit
R1#show ip route    //显示路由表
…
Gateway of last resort is not set
C    192.168.1.0/24 is directly connected, FastEthernet0/1
S    192.168.2.0/24 [1/0] via 192.168.4.2
S    192.168.3.0/24 [1/0] via 192.168.4.2
C    192.168.4.0/24 is directly connected, Serial0/0/0
S    192.168.5.0/24 [1/0] via 192.168.4.2
```

可以看到配置的三条静态路由。

（2）配置路由器 R2 的静态路由。

路由器 R2 的直连网络有 192.168.2.0/24、192.168.4.0/24 和 192.168.5.0/24，不能到达的网络是 192.168.1.0/24 和 192.168.3.0/24，分别配置如下静态路由。

```
R2(config)#ip route 192.168.1.0 255.255.255.0 192.168.4.1
R2(config)#ip route 192.168.3.0 255.255.255.0 192.168.5.2
R2(config)#exit
R2#show ip route
…
Gateway of last resort is not set
S    192.168.1.0/24 [1/0] via 192.168.4.1
```

```
C    192.168.2.0/24 is directly connected, FastEthernet0/1
S    192.168.3.0/24 [1/0] via 192.168.5.2
C    192.168.4.0/24 is directly connected, Serial0/0/0
C    192.168.5.0/24 is directly connected, FastEthernet0/0
```

可以看到配置的两条静态路由。

（3）配置路由器 R3 的静态路由。

路由器 R3 的直连网络有 192.168.3.0/24 和 192.168.5.0/24，不能到达的网络是 192.168.1.0/24、192.168.2.0/24 和 192.168.4.0/24，分别配置如下静态路由。

```
R3(config)#ip route 192.168.1.0 255.255.255.0 192.168.5.1
R3(config)#ip route 192.168.2.0 255.255.255.0 192.168.5.1
R3(config)#ip route 192.168.4.0 255.255.255.0 192.168.5.1
R3(config)#exit
R3#show ip route
…
Gateway of last resort is not set
S    192.168.1.0/24 [1/0] via 192.168.5.1
S    192.168.2.0/24 [1/0] via 192.168.5.1
C    192.168.3.0/24 is directly connected, FastEthernet0/1
S    192.168.4.0/24 [1/0] via 192.168.5.1
C    192.168.5.0/24 is directly connected, FastEthernet0/0
```

可以看到配置的三条静态路由。

5）测试与故障诊断

最终，计算机 PC1、计算机 PC2 与计算机 PC3 之间能够连通。

故障诊断：

（1）检查链接指示灯是否全变为绿色，如果有红色则表示此处不通，需要检查端口的 IP 地址、时钟，是否开启等。

（2）查看各个路由器的路由表，看是否能够到达每一个网络，并检查目的网络地址与下一跳是否正确。

（3）在测试连通时，可以按每段链路逐一地测试，如从计算机 PC1 中先 ping 自己的网关，然后 ping 路由器 R2 的 S0/0/0 端口 IP 地址，再 ping 路由器 R2 的 f 0/1 端口的 IP 地址，最后再 ping 计算机 PC2。

（4）如果提示类似 "Reply from 192.168.1.2: Destination host unreachable." 的信息，则表示目标计算机不可达，可能路由配置错误。如果提示 "Request timed out." 的信息，则表示是计算机 IP 地址、网关配置错误。

任务二　默认路由

拓扑结构：默认路由拓扑结构如图 7-4 所示。

所需设备：与任务一中的 IP 地址相同。

规划 IP 地址：与任务一中的 IP 地址相同。

设备连线：与任务一中的设备连线相同。

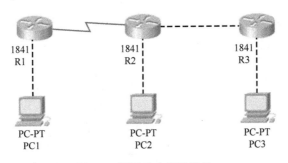

图 7-4　默认路由拓扑结构

　　通过配置静态路由与默认路由，实现计算机 PC1、计算机 PC2 与计算机 PC3 之间的连通。

1. 默认路由

　　默认路由是一种特殊的静态路由，默认的管理距离即静态路由的管理距离为 1，是指当数据包的目的网络地址在路由表中没有其他匹配路由时，可以选择默认路由，此时如果没有默认路由，那么数据包将被丢弃。通过配置默认路由可以简化静态路由的配置，也常用于接入 Internet。

2. 默认路由的应用

　　下列情况时配置默认路由。

　　（1）如果数据包要发往的目的网络是未知的，如目的网络为 Internet，则需要使用默认路由。

　　（2）当路由器处于网络的边缘，所有要发送出去的数据包经过同一个出口时，可以使用默认路由，以简化配置。

　　（3）当数据包的目的网络地址在路由表中无法匹配，而要从同一个端口发出时，可以使用默认路由。

　　如图 7-5 所示的拓扑结构中有八个网络，配置各路由器的端口 IP 地址后，每台路由器的路由表中将形成直连路由，那么下列哪些路由器适合配置默认路由呢？

　　路由器的 R1、R3、R4 处于网络的边缘，只需要配置一条默认路由即可，如路由器 R1 的默认路由配置为 ip route 0.0.0.0 0.0.0.0 S0。

　　路由器可以在某个方向上配置默认路由，其他配置静态路由，以简化路由的配置，如路由器 R2。

　　要使 1.0.0.0 网络的数据包经 S2 端口发出，可以配置一条静态路由 ip route 1.0.0.0 255.0.0.0 S2。

　　要使 5.0.0.0 网络的数据包经 S1 端口发出，可以配置一条静态路由 ip route 5.0.0.0 255.0.0.0 S1。

要使其他网络（网络 6.0.0.0、7.0.0.0 和 8.0.0.0）的数据包都经 S0 端口发出，可以配置一条默认路由 ip route 0.0.0.0 0.0.0.0 S0。

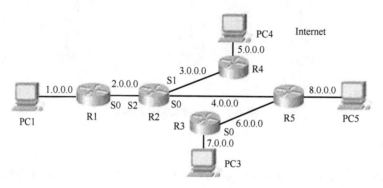

图 7-5   默认路由的配置

3. 默认路由的配置

配置默认路由可以使用如下命令。

```
Router(config)#ip route 0.0.0.0 0.0.0.0  [本路由器端口或下一跳IP地址]
```

ip route 为静态路由命令，其中，第一个 0.0.0.0 表示任何一个网络，或是未知的目的网络；第二个 0.0.0.0 表示任何网络的特殊掩码。

任务分析

在本网络中，路由器 R1 与路由器 R3 都为边缘路由器，可以配置为默认路由，路由器 R2 可配置为静态路由。

任务实施

1）绘制拓扑结构

绘制拓扑结构（见图 7-4），配置各计算机的 IP 地址与网关。

2）配置路由器端口

各个路由器端口的配置与本项目任务一的方法相同，在此不再赘述。

3）配置静态路由与默认路由

（1）路由器 R1 发往其他网络的数据包都经过 S0/0/0 端口，配置如下默认路由。

```
R1(config)#ip route 0.0.0.0 0.0.0.0 192.168.4.2
R1#show ip route    //显示路由表
…
Gateway of last resort is 192.168.4.2 to network 0.0.0.0
C 192.168.1.0/24 is directly connected, FastEthernet0/1
C 192.168.4.0/24 is directly connected, Serial0/0/0
S* 0.0.0.0/0 [1/0] via 192.168.4.2  //默认路由
```

可以看到配置的默认路由。

（2）路由器 R2 不能到达的网络是 192.168.1.0/24 和 192.168.3.0/24，分别配置如下静态路由。

```
R2(config)#ip route 192.168.1.0 255.255.255.0 192.168.4.1
R2(config)#ip route 192.168.3.0 255.255.255.0 192.168.5.2
```

```
R2(config)#exit
R2#show ip route
…
Gateway of last resort is not set
S 192.168.1.0/24 [1/0] via 192.168.4.1
C 192.168.2.0/24 is directly connected, FastEthernet0/1
S 192.168.3.0/24 [1/0] via 192.168.5.2
C 192.168.4.0/24 is directly connected, Serial0/0/0
C 192.168.5.0/24 is directly connected, FastEthernet0/0
```

可以看到两条配置的静态路由。

（3）配置路由器 R3 的默认路由。

路由器 R3 发往其他网络的数据包都经过 f 0/0 端口，配置如下默认路由。

```
R3(config)# ip route 0.0.0.0 0.0.0.0 192.168.5.1
R3#show ip route
…
Gateway of last resort is 192.168.5.1 to network 0.0.0.0
C 192.168.3.0/24 is directly connected, FastEthernet0/1
C 192.168.5.0/24 is directly connected, FastEthernet0/0
S* 0.0.0.0/0 [1/0] via 192.168.5.1   //默认路由
```

可以看到一条配置的默认路由。

4）测试与故障诊断

测试：计算机 PC1、计算机 PC2 与计算机 PC3 之间能连通。

故障诊断：如果无法连通，应查看默认路由的下一跳地址是否正确。

任务三　RIP 路由

拓扑结构：RIP 路由拓扑结构如图 7-6 所示。

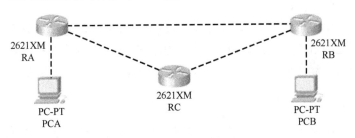

图 7-6　RIP 路由拓扑结构

所需设备：路由器（型号 2621）三台、计算机两台、交叉线若干根

规划 IP 地址：

计算机 PCA 的 IP 地址：172.16.1.1/16，网关为 172.16.1.9/16。

计算机 PCB 的 IP 地址：172.17.1.1/16，网关为 172.17.1.9/16。

路由器 RA：f 0/0 的 IP 地址为 172.16.1.9/16，f 0/1 的 IP 地址为 172.21.1.1/16，f 1/0 的 IP 地址为 172.23.1.1/16。

路由器 RB：f0/0 的 IP 地址为 172.17.1.9/16，f0/1 的 IP 地址为 172.21.1.2/16，f1/1 的 IP 地址为 172.22.1.2/16。

路由器 RC：f1/0 的 IP 地址为 172.23.1.2/16，f1/1 的 IP 地址为 172.22.2.1/16。

设备连线：

计算机 PCA→路由器 RA 的 f0/0，计算机 PCB→路由器 RA 的 f0/0。

路由器 RA 的 f0/1→路由器 RB 的 f0/1，路由器 RB 的 f1/1→路由器 RC 的 f1/1，路由器 RC 的 f1/0→路由器 RA 的 f1/0。

任务要求

通过配置 RIP 路由，实现计算机 PC1、计算机 PC2 与计算机 PC3 之间的连通。

知识点链接

1. 动态路由的简介

静态路由是一种简单的路由，当路由器数目较多时，配置会变得极为复杂，这时就需要使用动态路由协议。

动态路由是路由器根据网络的运行情况自动计算出的路由。路由器先根据路由协议收集周边的网络信息，然后路由器间相互交换这些信息，使每台路由器都知道网络中所有的路由信息，最终，由路由器通过某种算法计算出路由表。

2. 动态路由协议的分类

1）根据路由协议的算法分类

根据路由协议的算法，可将动态路由协议分为距离矢量路由协议、链路状态路由协议和混合路由协议。

（1）距离矢量路由协议。

距离矢量路由协议可通过距离来选择最佳路由。数据包每通过一个路由器称为一跳，使用最少跳数到达网络的路由被认为是最佳路由。矢量是指向远程网络的方向。每个路由器都会与相邻的路由器交换路由表，以更新自己的路由表。距离矢量路由协议适用于小型网络，如 RIP 等。

（2）链路状态路由协议。

链路状态路由协议比距离矢量路由协议能知道更多的网络信息，它可以根据线路带宽、线路费用和优先级等因素选择最佳路由。当有链路中断或加入新的路由器时，它能在短时间内发现，可及时由链路状态路由器向其邻站发送更新数据包，并通知它所知道的所有链路。如果网络没有发生变化，则只需要周期性地将没有更新的路由表刷新即可，不再周期性地向外广播路由信息。这是一种更加智能的路由协议，如 OSPF 路由协议等。

（3）混合路由协议。

混合路由协议是距离矢量路由与链路状态路由两者相结合的协议，如 EIGRP 路由协议。

不同的路由协议适合不同的网络，需要根据具体情况选择使用更好、更可靠的路由协议，不可以一概而论。

2）按照路由更新是否携带子网掩码分类

按照路由更新是否携带子网掩码，可以把路由协议分为有类路由协议和无类路由协议两类。

（1）有类路由协议。

有类路由协议在交换路由信息时只发送路由条目，并不携带子网掩码。在边界路由器执行自动汇总时，可直接汇总到主类网络默认的路由长度，并且该自动汇总无法人工干预。所有的计算机和路由器端口都使用相同的子网掩码，不支持 VLSM（变长子网掩码），如 RIP V1。

（2）无类路由协议。

无类路由协议在交换路由信息时携带子网掩码，并能够构建更精确的路由表，不像有类路由协议那样区分 A 类、B 类、C 类的网络，支持 VLSM（变长子网掩码），如 RIP V2、OSPF。

3. RIP 路由协议简介

RIP（Routing Information Protocol）是一种距离矢量路由协议，产生于 20 世纪 70 年代，以跳数作为度量值来选择最佳路由，在小型网络中得到了广泛应用。

跳数是指一个数据包到达目的网络所经过的路由器数目时，每经过一个路由器就会跳数加 1。RIP 认为最佳路由就是跳数最少的路由，如到达同一目的网络，一条路由需要 3 跳，另一条路由需要 4 跳，那么 3 跳的路由就比 4 跳的路由更优。RIP 规定路由器到直连网络的跳数为 0，每经过一个路由器则跳数加 1。如图 7-7 所示，路由器 R1 到网 1 或网 2（直连网络）的跳数都为 0，而到网 3 的跳数是 1，到达网 4 的跳数是 2。

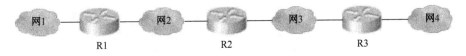

图 7-7　运行 RIP 的网络

在 RIP 网络中，由于路由环路问题会导致数据包在两个路由器之间不断徘徊，永远不能到达目的网络，而跳数会一直增大。为了避免这个问题，将最大跳数设置为 15，也就是说，数据包最多经过 15 个路由器，如果还不能到达目的网络，则认为不可达，如当跳数大于或等于 16 时就认为不可到达。

为了防止 RIP 网络形成环路路由，采用了水平分割、毒性逆转、路由抑制时间、触发更新等手段。

4. RIP 的工作过程

RIP 使用 UDP 数据包交换路由信息，UDP 端口号为 520，默认情况下，路由器每隔 30 秒就会向相邻的路由器广播自己的整个路由表，收到广播的路由器便将路由信息进行更新，每个路由器都如此广播，最终网络上所有的路由器都会得到全部的路由信息。

广播更新的路由信息每经过一个路由器，跳数就会增加 1，具有最低跳数的路径就是最佳路由。RIP 为了维持路由的有效性和及时性，每隔 30 秒就会向外发送一次更新数据包，如果路由器经过 180 秒没有收到路由更新数据包，则将路由信息标志为不可达，若 240 秒后仍未收到更新数据包就将这些路由信息从路由表中删除。由于 RIP 路由需要相对较长的时间才能确认一条路由信息失效，常会造成路由表矛盾和路由环路等问题。

5. RIP 路由协议的特点

（1）路由器仅与相邻路由器交换路由信息，不相邻的路由器不能直接交换路由信息。

（2）路由器广播交换的信息是当前路由器的整个路由表，广播时会占用较多带宽。当路由表很大时，会消耗路由器大量的 CPU 资源。

（3）当拓扑结构发生变化时收敛速度慢。适用于网络拓扑结构相对简单，且数据链路故障率极低的小型网络。

6. RIP 路由协议的版本

RIP 路由协议有 RIP V1 和 RIP V2 两个版本，RIP V1 以广播的方式发送路由更新数据包，是一个有类路由协议。它在路由的更新信息中不携带子网掩码，无法传达网络中变长子网掩码（VLSM）的信息。

RIP V2 可以看作是 RIP V1 的增强版，它以组播的方式发送更新数据包，是一个无类路由协议。它在路由更新时携带子网掩码，并支持 VLSM。另外，RIP V2 比 RIP V1 更加安全。

7. RIP 路由的配置

1）配置 RIP V1 路由

配置 RIP V1 路由，首先需要创建 RIP 路由进程，然后添加直连网络，命令如下。

```
Router(config)#router rip                //创建RIP路由进程
Router(config-router)#network 直连网络    //添加直连网络
```

2）配置 RIP V2 路由

配置 RIP V2 路由与 RIP V1 类似，但要指明版本，如果不指明，则默认为 RIP V1，同时需要关闭自动汇总功能，命令格式如下。

```
Router(config)#router rip
Router(config-router)#version 2          //指明RIP V2
Router(config-router)#network 直连网络
Router(config-router)#no auto-summary        //关闭自动汇总功能
```

> **注意：** RIP V1 不支持 VLSM（变长子网掩码），在路由更新信息中不携带子网掩码，无法传达不同网络中变长子网掩码的信息，它是一个有类路由协议。RIP V2 支持 VLSM。

3）删除 RIP 路由

当需要删除 RIP 路由时，既可以删除某个直连网络，也可以删除整个 RIP 路由进程，如果删除的是路由进程，则添加的所有直连网络都会随之删除，命令如下。

删除某个直连网络：

```
Router(config)#router rip
Router(config-router)#no network [网络]
```

删除整个 RIP 路由进程:

```
Router(config)#no router rip
```

4) 被动端口的配置

在 RIP 网络中,当路由器更新路由信息时,可能会通过端口向其他网络广播路由信息,这会带来安全隐患。为了安全可将这个端口配置为被动端口,这样该端口将不再向外广播路由信息,但仍可以接收 RIP 路由更新,在路由进程模式下配置命令如下。

```
Router(config-router)#passive-interface 端口
```

5) 显示 RIP 路由表信息

```
Router#show ip route rip
```

6) 显示路由器更新 RIP 路由信息的过程

```
Router#debug ip rip
```

如果要停止显示,可以使用 Router#no debug ip rip 命令。

任务实施

1) 绘制拓扑结构

绘制拓扑结构(见图 7-6),配置各计算机的 IP 地址与网关。

2) 配置路由器各端口 IP 地址

(1) 配置路由器 RA 的端口 IP 地址。

```
Router>en
Router#conf t
Router(config)#hostname RA
RA(config)#int f0/0
RA(config-if)#ip address 172.16.1.9 255.255.0.0
RA(config-if)#no shut
RA(config-if)#exit
RA(config)#int f0/1
RA(config-if)#ip address 172.21.1.1 255.255.0.0
RA(config-if)#no shut
RA(config-if)#exit
RA(config)#int f 1/0
RA(config-if)#ip address 172.23.1.1 255.255.0.0
RA(config-if)#no shut
RA(config-if)#exit
```

(2) 配置路由器 RB 的端口 IP 地址。

```
Router>en
Router#conf t
Router(config)#hostname RB
RB(config)#int f0/1
RB(config-if)#ip address 172.21.1.2 255.255.0.0
RB(config-if)#no shut
RB(config-if)#exit
RB(config)#int f0/0
RB(config-if)#ip address 172.17.1.9 255.255.0.0
RB(config-if)#no shut
RB(config-if)#exit
RB(config)#int f 1/1
RB(config-if)#ip address 172.22.1.2 255.255.0.0
RB(config-if)#no shut
RB(config-if)#exit
```

（3）配置路由器 RC 的端口 IP 地址。

```
Router>en
Router#conf t
Router(config)#hostname RC
RC(config)#int f 1/1
RC(config-if)#ip address 172.22.1.1 255.255.0.0
RC(config-if)#no shut
RC(config-if)#exit
RC(config)#int f 1/0
RC(config-if)#ip address 172.23.1.2 255.255.0.0
RC(config-if)#no shut
RC(config-if)#exit
```

3）配置路由器的 RIP 路由

（1）配置路由器 RA 的 RIP 路由。

```
RA(config)#Router rip   //创建路由进程
RA(config-router)#network 172.16.0.0   //添加直连路由
RA(config-router)#network 172.21.0.0
RA(config-router)#network 172.23.0.0
```

（2）配置路由器 RB 的 RIP 路由。

```
RB(config)#router rip   //创建路由进程
RB(config-router)#network 172.21.0.0   //添加直连路由
RB(config-router)#network 172.22.0.0
RB(config-router)#network 172.17.0.0
```

（3）配置路由器 RC 的 RIP 路由。

```
RC(config)#router rip   //创建路由进程
RC(config-router)#network 172.22.0.0   //添加直连路由
RC(config-router)#network 172.23.0.0
```

4）查看路由器的 RIP 路由

（1）查看路由器 RA 的 RIP 路由。

```
RA(config-router)#end
RA#show ip route rip   //显示RIP路由
R 172.17.0.0/16 [120/1] via 172.21.1.2, 00:00:29, FastEthernet0/1
R 172.22.0.0/16 [120/1] via 172.21.1.2, 00:00:29, FastEthernet0/1
                [120/1] via 172.23.1.2, 00:00:09, FastEthernet1/0
```

可以看到配置的两条到达非直连网络的 RIP 路由。

（2）查看路由器 RB 的 RIP 路由。

```
RB(config-router)#end
RB#show ip route rip   //显示RIP路由
R 172.16.0.0/16 [120/1] via 172.21.1.1, 00:00:10, FastEthernet0/1
R 172.23.0.0/16 [120/1] via 172.21.1.1, 00:00:10, FastEthernet0/1
                [120/1] via 172.22.1.1, 00:00:21, FastEthernet1/1
```

可以看到配置的两条到达非直连网络的 RIP 路由。

（3）查看路由器 RC 的 RIP 路由。

```
RC(config-router)#end
RC#show ip route rip   //显示RIP路由
R 172.16.0.0/16 [120/1] via 172.23.1.1, 00:00:23, FastEthernet1/0
R 172.17.0.0/16 [120/1] via 172.22.1.2, 00:00:27, FastEthernet1/1
```

```
     R 172.21.0.0/16 [120/1] via 172.22.1.2, 00:00:27, FastEthernet1/1
        [120/1] via 172.23.1.1, 00:00:23, FastEthernet1/0
```

可以看到配置的三条到达非直连网络的 RIP 路由。

5）测试与故障诊断

（1）从计算机 PCA 中 ping 计算机 PCB，显示能连通。

（2）故障诊断：如果不能连通，可以使用 show ip route 命令显示路由信息，查看每个路由器是否到达每一个网络的路由，如果没有，则可能是添加的直连网络错误，或是端口 IP 错误、端口没有开启等。

（3）在路由器 RA 上观察路由更新的过程。

```
     RA#debug ip rip
     RIP protocol debugging is on
     RIP: sending  v1 update to 255.255.255.255 via FastEthernet0/1
(172.21.1.1)
     RIP: build update entries
          network 172.16.0.0 metric 1
          network 172.23.0.0 metric 1
     RIP: sending  v1 update to 255.255.255.255 via FastEthernet1/0
(172.23.1.1)
     RIP: build update entries
          network 172.16.0.0 metric 1
          network 172.17.0.0 metric 2
          network 172.21.0.0 metric 1
     RIP: received v1 update from 172.21.1.2 on FastEthernet0/1
          172.17.0.0 in 1 hops
          172.22.0.0 in 1 hops
     …
```

可以看到，路由器 RA 周期性地不断向外广播路由信息，并且不断接收相邻路由器发过来的路由更新信息，在显示的信息中，第 2~5 行是从 f 0/1 端口以广播的形式发送 V1 版本的路由更新，内容为到达 172.16.0.0 网络的跳数为 1，到达 172.23.0.0 网络的跳数为 1。

第 11~13 行表示 f 0/1 端口收到来自 172.21.1.2 的 V1 版本的路由更新，内容为到达 172.17.0.0 网络的跳数为 1，到达 172.22.0.0 网络的跳数为 1。

```
     …
```

6）配置被动端口

（1）将路由器 RA 的 f 0/0 端口配置为被动端口，禁止向外广播路由信息。

```
     RA#no debug ip rip    //停止显示路由器更新RIP路由信息
     RA#conf t
     RA(config)#router rip
     RA(config-router)#passive-interface f 0/0
```

（2）将路由器 RB 的 f 0/0 端口配置为被动端口，禁止向外广播路由信息。

```
     RB#conf t
     RB(config)#route rip
     RB(config-router)#passive-interface f0/0
```

再次使用 debug ip rip 命令，观看端口 f 0/0 向外广播路由信息的情况。

7）配置 RIP V2 路由

目前配置的 RIP 路由并没有指明版本，默认为 RIP V1。如果要配置为 RIP V2，则需要在每个路由器原来配置的基础上添加以下两条命令。

```
Router(config-router)#version 2          //配置为RIP V2
Router(config-router)#no auto-summary    //关闭自动汇总功能
```

任务四　单区域 OSPF 路由

拓扑结构：单区域 OSPF 路由拓扑结构如图 7-8 所示。

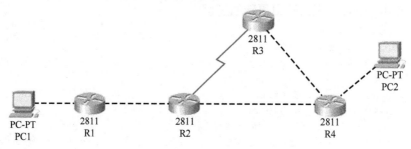

图 7-8　单区域 OSPF 路由拓扑结构

所需设备：路由器（型号 2811）四台、计算机两台、交叉线若干、V.35 线一根。

规划 IP 地址：

计算机 PC1 的 IP 地址：192.168.1.1/24，网关为 192.168.1.9。

计算机 PC2 的 IP 地址：192.168.6.1/24，网关为 192.168.6.9。

路由器 R1：e1/0 的 IP 地址为 192.168.1.9/24，e1/1 的 IP 地址为 192.168.2.1/24。

路由器 R2：e1/1 的 IP 地址为 192.168.2.2/24，S0/2/0 的 IP 地址为 192.168.3.1/24，f 0/0 的 IP 地址为 192.168.5.1/24。

路由器 R3：S0/2/0 的 IP 地址为 192.168.3.2/24，f 0/1 的 IP 地址为 192.168.4.1/24。

路由器 R4：f 0/1 的 IP 地址为 192.168.4.2/24，f 0/0 的 IP 地址为 192.168.5.2/24，e1/0 的 IP 地址为 192.168.6.9/24。

设备连线：

计算机 PC1→路由器 R1 的 e1/0，计算机 PC2→路由器 R4 的 e1/0。

路由器 R1 端口 e1/1→路由器 R2 端口 e1/1，路由器 R2 端口 S0/2/0→路由器 R3 端口 S0/2/0。

路由器 R2 端口 f0/0→路由器 R4 端口 f0/0，路由器 R3 端口 f0/1→路由器 R4 端口 f0/1。

任务要求

配置单区域 OSPF 路由，可实现计算机 PCA 与计算机 PCB 之间的连通。

知识点链接

1. OSPF 路由协议简介

OSPF 是 Open Shortest Path First 的缩写，意为开放最短路径优先，是一种基于链路状态的内部网关路由协议，适用于大型网络。当邻居路由器之间以泛洪的方式不断交换路由信息一段时间后，每个路由器都形成了链路状态数据库，就可知道整个网络的情况，再利用 Dijkstra 算法计算出到每个目的网络的最佳路由。OSPF 能够对网络拓扑结构的变化做出快速响应，并以触发的方式进行更新。如果网络无变化，将定期（30 分钟）更新整个链路状态。

OSPF 有三个版本，分别是 OSPF V2、OSPF V3 和 IS-IS，OSPF V3 是针对 IPv6 推出的版本，且不兼容 IPv4，在此学习的是 OSPF V2。

2. OSPF 常用术语

OSPF 的常用术语如下。

（1）链路（Link）：当路由器的一个端口加入 OSPF 进程时，就被看作是 OSPF 的一条链路。

（2）链路状态（Link-State）：链路状态包括路由器某个端口的 IP、子网、网络类型、链路花费和链路上的邻居等。

（3）路由器 ID（Router ID，RID）：路由器 ID 是一个用来标识路由器的 IP 地址，可以在 OSPF 路由进程中手动指定；如果没有指定，路由器则默认选择回环端口中最大的 IP 地址作为 RID；如果没有回环地址，路由器则选择所有激活的物理端口中最大的 IP 地址作为 RID。

（4）邻居（Adjacency）：邻居是指两台路由器之间建立的关系。在 OSPF 网络中的路由器只与建立了邻居关系的路由器共享路由信息。

（5）指定路由器（Designated Router，DR）：当 OSPF 链路被连接到多路访问的网络中时，需要选择一台指定路由器，非指定路由器都会把路由更新的变化发给 DR 和 BDR，然后由 DR 通知该多路访问网络中的其他路由器。

（6）备用指定路由器（Backup Designated Router，BDR）：备用指定路由器是指定路由器的备份，当 DR 出现故障时，BDR 便转变成 DR，接替其工作。

（7）非指定路由器（Designated Router Other，DR Other）：DR 和 BDR 之外的路由器为 DR Other，它们之间将不再建立邻居关系，也不再交换任何路由信息。

3. OSPF 数据包类型

OSPF 数据包的 5 种类型如下。

1）Hello 数据包

Hello 数据包用来建立和维护 OSPF 路由器间的邻居关系，它的主要作用是发现 OSPF 邻居，并建立和维护邻居关系，以及在多路访问中选择 DR 和 BDR。OSPF 将泛洪链路状态通告给其他路由前需要先建立邻居关系，然后通过在 OSPF 协议的端口上发送 Hello 数据包判断是否有其他 OSPF 路由器运行在相同的链路上。

2）数据库状态描述数据包

数据库状态描述数据包（Database Description，DBD）指发送端对自己链路状态数据库的一个简短描述，接收路由器根据接收的 DBD 对比自己的链路状态数据库，并检测发送端和接收端的链路状态数据库是否同步。

3）链路状态请求数据包

链路状态请求数据包（Link-State Request，LSR）表示接收端可以发送 LSR，以请求接收 DBD 中的某些详细信息。

4）链路状态更新数据包

链路状态更新数据包（Link-State Update，LSU）指用来更新 OSPF 路由信息，并回复 LSR 请求。

5）链路状态确认数据包

链路状态确认数据包（Link-State Acknowledgement，LSAck）表示当收到一个 LSU 时，路由器将发送 LSAck 来进行确认。

4. OSPF 路由协议的工作过程

（1）在 OSPF 网络运行之初，每台路由器仅学习本路由器的直连网络。

（2）每台路由器与直接相连的路由器通过互相发送 Hello 数据包建立邻居关系。

（3）每台路由器构建包含直接相连的链路状态通告（Link-State Advertisement，LSA）。LSA 中记录了所有相关的路由器，包括邻居路由器的标识、链路类型、带宽等。

（4）每台路由器以泛洪的方式向邻居关系的路由器发送 LSA，并且自己也接收，并存储邻居路由器发过来的 LSA，然后再将收到的 LSA 泛洪给邻居路由器，直到在同一区域中的所有路由器都收到了 LSA。每台路由器在本地数据库中保存所有收到的 LSA 副本，这个数据库被称为链路状态数据库（Link-State Database，LSDB）。

（5）每台路由器基于本地的链路状态数据库执行最短路径优先（SPF）算法，以本路由器为根路由器，生成一个 SPF 树，并基于这个 SPF 树计算出到达每个网络的最佳路由，形成最终的路由表。

5. OSPF 邻居关系的建立过程

OSPF 邻居关系的建立共分为 7 个阶段，如图 7-9 所示。

（1）初始状态阶段（Down）。路由器处于初始状态，此时还没有开始交换信息。

（2）信息交换初期阶段（Init）。路由器 R2 收到了路由器 R1 的 Hello 数据包，但是数据包中没有列出本路由的 RID，这说明对方还没有收到本路由发出的 Hello 数据包。

（3）双向阶段（Two-Way）。双方都收到对方发送的 Hello 数据包，建立了邻居关系。在多路访问的网络中，两个端口状态是 DROther 的路由器之间将停留在此状态，其他情况将继续转入下一阶段。在此状态下的路由器是不能共享路由信息的，如果要共享路由信息，则必须建立邻居关系。

（4）准备开始交换阶段（Exstart）。双方通过 Hello 数据包决定主从关系，拥有最高 RID 的路由将成为主路由，先发起交换，主从关系确立后进入下一个阶段。

（5）开始交换阶段（Exchange）。路由器将本地的链路状态数据库用数据库状态描述数据包（DBD）来描述，然后发给邻居路由。如果这个阶段中的路由器收到不在其数据库中的链路信息，那么在下一个阶段将请求对方发送该路由条目的详细信息。

（6）加载阶段（Loading）。路由器通过发送 LSR，向邻居请求一些路由条目的详细信息。邻居将使用 LSU 回复 LSR 的请求，收到邻居发回的 LSU 后，再发送 LSAck 向发送 LSU 的路由器进行确认。

（7）完全邻居状态阶段（FULL）。Loading 结束后，路由器之间建立了邻居关系。

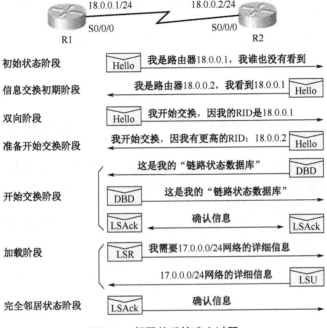

图 7-9　邻居关系的建立过程

6. Router ID 选举规则

Router ID（RID）用来标识 OSPF 网络中唯一的一台路由器，如果两条 OSPF 路由器的 RID 一样，彼此间则无法建立邻居关系。RID 是以 IP 地址的形式出现的，可按照下面的顺序来选举 RID。

（1）手动配置 RID

RID 可以是一个并不存在的 IP 地址，仅作为路由的标识进入路由进程中。使用如下命令指定 RID 后，系统会提示重启 OSPF 进程使其更改生效。

```
R3(config-router)#router-id 6.6.6.6        //指定RID为6.6.6.6
R3(config-router)#end
R3#clear ip ospf process                   //重启OSPF进程
```

（2）如果没有手动指定 RID，路由器则默认使用最大已激活的回环端口 IP 地址作为 RID，如 IP 地址 10.2.1.1 大于 IP 地址 10.1.1.1。

（3）如果路由器没有激活的回环端口，路由器则默认选择最大激活的物理端口的 IP 地址作为 RID。

7. OSPF 的区域

由于 OSPF 的网络规模庞大，为了适应这种情况，OSPF 采用了区域设计，可以将泛洪链路状态信息的范围限制在每个区域内，而不是整个自治系统（由一个组织管理的一个区域），可有效地减少泛洪对网络带宽的影响，在一个区域内的路由器最好不要超过 200 个。如图 7-10 所示，将一个自治系统划分为四个区域（Area），每一个区域都有一个 32 位二进制数的区域标识符（用点分十进制表示）。其中 0.0.0.0 区域为主区域，每个区域都与其连接，主区域是必须存在的，如果一个自治系统只有一个区域，那么必定是主区域。根据路由器部署位置的不同，有三种路由器角色。

（1）边界路由器，如网络中 R3、R4 和 R7 这三个路由器，属于两个或多个区域，负责与主区域通信，且每个区域至少有一个边界路由器。

（2）内部路由器，如网络中的 R5 和 R6 这两个路由器，它们的所有端口都属于同一个区域。

（3）自治系统边界路由器，如网络中的路由器 R6，负责本自治系统与其他自治系统交换路由信息。

采用划分区域的方法虽然使交换信息的种类增多，OSPF 协议更加复杂，但这样做却能使每一个区域内部交换路由信息的通信量大大减少，使 OSPF 协议更适用于大规模网络。

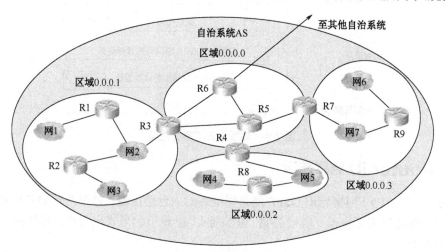

图 7-10　OSPF 的区域

8. 单区域 OSPF 路由协议的配置

单区域 OSPF 的网络配置过程如下。

1）配置单区域 OSPF 路由

先要创建 OSPF 路由进程，然后添加直连网络及所属的 OSPF 区域，配置命令如下。

```
RB(config)#router ospf ［进程号］
RB(config-router)#network ［直连网络］ ［反掩码］ ［区域］
```

（1）进程号是用于识别进程的 ID，取值范围为 1～65535，仅本地有效。不同路由器的进程号可以相同，也可以不相同。

（2）直连网络：指本路由器的直连网络。如果本路由器的直连路由信息需要让其他路由器知道就添加，当然若不希望其他路由器知道，也可以不添加。

（3）反掩码：反掩码是 32 位的二进制数，与 IP 地址一样使用点分十进制形式表示，如果二进制位是 0，则表示要严格匹配；如果二进制位是 1，则表示无须匹配。简单来说，就是反掩码中二进制位是 0 时，对应的地址就是网络地址，当是 1 时，对应的地址就是计算机地址。例如，在 network 172.16.10.0 0.0.0.3 area 0.0.0.0 中，用 0.0.0.3 就表示将 172.16.10.0/30 网络添加到 OSPF 路由的进程。反掩码可以由 255.255.255.255 减子网掩码的对应位得到，如网络 192.168.10.0 的子网掩码为 255.255.255.0，那么其反掩码为 0.0.0.255。

（4）区域：表示自治系统中的一个区域，一个网络如果没有说明区域，则默认为主区域，用 area 0 表示。

2）删除 OSPF 路由

当需要删除 OSPF 路由时，可以删除某一个直连网络，也可以删除整个 OSPF 路由进程。如果删除整个路由进程，则所有的直连网络也会随之删除，命令格式如下。

删除某一个直连网络：

```
RA(config-router)#no network ［网络］ ［反掩码］ ［区域］
```

删除整个 OSPF 路由进程：

```
RA(config)#no router ospf ［进程号］
```

3）显示路由器相关信息的命令

```
Router#show ip route              //显示本路由器所有的路由
Router#show ip route ospf         //仅显示通过OSPF学习到的路由
Router#show ip ospf neighbor      //显示OSPF邻居表
Router#show ip protocols          //显示路由协议信息
R1#debug ip ospf adj              //显示端口建立邻居的过程
```

如果要停止显示，可以使用 no debug ip ospf adj 命令。

9. OSPF 的优点和缺点

OSPF 执行 IETF 标准，该标准可以被不同厂商的设备所支持，广泛应用于大型网络，具有以下优点和缺点。

1）优点

OSPF 在建立链路状态数据库的基础上计算最佳路由，更符合整个网络的实际情况。

当收到邻居路由器的 LSA 后能立即向所有邻居泛洪，比距离矢量路由的收敛速度要快，效率更高。

只有当链路状态发生变化时才触发更新，否则每 30 分钟进行更新，整个链路状态比较安静。

OSPF 网络中虽然路由器众多，但采用区域化设计，可减少路由更新带来的负担，同时可以将一些问题限制在一个区域内。

2）缺点

在网络初始化时，由于泛洪大量的链路状态通告，会影响网络的带宽；对路由器的内存要求高，需要强大的 CPU 的支持。

10. 最佳的路由选择

管理距离表示一条路由的可信度，不同来源的路由管理距离是不一样的，管理距离的值越小，说明路由越优，各种路由的管理距离如表 7-1 所示。

度量值在不同的路由协议中定义的方法并不一样，通过后面的学习，就会了解 RIP 以跳数作为度量值，OSPF 以花费作为度量值，不同协议的路由比较度量值是没有意义的。如果管理距离相同，度量值越小，则说明这条路由越好。

表 7-1　路由管理距离

路由来源	管理距离默认值
直连路由	0
静态路由	1
RIP 路由	120
OSPF 路由	110
不可达路由	255

在一个网络中，如果有两条或多条到达同一目的网络的路由，路由器就会比较这两条路由，先比较管理距离，管理距离值小的可信度更高，为最佳路由；如果管理距离的值相同，则比较度量值，度量值小的为最佳路由。通过比较然后将最佳路由添加到路由器中。

任务实施

1）绘制拓扑结构

绘制拓扑结构（见图 7-8）。

（1）在 Packet Tracer 软件的底端工具栏中，选择"网络设备"→"路由器"，添加四台 2811 型号的路由器，并修改设备名称。

（2）单击路由器 R2 的图标，切换到"物理"选项卡，关闭路由器电源，从左侧选择"NM-4E"模块，添加到路由器面板左侧的插槽中；选择"WIC-1T"模块，添加到路由器面板右上角的插槽中。

（3）将鼠标移至路由器 R2 的图标上，查看是否添加了 Ethernet1/0 ~ Ethernet1/3 端口和 S0/2/0 串行端口，开启路由器电源。

（4）使用同样的方法设置路由器 R3，将所有设备按要求连接好。

2）配置计算机的 IP 地址、网关

计算机 PC1 的 IP 地址：192.168.1.1/24，网关为 192.168.1.9。

计算机 PC2 的 IP 地址：192.168.6.1/24，网关为 192.168.6.9。

3）配置路由器的端口

（1）配置路由器 R1 的端口。

```
Router>en
Router#conf t
Router(config)#hostname R1
R1(config)#int e1/0
R1(config-if)#no shut
R1(config-if)#ip address 192.168.1.9 255.255.255.0
R1(config-if)#exit
R1(config)#int e1/1
R1(config-if)#ip address 192.168.2.1 255.255.255.0
R1(config-if)#no shut
```

（2）配置路由器 R2 的端口。

```
Router>en
Router#conf t
Router(config)#hostname R2
R2(config)#int e1/1
R2(config-if)#ip address 192.168.2.2 255.255.255.0
R2(config-if)#no shut
R2(config-if)#exit
R2(config)#int s 0/2/0
R2(config-if)#ip address 192.168.3.1 255.255.255.0
R2(config-if)#clock rate 64000
R2(config-if)#no shut
R2(config-if)#exit
R2(config)#int f0/0
R2(config-if)#ip address 192.168.5.1 255.255.255.0
R2(config-if)#no shut
```

（3）配置路由器 R3 的端口。

```
Router>en
Router#conf t
Router(config)#hostname R3
R3(config)#int s0/2/0
R3(config-if)#ip address 192.168.3.2 255.255.255.0
R3(config-if)#no shut
R3(config-if)#exit
R3(config)#int f0/1
R3(config-if)#ip address 192.168.4.1 255.255.255.0
R3(config-if)#no shut
```

（4）配置路由器 R4 的端口。

```
Router>en
Router#conf t
Router(config)#hostname R4
R4(config)#int f0/1
R4(config-if)#ip address 192.168.4.2 255.255.255.0
R4(config-if)#no shut
R4(config-if)#exit
R4(config)#int e1/0
R4(config-if)#ip address 192.168.6.9 255.255.255.0
R4(config-if)#no shut
R4(config-if)#exit
R4(config)#int f0/0
R4(config-if)#ip address 192.168.5.2 255.255.255.0
R4(config-if)#no shut
```

4）**配置 OSPF 路由**

（1）配置路由器 R1 的 OSPF 路由。

```
R1(config-if)#exit
R1(config)#router ospf 1
R1(config-router)#network 192.168.1.0 0.0.0.255 area 0
R1(config-router)#network 192.168.2.0 0.0.0.255 area 0
R1(config-router)#end
```

（2）配置路由器 R2 的 OSPF 路由。

```
R2(config-if)#exit
```

```
R2(config)#router ospf 2
R2(config-router)#network 192.168.2.0 0.0.0.255 area 0
R2(config-router)#network 192.168.3.0 0.0.0.255 area 0
R2(config-router)#network 192.168.5.0 0.0.0.255 area 0
R2(config-router)#end
```

（3）配置路由器 R3 的 OSPF 路由。

```
R3(config-if)#exit
R3(config)#route ospf 3
R3(config-router)#network 192.168.3.0 0.0.0.255 area 0
R3(config-router)#network 192.168.4.0 0.0.0.255 area 0
R3(config-router)#end
```

（4）配置路由器 R4 的 OSPF 路由。

```
R4(config-if)#exit
R4(config)#router ospf 4
R4(config-router)#network 192.168.4.0 0.0.0.255 area 0
R4(config-router)#network 192.168.5.0 0.0.0.255 area 0
R4(config-router)#network 192.168.6.0 0.0.0.255 area 0
R4(config-router)#end
```

5）查看路由器的路由信息

（1）查看路由器 R1 的路由信息。

```
R1#show ip route
…
Gateway of last resort is not set
C 192.168.1.0/24 is directly connected, Ethernet1/0
C 192.168.2.0/24 is directly connected, Ethernet1/1
O 192.168.3.0/24 [110/74] via 192.168.2.2, 00:09:33, Ethernet1/1
O 192.168.4.0/24 [110/12] via 192.168.2.2, 00:07:25, Ethernet1/1
O 192.168.5.0/24 [110/11] via 192.168.2.2, 00:09:33, Ethernet1/1
O 192.168.6.0/24 [110/21] via 192.168.2.2, 00:07:25, Ethernet1/1
```

可以看到路由器 R1 能够到达每一个网络。

（2）查看路由器 R2 的路由信息。

```
R2#show ip route
…
Gateway of last resort is not set
O 192.168.1.0/24 [110/20] via 192.168.2.1, 00:10:42, Ethernet1/1
C 192.168.2.0/24 is directly connected, Ethernet1/1
C 192.168.3.0/24 is directly connected, Serial0/2/0
O 192.168.4.0/24 [110/2] via 192.168.5.2, 00:08:34, FastEthernet0/0
C 192.168.5.0/24 is directly connected, FastEthernet0/0
O 192.168.6.0/24 [110/11] via 192.168.5.2, 00:08:34, FastEthernet0/0
```

可以看到路由器 R2 能够到达每一个网络。

（3）查看路由器 R3 的路由信息。

```
R3#show ip route
…
Gateway of last resort is not set
O 192.168.1.0/24 [110/22] via 192.168.4.2, 00:09:19, FastEthernet0/1
O 192.168.2.0/24 [110/12] via 192.168.4.2, 00:09:19, FastEthernet0/1
C 192.168.3.0/24 is directly connected, Serial0/2/0
```

```
C 192.168.4.0/24 is directly connected, FastEthernet0/1
O 192.168.5.0/24 [110/2] via 192.168.4.2, 00:09:19, FastEthernet0/1
O 192.168.6.0/24 [110/11] via 192.168.4.2, 00:09:19, FastEthernet0/1
```

可以看到路由器 R3 能够到达每一个网络。

（4）查看路由器 R4 的路由信息。

```
R4#show ip route
…
Gateway of last resort is not set
O 192.168.1.0/24 [110/21] via 192.168.5.1, 00:09:45, FastEthernet0/0
O 192.168.2.0/24 [110/11] via 192.168.5.1, 00:09:45, FastEthernet0/0
O 192.168.3.0/24 [110/65] via 192.168.4.1, 00:09:45, FastEthernet0/1
  [110/65] via 192.168.5.1, 00:09:45, FastEthernet0/0
C 192.168.4.0/24 is directly connected, FastEthernet0/1
C 192.168.5.0/24 is directly connected, FastEthernet0/0
C 192.168.6.0/24 is directly connected, Ethernet1/0
```

可以看到路由器 R4 能够到达每一个网络。

6）测试与故障诊断

（1）全网络连通。

（2）故障诊断。

如果网络无法连通，先检查每台路由器的路由表，看其是否到达每个网络的路由。如果某台路由器路由信息不完整，则可能是端口配置错误、没开启的原因，也可能是 OSPF 进程中添加直连路由错误。检查时可以借助链路指示灯。

（3）显示路由器 R2 的 RID 信息。

```
R2#show ip protocols    //显示路由协议信息
Routing Protocol is "ospf 2"
Outgoing update filter list for all interfaces is not set
Incoming update filter list for all interfaces is not set
Router ID 192.168.5.1    //可以看到路由器R2的RID，即最大物理端口的IP地址
…
```

（4）查看邻居关系的建立过程。

```
R2#debug ip ospf adj
```

可以查看建立邻居关系的各个阶段 Down、Init、Two-Way、Exstart、Exchange、Loading 和 FULL，请读者自行观察和分析，在此不再赘述。

任务五　多区域 OSPF 路由

拓扑结构： 多区域 OSPF 路由拓扑结构如图 7-11 所示。

所需设备： 与任务四相同。

规划 IP 地址： 与任务四相同。

设备连线： 与任务四相同。

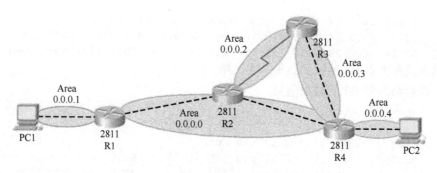

图 7-11　多区域 OSPF 路由拓扑结构

（1）配置多区域 OSPF 路由，以实现全网连通。

（2）将路由器 R1 的 e1/0、R4 的 e1/0 配置为被动端口，禁止发送 Hello 数据包，以提高安全性。

（3）计算 OSPF 路由的花费与路由中的度量值对比，理解 OSPF 路由的度量值。

知识点链接

1. OSPF 中的多区域

在一个大型 OSPF 网络中，SPF 算法的反复计算、庞大的路由表和拓扑结构表的维护，以及 LSA 的泛洪等都会占用大量路由器资源与宽带，从而降低路由器的运行效率，影响网络速率。OSPF 协议可利用区域设计来减小这些不利的影响，因为在一个区域内的路由器只需要知道本区域的拓扑结构。OSPF 多区域的拓扑结构可以降低 SPF 的计算频率、减小路由表、减少通告 LSA 泛洪的开销。

OSPF 将一个自治系统划分为多个区域，每一个区域都用一个 32 位二进制数（用点分十进制表示）作为区域标识符，其中 0.0.0.0 区域为主区域，其他区域为 0.0.0.1、0.0.0.2、…每个区域都与其连接，见图 7-10。

2. 多区域 OSPF 路由的配置

多区域 OSPF 路由的配置与单区域的配置方法一样。先要创建 OSPF 路由进程，然后添加直连网络，以及网络所属的 OSPF 区域，配置命令如下。

```
RB(config)#router ospf ［进程号］
RB(config-router)#network ［直连网络］ ［反掩码］ ［区域］
```

只不过区域不一定是主区域 0.0.0.0,而可能是其他区域。区域 0.0.0.1 配置时使用 area 1,区域 0.0.0.2 配置时使用 area 2。

3. OSPF 最佳路由的选择

1）OSPF 度量值的计算

在 OSPF 协议的网络中，以花费（Cost）作为度量值，链路带宽决定了花费的大小，链路的花费计算方法如下。

每段链路的花费=参考带宽/实际链路带宽。

OSPF 参考带宽默认为 100Mbit/s，使用 100Mbit/s 除以实际链路带宽，将得出的值取整就是链路花费，若值小于 1，则取 1。

串行链路的带宽是 1.544Mbit/s，花费=100M/1.544M≈64（取整，且不四舍五入）。

快速以太网的带宽是 100Mbit/s，花费=100M/100M=1。

千兆以太网的带宽是 1000Mbit/s，花费=100M/1000M=0.1（值小于 1 时，按 1 计算）。

如果是回环端口，其带宽非常高，用 100M 除以回环端口的带宽时，值会小于 0，所以应取 1。

计算时，先分别计算每段链路的花费，然后将当前路由器到目的网络的每段链路的花费累加，即为链路的花费。将多条链路的花费进行比较，花费最少的链路即为最佳链路。

如图 7-12 所示，路由器 R2 到网络 8.0.0.0/8 有多条链路，其中 R2→R4→R3→R5→网络 8.0.0.0/8 链路的花费最少，为 1+1+1+1=4，所以是最佳链路。

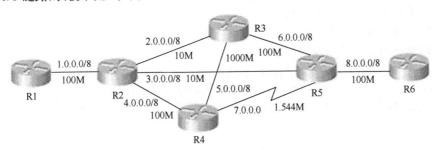

图 7-12　OSPF 网络

路由器 R5 到网络 4.0.0.0/8 有多条链路，其中 R5→R3→R4→网络 4.0.0.0/8 的链路的花费最少，为 1+1+1+3=6，所以是最佳链路。

现在很多网络设备的端口带宽都能达到 1000Mbit/s，如果按照默认参考带宽计算，就会出现 100Mbit/s 和 1000 Mbit/s 的带宽在 OSPF 中得到的花费相同，都是 1，显然是不准确的。这时候就需要提高参考带宽，如将参考带宽设置为 1000Mbit/s。一旦要修改参考带宽，全网 OSPF 路由器都要修改，否则会导致选出的最佳路由不准确，修改参考带宽的命令如下。

```
Router(config)#router ospf 1
Router(config-router)#auto-cost reference-bandwidth 带宽值
% OSPF: Reference bandwidth is changed.    //参考带宽被修改
Please ensure reference bandwidth is consistent across all routers.
//提示修改所有路由器的参考带宽
```

2）选择最佳路由的方法

OSPF 路由以花费（Cost）作为度量值来选择最佳路由，如果路由器到达某一目的网络的链路花费为 12，那么路由的度量值就为 12。如果到达某个目的网络有多条路由，那么路由器会比较度量值的大小，度量值最小的路由为最佳路由。

4. 被动端口

在图 7-13 所示的 OSPF 网络中，网络 1.0.0.0/8 需要被其他路由器知道，因此被宣告进入 OSPF 进程，然而 f 0/0 端口一旦激活，该端口就会尝试发送 Hello 数据包，以便发现链路上的邻居，但是该链路连接的是计算机，发送 Hello 数据包实际是无用的，既浪费了路由器的资源，还存在安全隐患。

针对这个问题，可以将路由器的 f 0/0 端口设置为被动端口（Passive-Interface），这样，该端口将不再发送 Hello 数据包，而

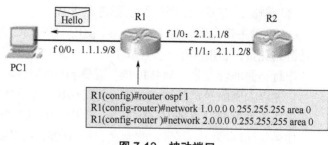

图 7-13　被动端口

网络 1.0.0.0/8 仍然会被宣告进入 OSPF 进程。这就是被动端口特性的一个最常见的应用，需要注意的是，不同的路由协议对被动端口的操作有所不同。

RIP 协议中的被动端口不发送路由更新，但是依然接收路由更新。

OSPF 协议中被动端口不再发送 Hello 数据包消息，也不会建立邻居关系，但其所在的网络仍然会被宣告进入 OSPF 进程。

被动端口的配置命令如下。

（1）将某个端口配置为被动端口。

```
Router(config)#router ospf 1
Router(config-router)# passive-interface 端口
```

（2）当被动端口较多时，可以先将所有端口配置为被动端口，然后再手动激活某些特定端口。

```
Router(config)#router ospf 1
Router(config-router)# passive-interface default
Router(config-router)#no passive-interface 端口
```

如果将路由器 R1 的 f 1/0 端口设置为被动端口，那么该端口将不再发送 Hello 数据包，但 2.0.0.0/8 网络仍然会被宣告进入 OSPF 进程，而 1.0.0.0/8 网络则不会被宣告进入 OSPF 进程，因为 f 1/0 端口不再建立邻居关系，无法交换路由信息。被动端口的设置对三层交换机也是适用的，其配置方法相同。

任务实施

1）绘制拓扑结构

绘制拓扑结构（见图 7-11）。

2）配置 IP 地址、网关与路由器端口地址

配置计算机的 IP 地址、网关与各路由器的端口地址，方法与任务六相同。

3）配置 OSPF 多区域路由

（1）配置路由器 R1 的 OSPF 路由。

```
R1(config)#router ospf 1
R1(config-router)#network 192.168.1.0 0.0.0.255 area 1
R1(config-router)#network 192.168.2.0 0.0.0.255 area 0
```

（2）配置路由器 R2 的 OSPF 路由。

```
R2(config)#router ospf 2
R2(config-router)#network 192.168.2.0 0.0.0.255 area 0
R2(config-router)#network 192.168.3.0 0.0.0.255 area 2
R2(config-router)#network 192.168.5.0 0.0.0.255 area 0
```

```
R2(config-router)#end
```

（3）配置路由器 R3 的 OSPF 路由。

```
R3(config)#router ospf 3
R3(config-router)#network 192.168.3.0 0.0.0.255 area 2
R3(config-router)#network 192.168.4.0 0.0.0.255 area 3
R3(config-router)#end
```

（4）配置路由器 R4 的 OSPF 路由。

```
R4(config)#router ospf 4
R4(config-router)#network 192.168.4.0 0.0.0.255 area 3
R4(config-router)#network 192.168.5.0 0.0.0.255 area 0
R4(config-router)#network 192.168.6.0 0.0.0.255 area 4
```

4）配置被动端口

（1）配置路由器 R1 的 e1/0 为被动端口。

```
R1(config-router)#passive-interface e1/0
R1(config-router)#end
R1#show run
```

显示路由器 R1 的配置信息，如图 7-14 所示，可以看到 e1/0 端口被配置为被动端口。

（2）配置路由器 R4 的 e1/0 为被动端口。

```
R4(config-router)#passive-interface e1/0
R4(config-router)#exit
```

显示路由器 R4 的配置信息，如图 7-15 所示，可以看到 e1/0 端口被配置为被动端口。

图 7-14 路由器 R1 端口 e1/0

图 7-15 路由器 R4 端口 e1/0

5）测试、计算链路花费与故障诊断

（1）查看路由器 R1 的路由信息。

```
R1#show ip route
…
C 192.168.1.0/24 is directly connected, Ethernet1/0
C 192.168.2.0/24 is directly connected, Ethernet1/1
O IA 192.168.3.0/24 [110/74] via 192.168.2.2, 03:48:34, Ethernet1/1
O IA 192.168.4.0/24 [110/12] via 192.168.2.2, 03:36:53, Ethernet1/1
O 192.168.5.0/24 [110/11] via 192.168.2.2, 03:37:28, Ethernet1/1
O IA 192.168.6.0/24 [110/21] via 192.168.2.2, 03:36:28, Ethernet1/1
```

（2）计算链路花费。

可以看到路由器 R1 具有到达每一个网络的路由，其中四条为 OSPF 路由。到达 192.168.4.0/24 的花费为 12，链路为 R1→R2、R2→R4、R4→R3，总花费为 10+1+1=12，与路由中的度量值相同。

将 Packet Tracer 软件切换到模拟模式，从路由器 R1 中 ping 计算机地址 192.168.4.1，可以看到数据包发送的链路为 R1→R2、R2→R4、R4→R3，而非 R1→R2、R2→R3。

（3）查看路由器 R2 的路由信息。

```
R2#show ip route
…
O IA 192.168.1.0/24 [110/20] via 192.168.2.1, 03:49:32, Ethernet1/1
C 192.168.2.0/24 is directly connected, Ethernet1/1
C 192.168.3.0/24 is directly connected, Serial0/2/0
O IA 192.168.4.0/24 [110/2] via 192.168.5.2, 03:37:51, FastEthernet0/0
C 192.168.5.0/24 is directly connected, FastEthernet0/0
O IA 192.168.6.0/24 [110/11] via 192.168.5.2, 03:37:26, FastEthernet0/0
```

可以看到路由器 R2 可到达每一个网络的路由，其中三条为 OSPF 路由。

（4）查看路由器 R3 的路由信息。

```
R3#show ip route
…
O IA 192.168.1.0/24 [110/22] via 192.168.4.2, 00:20:48, FastEthernet0/1
O IA 192.168.2.0/24 [110/12] via 192.168.4.2, 03:38:38, FastEthernet0/1
C 192.168.3.0/24 is directly connected, Serial0/2/0
C 192.168.4.0/24 is directly connected, FastEthernet0/1
O IA 192.168.5.0/24 [110/2] via 192.168.4.2, 03:38:38, FastEthernet0/1
O IA 192.168.6.0/24 [110/11] via 192.168.4.2, 03:38:13, FastEthernet0/1
```

可以看到路由器 R3 可到达每一个网络的路由，其中四条为 OSPF 路由。

（5）查看路由器 R4 的路由信息。

```
R4#show ip route
…
O IA 192.168.1.0/24 [110/21] via 192.168.5.1, 00:21:21, FastEthernet0/0
O 192.168.2.0/24 [110/11] via 192.168.5.1, 00:21:21, FastEthernet0/0
O IA 192.168.3.0/24 [110/65] via 192.168.5.1, 03:39:21, FastEthernet0/0
C 192.168.4.0/24 is directly connected, FastEthernet0/1
C 192.168.5.0/24 is directly connected, FastEthernet0/0
C 192.168.6.0/24 is directly connected, Ethernet1/0
```

可以看到路由器 R4 可到达每一个网络的路由，其中三条为 OSPF 路由。

（6）计算链路花费。

到达 192.168.1.0/24 的花费为 21，路径为 R4→R2、R2→R1、R1→目的网络，总花费为=1+10+10，与路由中的度量值相同，可以通过 Packet Tracer 的模拟模式观看数据包传输的路径。

（7）通过 ping 命令测试，显示全网能够连通。

（8）故障诊断。

如果有网络无法连通，可以先查看每个路由器是否到达每个网络的路由，然后根据路由情况，检查路由进程中添加的直连网络、区域是否正确，再检查被动端口的配置是否正确。

任务六　路由重发布

拓扑结构： 路由重发布拓扑结构如图 7-16 所示。

所需设备： 路由器（型号 2621）三台、计算机两台、交叉线若干根。

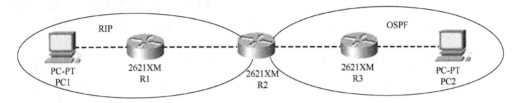

图 7-16　路由重发布拓扑结构

规划 IP 地址：

计算机 PC1 的 IP 地址：172.16.1.1/24。计算机 PC2 的 IP 地址：172.16.4.1/24。

路由器 R1：f 0/0 端口的 IP 地址为 172.16.1.9/24，f 0/1 端口的 IP 地址为 172.16.2.1/24。

路由器 R2：f 0/1 端口的 IP 地址为 172.16.2.2/24，f 1/0 端口的 IP 地址为 172.16.3.1/24。

路由器 R3：f 1/0 端口的 IP 地址为 172.16.3.2/24，f 0/0 端口的 IP 地址为 172.16.4.9/24。

设备连线：

计算机 PC1 的 f0 端口→路由器 R1 的 f 0/0 端口，计算机 PC2 的 f0 端口→路由器 R3 的 f 0/0 端口。

路由器 R1 的 f 0/1 端口→路由器 R2 的 f 0/1 端口，路由器 R2 的 f 1/0 端口→路由器 R3 的 f 1/0 端口。

任务要求

拓扑结构中左侧区域配置 RIP 路由，右侧区域配置 OSPF 路由，并通过路由重发布，实现全网连通。

知识点链接

1. 路由重发布

在实际的网络组建中可能会遇到这样的场景：一个公司的网络运行 RIP 协议，另一个公司的网络运行 OSPF 协议，要求将两个公司的网络连通。这两个公司采用不同的网络协议组网，路由信息是相互独立和隔离的，那么如何将两个网络的路由打通呢？这就需要用到路由重发布了。

如图 7-17 所示，路由器 R1 与路由器 R2 之间运行 RIP 协议，路由器 R2 通过 RIP 学习到了 10.10.1.0/24 与 10.10.2.0/24 网络的 RIP 路由；路由器 R2 与路由器 R3 之间运行 OSPF 协议，建立起 OSPF 邻居关系，路由器 R2 通过路由器 R3 学习到了 10.10.3.0/24 与 10.10.4.0/24 网络的 OSPF 路由。

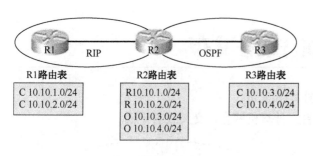

图 7-17　路由重发布

这样一来，对于路由器 R2 而言，它有了去往每一个网络的路由，但是路由器 R2 不会将从 RIP 学习过来的路由变成 OSPF 路由告诉给路由器 R3，也不会将从 OSPF 学习过来的路由，变成 RIP 路由告诉给路由器 R1，虽然它自己的路由表里有完整的路由信息。路由器 R2 处于 RIP 与 OSPF 域的分界点，即为边界路由器。

那么如何让路由器 R1 学习到 OSPF 域中的路由呢？如何让路由器 R3 学习到 RIP 域中的路由呢？这就需要在路由器 R2 的 RIP 路由中注入 OSPF 路由，让路由器 R1 学习到 OSPF 路由；同样，在 OSPF 路由中注入 RIP 路由，让路由器 R3 学习到 RIP 路由，就可以实现网络互通。

2. 路由重发布的不足

为了在同一个网络中有效地支持多种路由协议，这个在不同的路由协议之间交换路由信息的过程被称为路由重发布。路由重发布可以是单向的，也可以是双向的，它有以下几点不足。

（1）路由回环：当进行多点重发布时，路由会从一个点发布，而在另一个点被灌回来，形成路由倒灌，易引发次优路径或路由环路

（2）路由信息不兼容：不同的路由协议使用不同的度量值，这些度量值可能无法正确引入不同的路由协议，因此，使用重发布的路由信息来进行路由选择可能并不是最佳的。

（3）收敛时间不一致：不同的路由协议收敛速度不同，如 RIP 比 OSPF 就收敛得慢，因此，当一条链路出现故障时，OSPF 网络将比 RIP 网络更早知道这个消息。

当然，可以通过仔细的设计和配置，避免发生这些潜在的问题。

3. 路由重发布的配置

路由重发布时，根据边界路由器数量的不同，可以分为单点路由重发布、双点路由重发布和多点路由重发布，双点、多点的路由重发布比较复杂，在此只学习单点路由重发布。

当将一种路由协议重发布到另一种路由协议中时，原来路由的度量值（metric）的设定会有两种情况。

情况 1：执行重发布时，可以根据实际需求，手动设定重发布路由的度量值。

情况 2：在路由协议之间重发布时使用默认种子度量值。所谓种子度量值，指的是将一条路由从外部路由协议重发布到本路由协议中时，所使用的默认度量值。不同网络设备的厂商，种子度量值可能有所不同。

路由重发布的原则是只有当路由存在于路由表时，才能够将该路由发布到其他路由协议中，这一点非常重要。

1）将 OSPF 路由重发布到 RIP

当把 OSPF 路由重发布到 RIP 时，就要遵循 RIP 的度量值，根据需要重新设置，否则可能出现不可达的情况。RIP 的度量值不能大于 15，因为 RIP 的最大跳数为 15。在 RIP 路由进程模式下，配置命令如下。

```
Router(config-router)#redistribute ospf 进程号 metric 度量值
```

其中，进程号为本路由器 OSPF 的进程号。

如将"O 10.10.3.0/24"与"O 10.10.4.0/24"两条路由重发布到 RIP 中（见图 7-17），可以手动设置度量值为 5，具体命令如下。

```
R2(config)#route rip
R2(config-router)#redistribute ospf 1 metric 5    //设置度量值为5
```

2）将静态路由与默认路由重发布到 RIP

在 RIP 中重发布静态路由，默认的度量值为 1，可以修改度量值。在 RIP 路由进程模式下，配置命令如下。

```
Router(config-router)#redistribute static
```

如果要修改度量值，可以使用如下命令。

```
Router(config-router)#redistribute static metric 度量值
```

在 RIP 路由重发布中，默认路由也属于静态路由，所以重发布默认路由与重发布静态路由的命令相同。

3）将直连路由重发布到 RIP

在 RIP 中重发布直连路由，默认的度量值为 1，可以不修改度量值。在 RIP 路由进程模式下，配置命令如下。

```
Router(config-router)#redistribute connected
```

如果要修改度量值，使用如下命令。

```
Router(config-router)#redistribute connected metric 度量值
```

4）将 RIP 路由重发布到 OSPF

当把其他路由（默认路由除外）重发布到 OSPF 时，度量值默认为 20，可以根据需要修改度量值。重发布时要注意参数 subnets 的使用，如果不使用，只能把有类路由重发布到 OSPF；使用参数 subnets，则可以将无类路由重发布到 OSPF 中，建议重发布时加上 subnets 参数。在 OSPF 路由进程模式下，RIP 路由重发布到 OSPF 的命令如下。

```
Router(config-router)#redistribute rip subnets
```

如果要修改度量值，可以使用如下命令。

```
Router(config-router)#redistribute rip metric 度量值
```

将路由"R 10.10.1.0/24"与"R 10.10.2.0/24"重发布到 OSPF 中（见图 7-17），设置度量值为 30。

```
R2(config-router)#redistribute rip subnets
R2(config-router)#redistribute rip metric 30
```

5）把静态路由重发布到 OSPF

如果静态路由是有类路由，则必须加 subnets 参数。在 OSPF 路由进程模式下，重发布命令如下。

```
Router(config-router)#redistribute static subnets
```

如果要修改度量值，可以使用如下命令。

```
Router(config-router)#redistribute static metric 度量值
```

6）把默认路由重发布到 OSPF

在 OSPF 中重发布静态路由时，并不会将默认路由重发布到 OSPF。重发布默认路由的度量值为 1，不能修改度量值。在 OSPF 路由进程模式下，重发布命令如下。

```
Router(config-router)#default-information originate
```

7）把直连路由重发布到 OSPF

如果直连路由是有类路由，则必须加 subnets 参数。在 OSPF 路由进程模式下，重发布命令如下。

```
Router(config-router)#redistribute connected subnets
```

如果要修改度量值，可以使用如下命令。

```
Router(config-router)#redistribute connected metric 度量值
```

任务实施

1）绘制拓扑结构

绘制拓扑结构（见图 7-16）。

2）配置计算机的 IP 地址、网关

计算机 PC1 的 IP 地址：172.16.1.1/24，网关为 172.16.1.9。

计算机 PC2 的 IP 地址：172.16.4.1/24，网关为 172.16.4.9。

3）配置路由器

（1）配置路由器 R1 的端口与路由。

```
Router>en
Router#conf t
Router(config)#hostname R1
R1(config)#int f0/0
R1(config-if)#ip address 172.16.1.9 255.255.255.0
R1(config-if)#no shut
R1(config-if)#exit
R1(config)#int f0/1
R1(config-if)#ip address 172.16.2.1 255.255.255.0
R1(config-if)#no shut
R1(config-if)#exit
R1(config)#router rip
R1(config-router)#network 172.16.1.0
R1(config-router)#network 172.16.2.0
R1(config-router)#version 2
R1(config-router)#no auto-summary
R1(config-router)#end
```

（2）配置路由器 R2 的端口与路由。

```
Router>en
Router#conf t
Router(config)#hostname R2
R2(config)#int f0/1
R2(config-if)#ip address 172.16.2.2 255.255.255.0
R2(config-if)#no shut
R2(config-if)#exit
R2(config)#int f 1/0
R2(config-if)#ip address 172.16.3.1 255.255.255.0
```

```
R2(config-if)#no shut
R2(config-if)#exit
R2(config)#router rip
R2(config-router)#network 172.16.2.0
R2(config-router)#version 2
R2(config-router)#no auto-summary
R2(config-router)#exit
R2(config)#router ospf 1
R2(config-router)#network 172.16.3.0 0.0.0.255 area 0
R2(config-router)#end
```

（3）配置路由器 R3 的端口与路由。

```
Router>en
Router#conf t
Router(config)#hostname R3
R3(config)#int f 1/0
R3(config-if)#ip address 172.16.3.2 255.255.255.0
R3(config-if)#no shut
R3(config-if)#exit
R3(config)#int f0/0
R3(config-if)#ip address 172.16.4.9 255.255.255.0
R3(config-if)#no shut
R3(config-if)#exit
R3(config)#router ospf 1
R3(config-router)#network 172.16.3.0 0.0.0.255 area 0
R3(config-router)#network 172.16.4.0 0.0.0.255 area 0
R3(config-router)#end
```

4）查看路由器的路由

（1）查看路由器 R1 的路由。

```
R1#show ip route
…
172.16.0.0/24 is subnetted, 3 subnets
C 172.16.1.0 is directly connected, FastEthernet0/0
C 172.16.2.0 is directly connected, FastEthernet0/1
R 172.16.3.0 [120/1] via 172.16.2.2, 00:00:05, FastEthernet0/1
```

（2）查看路由器 R2 的路由。

```
R2#show ip route
…
172.16.0.0/24 is subnetted, 4 subnets
R 172.16.1.0 [120/1] via 172.16.2.1, 00:00:01, FastEthernet0/1
C 172.16.2.0 is directly connected, FastEthernet0/1
C 172.16.3.0 is directly connected, FastEthernet1/0
O 172.16.4.0 [110/2] via 172.16.3.2, 00:00:41, FastEthernet1/0
```

（3）查看路由器 R3 的路由。

```
R3#show ip route
…
172.16.0.0/24 is subnetted, 2 subnets
C 172.16.3.0 is directly connected, FastEthernet1/0
C 172.16.4.0 is directly connected, FastEthernet0/0
```

5）在路由器 R2 上配置路由重发布

（1）将 OSPF 路由重发布到 RIP 中。

```
R2#conf t
R2(config)#route rip
R2(config-router)#redistribute ospf 1 metric 5    //设置度量值为5
```

（2）将 RIP 路由重发布到 OSPF 中。

```
R2(config)#router ospf 1
R2(config-router)#redistribute rip subnets
R2(config-router)#redistribute rip metric 30    //设置度量值为30
R2(config-router)#end
R2#show run
```

如图 7-18 所示，可以看到路由重发布的配置信息。

图 7-18　路由重发布的配置信息

6）测试与故障诊断

（1）查看路由器 R1 的路由信息。

```
R1#show ip route
…
172.16.0.0/24 is subnetted, 4 subnets
C 172.16.1.0 is directly connected, FastEthernet0/0
C 172.16.2.0 is directly connected, FastEthernet0/1
R 172.16.3.0 [120/1] via 172.16.2.2, 00:00:03, FastEthernet0/1
R 172.16.4.0 [120/5] via 172.16.2.2, 00:00:03, FastEthernet0/1
```

可以看到，路由重发布后，路由器 R1 从 OSPF 中学习到的两条路由是 R 172.16.3.0 和 R 172.16.4.0，度量值分别为 1 和 5，此时，路由器 R1 能够到达每一个网络。

故障诊断：如果配置时提示"172.16.4.0 is possibly down…"的信息，则说明将 OSPF 路由发布到 RIP 中时，没有设置度量值。

（2）查看路由器 R3 的路由信息。

```
R3#show ip route
```

```
…
172.16.0.0/24 is subnetted, 4 subnets
O E2 172.16.1.0 [110/30] via 172.16.3.1, 00:01:28, FastEthernet1/0
O E2 172.16.2.0 [110/30] via 172.16.3.1, 00:01:41, FastEthernet1/0
C 172.16.3.0 is directly connected, FastEthernet1/0
C 172.16.4.0 is directly connected, FastEthernet0/0
```

可以看到，路由重发布后，路由器 R3 从 RIP 中学习到的两条路由是 O E2 172.16.1.0 和 O E2 172.16.2.0，E2 表示为 OSPF 外来路由，度量值为 30。此时，路由器 R3 能够到达每一个网络。

故障诊断：如果配置时提示 "% Only classful networks will be redistributed" 的信息，则说明有类路由能被重发布，而无类路由不能被重发布，因为配置重发布时，没有使用参数 subnets。

（3）计算机 PC1 与计算机 PC2 之间显示能连通，路由重发布成功。

7）在 OSPF 中重发布静态路由

（1）为了学习静态路由的重发布，下面在路由器 R2 上配置一条静态路由。

```
R2(config)#ip route 172.16.1.0 255.255.255.0 172.16.2.1
R2(config)#exit
R2#show ip route
…
S 172.16.1.0 [1/0] via 172.16.2.1
C 172.16.2.0 is directly connected, FastEthernet0/1
C 172.16.3.0 is directly connected, FastEthernet1/0
O 172.16.4.0 [110/2] via 172.16.3.2, 07:08:55,FastEthernet1/0
```

当配置到达 172.16.1.0/24 网络的静态路由后，路由器将静态路由与 RIP 路由 "R 172.16.1.0 [120/1] via 172.16.2.1" 进行比较，发现静态路由的管理距离更小，应为最佳路由。于是更新路由表。

（2）在 OSPF 中重发布静态路由。

```
R2#conf t
R2(config)#router ospf 1
R2(config-router)#redistribute static subnets   //度量值默认为20
```

（3）查看 R3 的路由信息。

```
R3#show ip route
…
O E2 172.16.1.0 [110/20] via 172.16.3.1, 00:02:25, FastEthernet1/0
O E2 172.16.2.0 [110/30] via 172.16.3.1, 00:42:04, FastEthernet1/0
C 172.16.3.0 is directly connected, FastEthernet1/0
C 172.16.4.0 is directly connected, FastEthernet0/0
```

可以看到，重发布静态路由后，路由器 R3 学习到了 "O E2 172.16.1.0 [110/20] via 172.16.3.1…" 路由。

8）在 RIP 中重发布静态路由

（1）为了学习静态路由发布，下面在路由器 R2 上配置一条静态路由。

```
R2(config)#ip route 172.16.4.0 255.255.255.0 172.16.3.2
R2(config)#exit
R2#show ip route
…
```

```
S 172.16.1.0 [1/0] via 172.16.2.1
C 172.16.2.0 is directly connected, FastEthernet0/1
C 172.16.3.0 is directly connected, FastEthernet1/0
S 172.16.4.0 [1/0] via 172.16.3.2
```

当配置到达 172.16.4.0/24 网络的静态路由后，路由器 R2 将到达网络 172.16.4.0/24 的静态路由与 OSPF 路由 "O 172.16.4.0 [110/2] via 172.16.3.2" 进行比较，发现静态路由更佳。于是更新路由表。

（2）在 RIP 中重发布静态路由。

```
R2#conf t
R2(config)#router rip
R2(config-router)#redistribute static   //度量值默认为1
```

（3）查看 R1 的路由信息。

```
R1#show ip route
…
C 172.16.1.0 is directly connected, FastEthernet0/0
C 172.16.2.0 is directly connected, FastEthernet0/1
R 172.16.3.0 [120/1] via 172.16.2.2, 00:00:06, FastEthernet0/1
R 172.16.4.0 [120/1] via 172.16.2.2, 00:00:06, FastEthernet0/1
```

可以看到，路由重发布后，路由器 R1 学习到了新路由 "R 172.16.4.0 [120/1] via 172.16.2.2…"。

其他路由的重发布读者可以自行尝试，在此不再赘述。

本章补充任务与综合案例

电子课件

项 目 评 价

学生		级班	星期	日期			
项目名称		路由器的路由配置				组长	
评价内容		主要评价标准			分数	组长评价	教师评价
任务一		静态路由配置正确，能够连通			10 分		
任务二		默认路由配置正确，能够连通			15 分		
任务三		RIP 路由配置正确，能够连通			15 分		
任务四		单区域 OSPF 路由配置正确，能够连通			20 分		
任务五		多区域 OSPF 路由配置正确，能够连通			20 分		
任务六		路由重发布配置正确，能够连通			20 分		
总 分					合计		

续表

项目总结 （心得体会）	

说明：（1）从设备选择、设备连线、设备配置、连通测试等方面对任务进行评价。

（2）满分为 100 分，总分=组长评价×40%+教师评价×60%。

项 目 习 题

一、填空题

1. 实现不同 VLAN 中的计算机通信有两种解决方案，一种方案是添加_____，另一种方案是添加三层交换机。

2. _____表示一条路由的可信度，取值范围为 0～255，值越小表示可信度越高，静态路由的管理距离默认为 1。

3. _____是一种特殊的静态路由，指的是数据包的目的网络地址在路由表中没有其他匹配的路由时，可以选择该路由。

4. 根据路由选择协议的算法动态路由协议可分为距离矢量路由协议、_____、_____和混合路由协议。

5. _____是指路由的花费，管理距离相同的条件下其值越小，说明这条路由越好。

6. _____就是通过配置两条到达同一目的网络的静态路由，以实现链路的备份。这两条静态路由的管理距离不同。

二、简答题

1. 路由表中的路由可通过哪些途径获得？

2. RIP 路由协议有哪些特点？

3. 简述 OSPF 路由的配置方法。

4. 简介路由重发布的内容。

三、操作题

某学校有 A 和 B 两个校区，A 校区使用两台路由器（型号 2811）和两台计算机模拟组网，B 校区使用两台路由器（型号 2621）和两台计算机模拟组网。

（1）A 校区使用 RIP 协议组建学校网络，要求实现校区内网络互通。

（2）B 校区使用 OSPF 协议组建学校网络，要求实现校区内网络互通。

（3）在 A、B 两校区间连接一台路由器（型号 1841），作为边界路由器，通过路由重发布实现两个校区网络的连通。

假如你是通信公司的技术人员，请组建网络实现学校的需求，拓扑结构如图 7-19所示。

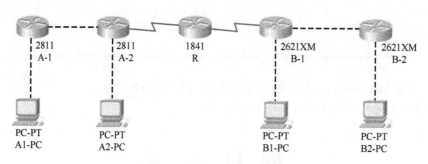

图 7-19　学校网络拓扑结构

三层交换机的配置与管理 项目八

项目背景

　　三层交换机是构建高速局域网不可或缺的设备，它不仅有二层交换机的功能，还具有路由功能，同时拥有强大的背板带宽，能够实现不同 VLAN 间数据的高速转发，被广泛应用于企业网、校园网和小区宽带网的汇聚层、核心层。

学习目标

1. 知识目标

（1）理解三层交换机的概念、路由功能、工作过程。

（2）掌握三层交换机实现路由功能的两种方法。

（3）掌握交换机端口类型及分类。

2. 技能目标

（1）能够完成三层交换机的路由功能、端口聚合功能的配置。

（2）能够通过三层交换机实现不同 VLAN 的通信。

（3）能够完成三层交换机静态路由、动态路由的配置。

任务一 三层交换机实现路由功能

拓扑结构： 三层交换机实现路由功能拓扑结构如图 8-1 所示。

所需设备： 三层交换机（型号 3560）一台、计算机两台、直通线两根。

规划 IP 地址：

计算机 PCA 的 IP 地址：10.10.1.1/24。计算机 PCB 的 IP 地址：10.10.2.1/24。

设备连线：

计算机 PCA→交换机 SWE 的 f 0/1 端口，计算机 PCB→交换机 SWE 的 f 0/11 端口。

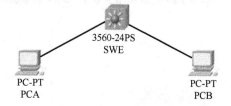

图 8-1 三层交换机实现路由功能拓扑结构

（1）交换机 SWE 的 f 0/1 端口属于 VLAN 10，f 0/11 端口属于 VLAN 20。

（2）利用虚拟端口法实现三层交换机的路由功能，使计算机 PCA 与计算机 PCB 能够连通。

知识点链接

1. 三层交换机

三层交换机就是具有路由器功能的交换机，它工作在 OSI 参考模型的数据链路层和网络层中，可以看作是将二层交换机和路由器的优势有机地结合起来的内置交换模块和路由模块。三层交换机的速率可达几十 Gbit/s，可实现高速的路由，能够做到一次路由多次转发。因此主要用于局域网内部的数据转发，作为局域网的汇聚层交换机、核心层交换机，如思科 3560 交换机、神州数码 ES704 交换机和华为 S7706 交换机等，如图 8-2 与图 8-3 所示。

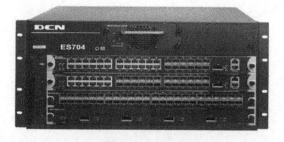

图 8-2 神州数码 ES704 交换机

图 8-3 华为 S7706 交换机

三层交换机内部最重要的两个硬件是 ASIC 芯片和 CPU，ASIC 芯片主要负责二、三层的数据转发，芯片上有用于二层转发的 MAC 地址表，以及用于 IP 包转发的三层转发表；CPU 用于转发控制，主要负责维护一些软件表项，如软件路由表、软件 ARP 表等，并根据软件表项的转发信息来配置 ASIC 芯片的三层转发表，当然，CPU 本身也可以完成三层转发。

2. 三层交换机的工作过程

三层交换机中有三个表，分别是 MAC 地址表、路由表和三层转发表。

MAC 地址表中保存着端口连接设备的 MAC 地址、端口和端口所属 VLAN 三者的对应关系。

路由表中保存着目的网络地址与端口的对应关系。

三层转发表中保存着端口 IP 地址、连接设备的 MAC 地址、端口所属 VLAN、端口的对应关系，如图 8-4 所示。

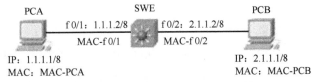

图 8-4　三层交换机的工作过程

网络中有一台三层交换机和两台计算机，以及端口和 MAC 地址，在计算机 PCA 中 ping 计算机 PCB，数据流传输过程如下，为了方便分析，省去了 ARP 过程，并假设三层交换机还没有建立任何三层转发表项。

（1）计算机 PCA 先检查目的 IP 地址 2.1.1.1/24 与自己的 IP 地址是否在同一个网段，结果发现不在同一网段。因此，向网关发送 ARP 请求，请求 1.1.1.2/24（三层交换机端口 f 0/1 的地址）的 MAC 地址，交换机收到后，将端口 f 0/1 的 MAC 地址 MAC-PCA 发送给计算机 PCA。

（2）计算机 PCA 组装数据帧并发送，数据帧的格式如图 8-5 所示。

源MAC地址	目的MAC地址	源IP地址	目的IP地址	数据	其他
MAC-PCA	MAC-f0/1	1.1.1.1/24	2.1.1.1/24	数据	其他

图 8-5　数据帧格式

（3）交换机收到数据帧后，根据帧的目的 MAC 地址+VLAN ID 查找 MAC 地址表，发现匹配了自己的三层端口 MAC 地址表项，说明需要进行三层转发，于是查找三层转发表。

（4）由于之前未建立任何转发表项，因此查找失败。交换机将数据帧拆封，取出目的 IP 地址查询路由表，发现匹配了直连网段 2.1.1.0/24，于是继续查找 ARP 表，仍然查找失败，交换机在目的网段对应的 VLAN 20 所有端口广播 ARP 请求，请求 IP 地址 2.1.1.1 对应 MAC 地址；计算机 PCB 收到交换机发送的 ARP 请求后，将自己的 MAC 地址 MAC-PCB 发送给交换机。

（5）三层交换机将数据帧的目的 MAC 地址、源 MAC 地址修改后，发送给计算机 PCB，数据帧的格式如图 8-6 所示。

源MAC地址	目的MAC地址	源IP地址	目的IP地址	数据	其他
MAC-f0/2	MAC-PCB	1.1.1.1/24	2.1.1.1/24	数据	其他

图 8-6　修改后的数据帧格式

（6）在三层转发表中根据刚才得到的三层转发信息添加转发表项，以后计算机 PCA 发送给计算机 PCB 的数据帧就可以通过三层转发表项直接转发了，而无须查询路由表。

（7）计算机 PCB 收到交换机转发过来的数据帧进行拆封，得到 ICMP 请求数据包，回应 ICMP 应答给计算机 PCA，其过程与前面类似，因之前已经添加相关的三层转发表项，因此这个应答数据帧直接由交换芯片转发给计算机 PCA。

此后，计算机 PCA 与计算机 PCB 之间后续往返的数据帧都经过查询 MAC 地址表、查询三层转发表的过程由交换芯片直接转发了，而无须查询路由表，做到了"一次路由，多次交换"，大大提高了转发速率，充分体现了转发性能与三层交换的完美统一。

3. 三层交换机实现路由功能

1）交换机开启路由功能

三层交换机要使用路由功能，必须先开启，否则无法配置路由，路由功能开启的命令如下。

```
Switch(config)#ip routing
```

要关闭路由功能，使用 Switch(config)#no ip routing 命令。

2）三层交换机实现路由功能的方法

三层交换机实现路由功能有两种方法：一种是物理法；另一种是虚拟端口法。

（1）物理法。

使用物理法实现三层交换机的路由功能，需要关闭端口的二层功能，开启路由功能，然后在端口上配置 IP 地址，这样三层交换机的端口就变成了类似路由器的端口，配置命令如下。

```
SWE(config)#int 端口
SWE(config-if)#no switchport      //关闭端口的二层功能，开启三层功能
SWE(config-if)#ip address IP地址  子网掩码
```

（2）虚拟端口法。

虚拟端口法是通过创建 VLAN 作为虚拟端口实现路由功能的，可分为两步完成。

①在三层交换机上创建 VLAN 作为虚拟端口，有几个网段就创建几个 VLAN。

```
Switch(config)#vlan VLAN号         //创建VLAN
```

②给 VLAN 配置 IP 地址，并开启。

```
Switch(config)#int vlan VLAN号         //进入VLAN模式
Switch(config-if)#ip address IP地址 子网掩码
Switch(config-if)#no shutdown
```

任务分析

任务中的计算机分别属于 VLAN 10 和 VLAN 20，采用虚拟端口法可实现三层交换机的路由功能，需要在 VLAN 10 和 VLAN 20 上分别设置 IP 地址 10 10.10.1.8/24 和10.10.2.8/24，将 VLAN 10 和 VLAN 20 作为虚拟端口，其 IP 地址分别作为两台计算机的网关，这样，计算机 PCA 与计算机 PCB 就可以通信了。

任务实施

1）绘制拓扑结构

绘制拓扑结构（见图 8-1）。

2）给计算机配置如下的 IP 地址与网关

计算机 PCA 的 IP 地址：10.10.1.1/24，网关为 10.10.1.8。

计算机 PCB 的 IP 地址：10.10.2.1/24，网关为 10.10.2.8。

3）配置三层交换机 SWE

```
Switch>en
Switch#conf t
Switch(config)#hostname SWE
SWE(config)#vlan 10
SWE(config-vlan)#exit
SWE(config)#vlan 20
SWE(config-vlan)#exit
SWE(config)#int f 0/1
SWE(config-if-range)#switchport access vlan 10
SWE(config-if-range)#exit
SWE(config)#int f 0/11
SWE(config-if-range)#switchport access vlan 20
SWE(config-if-range)#exit
SWE(config)#int vlan 10
SWE(config-if)#ip address 10.10.1.8 255.255.255.0   //给VLAN 10配置IP地址
SWE(config-if)#exit
SWE(config)#int vlan 20
SWE(config-if)#ip address 10.10.2.8 255.255.255.0   //给VLAN 20配置IP地址
SWE(config-if)#exit
SWE(config)#ip routing    //开启路由功能
SWE(config)#exit
SWE#show vlan
Vlan Name              Status    Ports
---- ------------------ --------- -------------------------------
1    default            active    Fa0/2, Fa0/3, Fa0/4, Fa0/5, Fa0/6
Fa0/7, Fa0/8, Fa0/9, Fa0/10, Fa0/12
Fa0/13, Fa0/14, Fa0/15, Fa0/16, Fa0/17
Fa0/18, Fa0/19, Fa0/20, Fa0/21, Fa0/22
Fa0/23, Fa0/24, Gig0/1, Gig0/2
10   Vlan0010           active    Fa0/1
20   Vlan0020           active    Fa0/11
…
    SWE#show int vlan 10     //显示VLAN 10的信息
Vlan10 is up, line protocol is up
Hardware is CPU Interface, address is 0001.96e9.0235 (bia 0001.96e9.0235)
Internet address is 10.10.1.8/24
…
SWE#show int vlan 20     //显示VLAN 20的信息
Vlan20 is up, line protocol is up
Hardware is CPU Interface, address is 0001.96e9.0235 (bia 0001.96e9.0235)
Internet address is 10.10.2.8/24
…
```

4）测试

计算机 PCA、计算机 PCB 是连通的。

5）故障诊断

如果计算机 PCA、计算机 PCB 无法连通，可能是网关设置错误、VLAN 的 IP 设置错误或连接计算机的端口没有加入相应的 VLAN 等原因。

6）配置交换机

使用物理法实现三层交换机的路由功能，需要对交换机 SWE 进行如下配置。

```
SWE(config)#int f 0/1
SWE(config-if)#no switchport      //关闭二层功能，开启三层功能
SWE(config-if)#ip address 10.10.1.8 255.255.255.0      //为端口配置IP地址
SWE(config-if)#no shut
SWE(config-if)#exit
SWE(config)#int f 0/11
SWE(config-if)#no switchport      //关闭二层功能，开启三层功能
SWE(config-if)#ip address 10.10.2.8 255.255.255.0      //为端口配置IP地址
SWE(config-if)#no shut
SWE(config-if)#end
```

如此，端口 f 0/1 和 f 0/11 可当作类似于路由器的两个端口使用。

任务二　三层交换机实现不同 VLAN 间的通信

拓扑结构：三层交换机实现 VLAN 间的通信拓扑结构如图 8-7 所示。

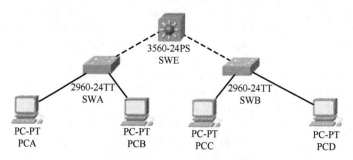

图 8-7　三层交换机实现 VLAN 间的通信拓扑结构

所需设备：三层交换机（型号 3560）一台、二层交换机（型号 2960）两台、计算机四台、交叉线两根、直通线四根。

规划 IP 地址：

计算机 PCA 的 IP 地址：10.1.1.1/24。计算机 PCB 的 IP 地址：10.1.2.1/24。

计算机 PCC 的 IP 地址：10.1.3.1/24。计算机 PCD 的 IP 地址：10.1.4.1/24。

设备连线：

计算机 PCA→交换机 SWA 的 f 0/1，计算机 PCB→交换机 SWA 的 f 0/11。

计算机 PCC→交换机 SWB 的 f 0/1，计算机 PCD→交换机 SWB 的 f 0/11。

交换机 SWA 的 g0/1 端口→SWE 的 g0/1 端口，交换机 SWB 的 g0/2→SWE 的 g0/2

端口。

（1）交换机 SWA 的 f 0/1-10 端口属于 VLAN 10，f 0/11-20 端口属于 VLAN 20。交换机 SWB 的 f 0/1-10 端口属于 VLAN 30，f 0/11-20 端口属于 VLAN 40。

（2）实现计算机 PCA、计算机 PCB、计算机 PCC 与计算机 PCD 之间的连通。

知识点链接

1. 交换机端口类型

交换机的端口按照功能可分为二层端口和三层端口。

1）二层端口

二层端口分为二层物理端口和二层聚合端口。

（1）二层物理端口就是二层交换机上的普通物理端口，只有二层功能，可以是 access 模式，也可以是 trunk 模式。

（2）二层聚合端口是由多个二层物理端口聚合而成的逻辑端口，对于二层交换机来说，聚合端口就像一个高宽带的端口，它可以将多个物理端口的带宽叠加起来使用，扩展了端口的带宽。

2）三层端口

三层端口分为三层物理端口、三层聚合端口和虚拟端口。

（1）三层物理端口是三层交换机上开启路由功能的物理端口。在三层交换机上可以将一个物理端口通过 no switchport 命令来关闭二层功能，开启三层功能，并配置 IP 地址，像路由器的端口一样使用。

（2）三层聚合端口同二层聚合端口一样，也是由多个物理端口聚合而成的一个逻辑端口，聚合的端口必须为同类型的三层端口。通过 no switchport 命令可以开启三层聚合端口的路由功能，给聚合端口配置 IP 地址后即可使用。

（3）虚拟端口是指在三层交换机上设置了 IP 地址的 VLAN，常用于实现不同 VLAN 间的通信。

2. 三层交换机实现不同 VLAN 间的通信

企业局域网划分 VLAN 后，不同 VLAN 间无法通信，在项目七中学习了利用路由器实现不同 VLAN 间通信的方法，但其缺点是显而易见的，不但影响转发速率，而且对线路的要求也比较高，容易形成网络单点故障。因此，企业很少使用路由器实现 VLAN 间的通信，而会选择使用三层交换机。三层交换机具有转发速度快、端口数量多等优势，更适合企业网络。

实现 VLAN 间通信的原理是利用三层交换机的路由功能→识别数据包中的 IP 地址→查询路由表→确定端口→选择路由转发。具体做法是在三层交换机上创建 VLAN，配置 VLAN 的 IP 地址，并以 VLAN 作为虚拟端口，使虚拟端口对应着二层交换机中的一个

VLAN。

任务分析

（1）网络中共有四个 VLAN（四个网段），采用虚拟端口法实现三层交换机的路由功能，需要在三层交换机上创建对应的四个 VLAN，即 VLAN 10、VLAN 20、VLAN 30 和 VLAN 40，分别设置 IP 地址为 10.1.1.9/24、10.1.2.9/24、10.1.3.9/24 和 10.10.4.9/24，用于实现不同 VLAN 间的通信，并作为对应 VLAN 中计算机的网关。

（2）交换机之间相连的端口因需要通过不同 VLAN ID 的数据帧，所以需要设为 trunk 模式。

任务实施

1）绘制拓扑结构

绘制拓扑结构（见图 8-7）。

2）配置交换机 SWA

```
Switch>en
Switch#conf t
Switch(config)#hostname SWA
SWA(config)#vlan 10
SWA(config-vlan)#exit
SWA(config)#vlan 20
SWA(config-vlan)#exit
SWA(config)#int range f 0/1-10
SWA(config-if-range)#switchport access vlan 10
SWA(config-if-range)#exit
SWA(config)#int range f 0/11-20
SWA(config-if-range)#switchport access vlan 20
SWA(config-if-range)#exit
SWA(config)#int g 0/1
SWA(config-if)#switchport mode trunk    //设置为trunk模式
SWA(config-if)#end
SWA#show int g 0/1 switchport  //显示端口的操作模式
Name: Gig0/1
Switchport: Enabled
Administrative Mode: trunk //管理模式为trunk
Operational Mode: trunk    //操作模式为trunk
…
SWA#show vlan   //显示VLAN信息
Vlan Name               Status    Ports
---- -------------------- --------- --------------------------------
1    default             active    Fa0/21, Fa0/22, Fa0/23, Fa0/24, Gig0/2
10   Vlan0010            active    Fa0/1, Fa0/2, Fa0/3, Fa0/4, Fa0/5
                                   Fa0/6, Fa0/7, Fa0/8, Fa0/9, Fa0/10
20   Vlan0020            active    Fa0/11, Fa0/12, Fa0/13, Fa0/14, Fa0/15
                                   Fa0/16, Fa0/17, Fa0/18, Fa0/19, Fa0/20
```

3）配置交换机 SWB

```
Switch#conf t
Switch(config)#hostname SWB
SWB(config)#vlan 30
```

```
SWB(config-vlan)#exit
SWB(config)#vlan 40
SWB(config-vlan)#exit
SWB(config)#int range f 0/1-10
SWB(config-if-range)#switchport access vlan 30
SWB(config-if-range)#exit
SWB(config)#int range f 0/11-20
SWB(config-if-range)#switchport access vlan 40
SWB(config-if-range)#exit
SWB(config)#int g 0/2
SWB(config-if)#switchport mode trunk  //设置为trunk模式
SWB(config-if)#end
SWB#show int g 0/2 switchport  //显示端口模式
Name: Gig0/2
Switchport: Enabled
Administrative Mode: trunk  //管理模式为trunk
Operational Mode: trunk     //操作模式为trunk
…
SWB#show vlan   //显示VLAN信息
Vlan Name              Status    Ports
---- ------------------ --------- ------------------------------
1    default            active    Fa0/21, Fa0/22, Fa0/23, Fa0/24, Gig0/1
30   Vlan0030           active    Fa0/1, Fa0/2, Fa0/3, Fa0/4, Fa0/5
                                  Fa0/6, Fa0/7, Fa0/8, Fa0/9, Fa0/10
40   Vlan0040           active    Fa0/11, Fa0/12, Fa0/13, Fa0/14, Fa0/15
                                  Fa0/16, Fa0/17, Fa0/18, Fa0/19, Fa0/20
```

4）在三层交换机 SWE 上创建 VLAN 与设置端口 trunk 模式

```
Switch>en
Switch#conf t
Switch(config)#hostname SWE
SWE(config)#vlan 10
SWE(config-vlan)#exit
SWE(config)#vlan 20
SWE(config-vlan)#exit
SWE(config)#vlan 30
SWE(config-vlan)#exit
SWE(config)#vlan 40
SWE(config-vlan)#exit
SWE(config)#ip routing    //开启三层交换机的路由功能
SWE(config-if)#exit
SWE#show vlan   //显示VLAN的信息
Vlan Name              Status    Ports
---- ------------------ --------- ------------------------------
1    default            active    Fa0/1, Fa0/2, Fa0/3, Fa0/4, Fa0/5
                                  Fa0/6, Fa0/7, Fa0/8, Fa0/9, Fa0/10
                                  Fa0/11, Fa0/12, Fa0/13, Fa0/14, Fa0/15
                                  Fa0/16, Fa0/17, Fa0/18, Fa0/19, Fa0/20
                                  Fa0/21, Fa0/22, Fa0/23, Fa0/24
10   Vlan0010           active
20   Vlan0020           active
30   Vlan0030           active
```

```
   40   Vlan0040                      active
   ...
```

交换机 SWE 的端口 g0/1 和 g0/2 的管理模式为 auto，因链路对端口的管理模式为 trunk 模式，因此会自动协商成为 trunk 模式。

```
Switch#show int g0/1 switchport
Name: Gig0/1
Switchport: Enabled
Administrative Mode: dynamic auto    //管理模式为auto
Operational Mode: trunk              //操作模式为trunk模式
...

Switch#show int g0/2 switchport
Name: Gig0/2
Switchport: Enabled
Administrative Mode: dynamic auto    //管理模式为auto
Operational Mode: trunk              //操作模式为trunk模式
...
```

5）给交换机 SWE 上的 VLAN 配置 IP 地址

```
SWE(config)#int vlan 10  //创建VLAN 10
SWE(config-if)#ip address 10.1.1.9 255.255.255.0   //给VLAN 10配置IP地址
SWE(config-if)#no shut
SWE(config-if)#exit
SWE(config)#int vlan 20  //创建VLAN 20
SWE(config-if)#ip address 10.1.2.9 255.255.255.0   //给VLAN 20配置IP地址
SWE(config-if)#no shut
SWE(config-if)#exit
SWE(config)#int vlan 30  //创建VLAN 30
SWE(config-if)#ip address 10.1.3.9 255.255.255.0   //给VLAN 30配置IP地址
SWE(config-if)#no shut
SWE(config-if)#exit
SWE(config)#int vlan 40  //创建VLAN 40
SWE(config-if)#ip address 10.1.4.9 255.255.255.0   //给VLAN 40配置IP地址
SWE(config-if)#no shut
SWE(config)#end
Switch#show ip int brief  //以简洁的方式显示各端口的IP地址
Interface    IP-Address    OK?  Method  Status   Protocol
...
Vlan10       10.1.1.9      YES  manual  up       up
Vlan20       10.1.2.9      YES  manual  up       up
Vlan30       10.1.3.9      YES  manual  up       up
Vlan40       10.1.4.9      YES  manual  up       up
```

6）配置各计算机的 IP 地址与网关

```
PCA的IP地址：10.1.1.1/24，网关：10.1.1.9
PCB的IP地址：10.1.2.1/24，网关：10.1.2.9
PCC的IP地址：10.1.3.1/24，网关：10.1.3.9
PCD的IP地址：10.1.4.1/24，网关：10.1.4.9
```

7）测试

计算机 PCA、计算机 PCB、计算机 PCC 与计算机 PCD 是连通的。

8）故障诊断

可以先从各计算机中 ping 自己的网关，如果不能连通，可能是网关设置错误、VLAN

的 IP 地址设置错误、端口没有设置 trunk 模式等原因。如果网关能 ping 通，那么整个网络也是连通的。

任务三　三层交换机配置静态、动态路由

拓扑结构： 三层交换机配置静态路由拓扑结构如图 8-8 所示。

图 8-8　三层交换机配置静态路由拓扑结构

所需设备： 三层交换机（型号 3560）两台、计算机两台、交叉线两根、直通线两根。

规划 IP 地址：

计算机 PCA 的 IP 地址：172.16.1.1/24。计算机 PCB 的 IP 地址：172.16.2.1/24。

设备连线：

计算机 PCA 的 f0 端口→交换机 SWA 的 f 0/1，计算机 PCB 的 f0 端口→交换机 SWB 的 f 0/1。

交换机 SWA 的 f 0/23 端口→交换机 SWB 的 f 0/23 端口，交换机 SWA 的 f 0/24 端口→交换机 SWB 的 f 0/24 端口。

任务要求

（1）配置端口聚合与静态路由，实现计算机 PCA 和计算机 PCB 之间的连通。

（2）删除静态路由，配置 RIP 路由实现计算机 PCA 和计算机 PCB 之间的连通。

知识点链接

1. 三层交换机端口聚合

不仅二层交换机的端口可以聚合，三层交换机的端口同样可以聚合，配置三层聚合端口的方法与二层聚合端口的方法相同。三层聚合端口具有路由功能，开启路由功能后，需要配置 IP 地址，其使用方法与物理端口类似，配置三层聚合端口 IP 地址的命令如下。

```
Switch(config)#interface port-channel 聚合端口号
Switch(config-if)#no switchport          //开启三层功能
Switch(config-if)#ip address IP地址       //配置IP地址
Switch(config-if)#no shutdown            //开启端口
```

2. 三层交换机与路由器比较

三层交换机主要用于局域网内部，而路由器主要用于局域网之间和连接 Internet，两者

各有所长，谁也无法替代谁。

（1）路由器与三层交换机都具有路由功能，但实现的方法不同，路由器的路由转发功能主要依靠 CPU 中的软件完成，而三层交换机的三层转发功能是依靠 ASIC 芯片完成的，其速度更快，这就决定了两者在转发性能上的巨大差别。

（2）三层交换机端口速率高，而且端口数量多；而路由器端口相对较少，但具有丰富的端口类型，能够连接各种不同类型的网络。

（3）路由器具有良好的流量服务等级控制、强大的路由能力等，而这些恰恰是三层交换机的薄弱部分。

3. 三层交换机与路由器连接

首先，三层交换机与路由器连接的端口类型、带宽要相匹配，如都使用以太网端口，或者都使用光纤端口。

其次，三层交换机与路由器的连接有两种方法，第一种是物理法，将三层交换机与路由器连接的端口关闭二层功能，开启三层功能，并设置 IP 地址，这样交换机端口就可以像使用路由器的端口一样使用了。第二种是虚拟端口法，在三层交换机上创建 VLAN 作为虚拟端口，设置 IP 地址，将与路由器连接的端口加入 VLAN，这种方法比物理法应用更加广泛。

最后，路由器与三层交换机相连端口（也可能是虚拟端口）的 IP 地址需要设置为同一网段。

4. 三层交换机配置静态路由

三层交换机具有路由功能，但默认是关闭的，必须使用 ip routing 命令开启，否则配置的静态路由无法显示，三层交换机配置静态路由与路由器一样。

5. 三层交换机配置动态路由

三层交换机配置动态路由前，必须先使用 ip routing 命令开启路由功能，这点很重要，否则将无法创建路由进程。三层交换机与路由器一样，可以配置 RIP 路由协议、OSPF 路由协议等，配置方法与路由器相同。

【任务分析】

（1）在两台三层交换机上分别创建 VLAN 10 作为虚拟端口，并配置 IP 地址 172.16.1.254/24 和 172.16.2.254/24，将虚拟端口的 IP 地址作为两台计算机的网关。

（2）采用物理法实现三层交换机的路由功能，需要分别在两台交换机的 f 0/23 和 f 0/24 端口配置端口聚合，然后开启聚合端口的三层功能，并配置 IP 地址 172.16.3.1/24 和 172.16.3.2/24，最后配置静态路由，以实现全网连通。

【任务实施】

1）绘制拓扑结构
绘制拓扑结构（见图 8-8）。

2）配置各计算机的 IP 地址与网关
PCA 的 IP 地址：172.16.1.1/24，网关为 172.16.1.254。

PCB 的 IP 地址：172.16.2.1/24，网关为 172.16.2.254。

3）在交换机 SWA 上创建 VLAN，设置 IP 地址

```
Switch>en
Switch#conf t
Switch(config)#hostname SWA
SWA(config)#vlan 10
SWA(config-vlan)#exit
SWA(config)#int f 0/1
SWA(config-if)#switchport access vlan 10
SWA(config-if)#exit
SWA(config)#int vlan 10    //进入VLAN 10模式
SWA(config-if)#ip address 172.16.1.254 255.255.255.0    //配置IP地址
SWA(config-if)#no shut
SWA(config-if)#exit
```

4）在交换机 SWB 上创建 VLAN，设置 IP 地址

```
Switch>en
Switch#conf t
Switch(config)#hostname SWB
SWB(config)#vlan 10
SWB(config-vlan)#exit
SWB(config)#int f 0/1
SWB(config-if)#switchport access vlan 10
SWB(config-if)#exit
SWB(config)#int vlan 10    //进入VLAN 10模式
SWB(config-if)#ip address 172.16.2.254 255.255.255.0    //设置IP地址
SWB(config-if)#no shut
SWB(config-if)#exit
```

5）配置交换机 SWA 的端口聚合

```
SWA(config)#int range f 0/23-24
SWA(config-if-range)#channel-protocol lacp         //设置协议为LACP
SWA(config-if-range)#channel-group 1 mode active //创建聚合端口1，设置为
//主动模式
SWA(config-if-range)#exit
SWA(config)#int port-channel 1      //进入聚合端口1
SWA(config-if)#no switchport        //开启三层功能
SWA(config-if)#ip address 172.16.3.1 255.255.255.0
SWA(config-if)#no shutdown
```

6）配置交换机 SWB 的端口聚合

```
SWB(config)#int range f 0/23-24
SWB(config-if-range)#channel-protocol lacp          //设置协议为LACP
SWB(config-if-range)#channel-group 1 mode passive //创建聚合端口1，设置为
//被动模式
SWB(config-if-range)#exit
SWB(config)#int port-channel 1  //进入聚合端口1
SWB(config-if)#no switchport     //开启三层功能
SWB(config-if)#ip address 172.16.3.2 255.255.255.0     //设置IP地址
SWB(config-if)#no shutdown
```

7）显示 SWA 聚合端口的信息与 IP 地址信息

```
SWA#show etherchannel summary     //显示聚合端口信息
```

```
…
Group  Port-channel  Protocol   Ports
------+-------------+----------+----------------------------
1      Po1(RU)       LACP       Fa0/23(P) Fa0/24(P)
```

可以看到聚合端口 1 的状态为 RU（R 为三层端口，U 为使用状态），表示聚合端口正常。

```
SWA#show ip interface brief        //显示各端口的IP地址
Interface          IP-Address    OK? Method  Status      Protocol
Port-channel1      172.16.3.1     YES manual  up          up
…
Vlan10             172.16.1.254  YES manual  up          up
```

可以看到聚合端口的 IP 地址和 VLAN 10 的 IP 地址。

8）显示 SWB 聚合端口的信息与 IP 信息

```
SWB#show etherchannel summary      //显示聚合端口
…
Group  Port-channel  Protocol   Ports
------+-------------+----------+----------------------------
1      Po1(RU)       LACP       Fa0/23(P) Fa0/24(P)
```

可以看到聚合端口 1 的状态为 RU，表示聚合端口正常。

```
SWB#show ip interface brief        //显示各端口的IP地址
Interface          IP-Address    OK? Method  Status      Protocol
Port-channel1      172.16.3.2     YES manual  up          up
…
Vlan10             172.16.2.254  YES manual  up          up
```

可以看到聚合端口的 IP 地址和 VLAN 10 的 IP 地址。

9）配置三层交换机 SWA 静态路由

```
SWA#conf t
SWA(config)#ip routing     //开启路由功能
SWA(config)#ip route 172.16.2.0 255.255.255.0 172.16.3.2
SWA(config)#exit
SWA#show ip route
…
  172.16.0.0/24 is subnetted, 3 subnets
C 172.16.1.0 is directly connected, VLAN10
S 172.16.2.0 [1/0] via 172.16.3.2        //配置的静态路由
C 172.16.3.0 is directly connected, Port-channel1
```

注意：如果路由显示为空，则是三层交换机的路由功能没有开启。

10）配置三层交换机 SWB 静态路由

```
SWB#conf t
SWB(config)#ip routing     //开启路由功能
SWB(config)#ip route 172.16.1.0 255.255.255.0 172.16.3.1
SWB(config)#end
SWB#show ip route
…
  172.16.0.0/24 is subnetted, 3 subnets
S 172.16.1.0 [1/0] via 172.16.3.1   //配置的静态路由
C 172.16.2.0 is directly connected, VLAN10
```

```
C 172.16.3.0 is directly connected, Port-channel1
```

11）测试与故障诊断

测试计算机 PCA 与计算机 PCB 之间的连通状态。

故障诊断：先在各计算机中 ping 网关，如果不通，可能是 VLAN 的地址、端口加入 VLAN 错误。再从计算机 PCA 中 ping 计算机 PCB，如果不通，可能是聚合端口的地址错误、端口的三层功能没有开启等原因。

12）三层交换机配置 RIP 路由的方法如下。

配置交换机 SWA：

```
SWA#conf t
SWA(config)#no ip route 172.16.2.0 255.255.255.0 172.16.3.2   //删除静态
//路由
SWA(config)#router rip     //创建RIP路由进程
SWA(config-router)#network 172.16.1.0 //添加直连路由
SWA(config-router)#network 172.16.3.0
SWA(config-router)#version 2
SWA(config-router)#no auto-summary
```

配置交换机 SWB：

```
SWB#conf t
SWB(config)#no ip route 172.16.1.0 255.255.255.0 172.16.3.1   //删除静态
//路由
SWB(config)#router rip       //创建RIP路由进程
SWB(config-router)#network 172.16.2.0 //添加直连路由
SWB(config-router)#network 172.16.3.0
SWA(config-router)#version 2
SWA(config-router)#no auto-summary
```

三层交换机配置 OSPF 路由与路由器的方法相同，在此不再赘述。

本项目补充任务与综合案例

电子课件

项 目 评 价

学生		级班	星期		日期			
项目名称	三层交换机的配置与管理					组长		
评价内容	主要评价标准				分数	组长评价		教师评价
任务一	实现路由功能，并能够连通				20分			

续表

任务二	实现 VLAN 间的通信，并能够连通	20 分		
任务三	配置端口聚合、静态路由、动态路由，并能够连通	60 分		
总　分		合计		
项目总结 （心得体会）				

说明：（1）从设备选择、设备连线、设备配置、连通测试等方面对任务进行评价。

（2）满分为 100 分，总分=组长评价×40%+教师评价×60%。

项 目 习 题

一、填空题

1. _____就是具有路由器功能的交换机，工作在 OSI 参考模型的数据链路层和网络层。

2. 三层交换机内部最重要的两个硬件是_____和 CPU。

3. 三层交换机实现路由功能有两种方法，一种是_____，另一种是物理法。

4. 三层交换机具有路由功能，但默认是关闭的，必须使用_____命令开启，否则配置的路由无法显示。

5. 三层交换机可实现高速的路由，能够做到一次路由，_____。

二、简答题

1. 简述三层交换机实现不同 VLAN 间通信的方法。

2. 简述三层交换机与路由器不能相互取代的原因。

三、操作题

某中等职业学校有教务处、学生处、教师办公室三个部门，学校网络使用的设备模拟为三层交换机（型号 3560）一台、二层交换机（型号 2960）一台、三台计算机、若干直通线和交叉线，三个部门要求使用不同的 VLAN，以提高安全性。

后来学校在同一地区设置招生实习处，使用一台路由器（型号 1841）和一台计算机模拟网络，要求学校的两个网络间配置 OSPF 路由，以实现网络连通。假如你是某通信公司的技术人员，请为学校组建网络，拓扑结构如图 8-9 所示。

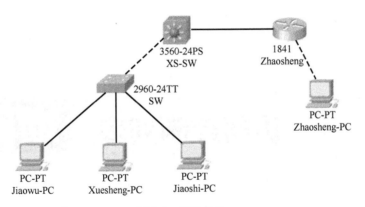

图 8-9　拓扑结构

访问控制列表 项目九

项目背景

　　企业网络在运行过程中，会面临网内、网外的很多攻击，如病毒攻击、恶意访问等，通过在三层交换机或路由器上配置访问控制列表过滤数据包，不但能有效抵御这些攻击，还能控制访问流量、提高网络性能，为网络访问提供一种基本安全手段，对企业网络起到很好的保护作用，目前被企业广泛应用。

学习目标

1. 知识目标

（1）理解访问控制列表的概念、分类、技术原理。

（2）掌握访问控制列表的匹配过程。

（3）掌握标准、扩展访问控制列表的配置方法及应用原则。

2. 技能目标

（1）能够完成标准访问控制列表的配置。

（2）能够完成扩展访问控制列表的配置。

任务一　标准访问控制列表

拓扑结构： 标准访问控制列表拓扑结构如图 9-1 所示。

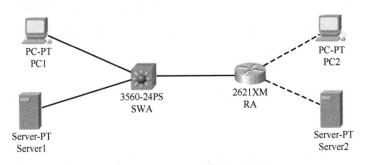

图 9-1　标准访问控制列表拓扑结构

所需设备： 三层交换机（型号 3560）一台、路由器（型号 2621）一台、计算机两台、服务器两台、直通线三根、交叉线两根。

规划 IP 地址：

计算机 PC1 的 IP 地址：192.168.1.1/24，网关为 192.168.1.254。

服务器 Server1 的 IP 地址：192.168.2.1/24，网关为 192.168.2.254。

计算机 PC2 的 IP 地址：192.168.4.1/24，网关为 192.168.4.254。

服务器 Server2 的 IP 地址：192.168.5.1/24，网关为 192.168.5.254。

交换机 SWA：VLAN 10 的 IP 地址为 192.168.1.254/24。VLAN 20 的 IP 地址为 192.168.2.254/24。

VLAN 30 的 IP 地址为 192.168.3.1/24。

路由器 RA：f 1/0 的 IP 地址为 192.168.3.2/24。f 0/0 的 IP 地址为 192.168.4.254/24。

f 0/1 的 IP 地址为 192.168.5.254/24。

设备连线：

计算机 PC1→交换机 SWA 的 f 0/1 端口，服务器 Server1→交换机 SWA 的 f 0/2 端口。

计算机 PC2→路由器 RA 的 f 0/0 端口，服务器 Server2→路由器 RA 的 f 0/1 端口。

交换机 SWA 的 f 0/24 端口→路由器 RA 的 f 1/0 端口。

任务要求

（1）在三层交换机和路由器上配置 OSPF 路由，以实现网络连通。

（2）利用标准访问控制列表拒绝网络 192.168.1.0/24 访问服务器 Server2。

（3）利用标准访问控制列表实现只允许计算机 PC2 访问服务器 Server1。

知识点链接

1. 访问控制列表

访问控制列表（Access Control List，ACL）是应用在路由器和三层交换机上的一系列规则，这些规则规定了路由器和三层交换机允许哪些数据包通过，拒绝哪些数据包通过，以此来防止黑客攻击网络、病毒侵袭，以及控制用户对网络的访问。

2. 访问控制列表的分类

在路由器和三层交换机上，根据过滤条件的不同将访问控制列表分为两类，分别是标准访问控制列表和扩展访问控制列表。

1）标准访问控制列表

仅根据数据包中的源地址来过滤数据包，允许或拒绝的是整个 TCP/IP 协议集，这样的访问控制列表称为标准访问控制列表。

2）扩展访问控制列表

根据数据包中的源 IP 地址、目的 IP 地址、协议、端口号等来过滤数据包的访问控制列表，这样的访问控制列表称为扩展访问控制列表。

3. 访问控制列表的技术原理

使用访问控制列表对数据包进行过滤，需要先在路由器或三层交换机上定义访问控制列表，此时，访问控制列表还不会起作用，要让其生效就需要在端口（或 VLAN）上应用定义好的访问控制列表。

在端口上应用访问控制列表时，可以在进入（in）和出来（out）两个方向上应用访问控制列表，但每个方向上只能应用一个。数据包的进入与出来是相对路由器而言的，如图 9-2 所示，进入指数据包从外部进入路由器，出来指数据包从路由器离开。

一个访问控制列表可能有多条控制语句，当数据包通过端口时，路由器或三层交换机会读取数据包中的相关信息，逐条匹配应用在端口上的访问控制列表中的语句，对数据包进行过滤。

图 9-2　访问控制列表在端口上的应用方向

4. 访问控制列表的匹配过程

访问控制列表的控制语句有两个动作，一个是允许（permit），即允许数据包通过；另一个是拒绝（deny），即拒绝数据包通过，匹配过程如下。

（1）如果访问控制列表应用在端口 in 的方向上，当数据包从端口进入路由器或三层交换机时，应用在端口 in 方向上的访问控制列表会对数据包进行过滤；如果访问控制列表应用在端口 out 的方向上，那么数据包从端口离开路由器或三层交换机时，应用在端口 out 方向上的访问控制列表会对数据包进行过滤。

（2）一个访问控制列表中可能有多条控制语句，路由器或三层交换机会对访问控制列表中的控制语句自上而下逐条匹配，如果数据包与一条 permit 语句相匹配，则允许该数据包通过；如果与一条 deny 语句相匹配，则拒绝该数据包通过。在匹配过程中，一旦前面的某条语句相匹配，那么后面的语句就会被忽略，不再检查。如果检查到最后一条语句后，还没有找到匹配的语句，则执行一条隐含的语句，拒绝任何数据包通过，数据包将会被丢弃。

（3）在访问控制列表的末尾总有一条隐含的 deny any 语句，是系统默认存在的，同样起作用，且不能修改。一定要注意，因为该语句是隐含的，容易被忽视，而出现无法访问的情况。

5. 标准访问控制列表

标准访问控制列表只根据数据包中的源地址过滤数据包，源地址可以是一台计算机、整个网络、特定网络上的计算机，以及任何计算机。

标准访问控制列表分为标准编号访问控制列表和标准命名访问控制列表，两者的区别在于访问控制列表的标识方法，一个使用编号标识，而另一个使用字符串标识。

6. 配置标准编号访问控制列表

标准编号访问控制列表的配置过程分为两步，定义标准编号访问控制列表和应用标准编号访问控制列表，如果只定义了标准编号访问控制列表而不在端口上应用，那么访问控制列表是不起作用的。

1）定义标准编号访问控制列表

在全局模式下定义标准编号访问控制列表，配置命令如下。

```
Router(config)#access-list 编号 permit|deny 源地址 通配屏蔽码
```

其中，编号的取值范围为 1 ~ 99 的整数值。

permit | deny 表示允许或拒绝满足条件的数据包通过。

源地址表示某个计算机地址或一组地址，使用通配屏蔽码对源地址进行匹配检查。

通配屏蔽码表示一个 32 位的二进制数，用于对源地址进行匹配检查，其中，0 表示检查相应的位，并且需要严格匹配，1 表示不检查相应的位，无须匹配。

例如，允许 172.16.0.0/16 这个网络使用通配屏蔽码 0.0.255.255，表示源 IP 地址二进制数的前 16 位需要检查和匹配，后 16 位不需要检查和匹配，符合条件的数据包允许或拒绝通过。通配屏蔽码中，用 11111111 11111111 11111111 11111111 表示源地址任何一位都不需要检查和匹配，用点分十进制数表示为 255.255.255.255；用 00000000 00000000 00000000 00000000 表示源地址每位都需要检查和匹配，用点分十进制数表示为 0.0.0.0，这样只能表示一个 IP 地址。

其他可用的参数是 any 和 host，用于 permit 或 deny 之后，any 表示任何 IP 地址的计算机，其通配屏蔽码是 255.255.255.255，可以省略；host 表示某个 IP 地址的计算机，其通配屏蔽码为 0.0.0.0，通常使用 host+IP 地址表示，通配屏蔽码可以省略。

例 1：定义编号为 1 的标准编号访问控制列表拒绝来自网络 192.168.1.0/24 的数据包通过，其他计算机或网络的数据包可以通过。

```
RA(config)#access-list 1 deny 192.168.1.0 0.0.0.255
RA(config)#access-list 1 permit any
```

注意：访问控制列表的末尾有一条隐含的 deny any 语句，这意味着其他数据包的源地址与任何允许语句都不匹配时，将拒绝任何数据包通过，因此，必须加上 permit any 语句，允许其他任何数据包通过。

另外，访问控制列表语句的执行顺序是由上而下的，如果将两条语句顺序颠倒，permit 语句在 deny 语句的前面，则不能过滤来自网络 192.168.1.0/24 的数据包，因为 permit 语句匹配成功，允许所有的数据包，后面的语句就不再匹配了。访问控制列表在执行语句时，只要有一条语句匹配成功，余下的语句将不再执行。

例 2：定义编号为 16 的标准编号访问控制列表，拒绝来自网络 192.168.0.0/24 ~ 192.168.255.0/24 的所有数据包通过，但允许来自网络 192.167.0.0/24 ~ 192.167.255.0/24 的所有数据包通过。

```
RA(config)#access-list 16 deny 192.168.0.0 0.0.255.255
RA(config)#access-list 16 permit 192.167.0.0 0.0.255.255
```

2）应用标准编号访问控制列表

需要将标准编号访问控制列表应用于某个端口或某个 VLAN 上，应用时可以选择进入或出来两个方向。设备外的数据包由端口进入设备时做访问控制，就是进入应用；设备内的数据包由端口出来做访问控制，就是出来应用，一个端口在一个方向上只能应用一个访问控制列表，在端口模式下，应用命令如下。

```
Router(config-if)#ip access-group 编号 in|out
```

其中，编号指的是前面定义的访问控制列表的编号，in 与 out 表示应用的方向。

如将编号为 16 的访问控制列表应用到路由器端口 f0/1 的进入方向。

```
RA(config)#int FastEthernet 0/1
RA(config-if)#ip access-group 16 in
```

3）显示标准编号访问控制列表

配置完标准编号访问控制列表后，要查看是否正确，可使用如下命令显示。

```
Router#show access-lists          //显示所有访问控制列表
Router#show access-lists 编号      //显示某个编号访问控制列表
```

4）删除标准编号访问控制列表

删除标准编号访问控制列表有两种方法，即删除某个编号访问控制列表和删除某个访问控制列表在端口上的应用。

（1）删除某个编号访问控制列表命令。

```
Router(config)#no access-list 编号
```

使用该命令可以删除此编号访问控制列表中的所有语句。

（2）删除某个访问控制列表在端口上的应用命令。

```
Router(config-if)#no ip access-group 编号 in|out
```

删除访问控制列表在端口上的应用时，不会删除访问控制列表，只会删除与端口的关联。

7. 配置标准命名访问控制列表

标准命名访问控制列表的配置过程分为两步，即定义标准命名访问控制列表和应用标准命名访问控制列表。

1）定义标准命名访问控制列表命令

```
Router(config)#ip access-list standard 名称
Router(config-std-nacl)#permit|deny 源地址 通配屏蔽码
```

其中，名称指访问控制列表的名称，由字符串组成，但不能出现空格。

2）应用标准命名访问控制列表命令

应用方法与标准编号访问控制列表相同，在此不再赘述。

3）显示标准命名访问控制列表

```
Switch#show access-lists 名称
```

> 注意：编号访问控制列表只要在端口上应用了，就不能再进行添加、删除控制语句，只能删除整个访问控制列表。而命名访问控制列表则可以随意添加和删除控制语句，而无须删除整个访问控制列表。

访问控制列表可以在路由器上配置，也可以在三层交换机上配置，其方法完全一样。

8. 标准访问控制列表的应用原则

当网络中有多台路由器或三层交换机时，定义访问控制列表后，应在离源地址尽可能远的端口上应用。

如图 9-3 所示，创建一条编号为 10 的标准访问控制列表拒绝计算机 PCA 访问计算机 PCC，最好将该访问控制列表应用在路由器 RC 的 f 0/0 端口 out 方向上，因为在此应用，计算机 PCA 依然可以访问其他网络。如果在路由器 RA 的 f 0/0 端口 in 的方向上应用，计算机 PCA 将不能再访问任何网络，这显然与要求不相符。

图 9-3　标准访问控制列表的应用规则

9. 标准访问控制列表的应用分析

网络拓扑结构如图 9-4 所示，网络中有两台路由器、两台二层交换机、四台计算机，以及端口与 IP 地址。

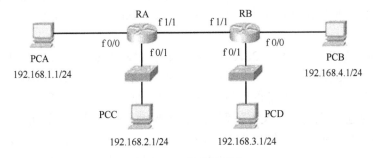

图 9-4　网络拓扑结构

例 1：只允许网络 192.168.2.0/24 中的计算机访问计算机 PCB，不允许其他计算机进行访问。

在路由器 RB 上配置如下标准访问控制列表。

```
RB(config)#access-list 1 permit 192.168.2.0 0.0.0.255
RB(config)#int FastEthernet 0/0
RB(config-if)#ip access-group 1 out
```

分析如下：

（1）配置编号为 1 的标准访问控制列表，其中 0.0.0.255 为通配屏蔽码，表示 192.168.2.0 二进制数前 24 位要严格匹配，后 8 位无须匹配。ip access-group 1 out 表示在 f 0/0 端口的 out 方向上应用访问控制列表。

（2）192.168.2.0/24 网络中的计算机 PCC 向计算机 PCB 发送数据包，目的地址为 192.168.4.1/24，源地址为 192.168.2.1/24，数据包经过路由器 RA，顺利进入路由器 RB，因为端口上没有应用访问控制列表。当数据包从路由器 RB 的 f 0/0 端口出来时，该端口在 out 方向上应用了访问控制列表，路由器需取出数据包的源地址，逐条匹配访问控制列表中的每条语句，第一条语句中的源地址与数据包中的源地址相同，匹配成功，因动作为 permit，于是允许数据包通过。这时，即使还有语句未匹配，也不用再匹配了，因为前面已经匹配成功。当计算机 PCB 发回应答数据包时，因端口没有应用访问控制列表，因此，应答数据包顺利到达计算机 PCC。

（3）假如有其他网络的计算机（192.168.1.1./24）向主要计算机 PCB 发送数据包，目的地址为 192.168.4.1/24，源地址为 192.168.1.1/24，当数据包从路由器 RB 的 f 0/0 端口出来时，路由器读取数据包中的源地址，逐条匹配访问控制列表中的每条语句，直到最后一条语句也没有匹配成功，此时并没有结束，而是继续匹配访问控制列表中最后隐藏的语句 deny any，匹配成功，数据包被拒绝通过。当计算机 PCB 发回应答数据包时，因端口没有应用访问控制列表，因此，应答数据包顺利到达计算机 PCA。

例 2：拒绝网络 192.168.3.0/24 中的计算机访问计算机 PCA，并允许其他计算机访问。

在路由器 RA 上配置如下标准访问控制列表。

```
RA(config)#access-list 2 deny 192.168.3.0 0.0.0.255
RA(config)#access-list 2 permit any
RA(config)#int FastEthernet 0/0
RA(config-if)#ip access-group 2 out
```

分析如下：

（1）访问控制列表中的第一条语句禁止源地址为 192.168.3.0/24 的数据包通过，第二条语句允许任何源地址的数据包通过。ip access-group 2 out 表示在 f 0/0 端口 out 方向上应用访问控制列表。

（2）计算机 PCD 向计算机 PCA 发送数据包，目的地址为 192.168.1.1/24，源地址为 192.168.3.1/24，当数据包从路由器 RA 的 f 0/0 端口出来时，路由器逐条匹配访问控制列表中的语句，发现第一条语句的源地址与数据包的源地址相同，匹配成功，动作为 deny，于是拒绝数据包通过。当计算机 PCA 发回应答数据包时会顺利到达计算机 PCD。

（3）假如有其他网络的计算机（192.168.2.1./24）向计算机 PCA 发送数据包，目的地址为 192.168.1.1/24，源地址为 192.168.2.1/24，数据包从路由器 RA 的 f 0/0 端口出来时，路由器匹配每条语句，第二条语句匹配成功，动作是 permit，因此数据包被允许通过。

（1）在路由器 RA 上配置标准编号访问控制列表，拒绝网络 192.168.1.0/24 访问服务器 Server2，并在 f 0/0 端口 out 方向上应用。

（2）在三层交换机上配置标准命名访问控制列表，允许计算机 PC2 访问服务器 Server1，拒绝其他任何计算机访问，并在 VLAN 20 的 out 方向上应用。

任务实施

1）绘制拓扑结构

绘制拓扑结构（见图 9-1），配置计算机的 IP 地址与网关。

2）设置 IP 地址，配置 OSPF 路由

在三层交换机 SWA 上创建 VLAN，设置 IP 地址，并配置 OSPF 路由。

```
Switch>en
Switch#conf t
Switch(config)#hostname SWA
SWA(config)#vlan 10
SWA(config-vlan)#exit
SWA(config)#vlan 20
SWA(config-vlan)#exit
SWA(config)#vlan 30
SWA(config-vlan)#exit
SWA(config)#int f 0/1
SWA(config-if)#switchport access vlan 10
SWA(config-if)#exit
SWA(config)#int f 0/2
SWA(config-if)#switchport access vlan 20
SWA(config-if)#exit
SWA(config)#int f 0/24
SWA(config-if)#switchport access vlan 30
SWA(config-if)#exit
SWA(config)#int vlan 10
SWA(config-if)#ip address 192.168.1.254 255.255.255.0
SWA(config-if)#no shut
SWA(config-if)#exit
SWA(config)#int vlan 20
SWA(config-if)#ip address 192.168.2.254 255.255.255.0
SWA(config-if)#no shut
SWA(config-if)#exit
SWA(config)#int vlan 30
SWA(config-if)#ip address 192.168.3.1 255.255.255.0
SWA(config-if)#no shut
SWA(config-if)#exit
SWA(config)#router ospf 1
SWA(config-router)#network 192.168.1.0 0.0.0.255 area 0
SWA(config-router)#network 192.168.2.0 0.0.0.255 area 0
SWA(config-router)#network 192.168.3.0 0.0.0.255 area 0
```

3）配置路由器 RA 的端口与 OSPF 路由

```
Router>en
```

```
Router#conf t
Router(config)#hostname RA
RA(config)#int f 0/0
RA(config-if)#ip address 192.168.4.254 255.255.255.0
RA(config-if)#no shut
RA(config-if)#int f 0/1
RA(config-if)#ip address 192.168.5.254 255.255.255.0
RA(config-if)#no shut
RA(config-if)#exit
RA(config)#int f 1/0
RA(config-if)#ip address 192.168.3.2 255.255.255.0
RA(config-if)#no shut
RA(config-if)#exit
RA(config)#router ospf 1
RA(config-router)#network 192.168.3.0 0.0.0.255 area 0
RA(config-router)#network 192.168.4.0 0.0.0.255 area 0
RA(config-router)#network 192.168.5.0 0.0.0.255 area 0
```

4）测试

在计算机 PC1、计算机 PC2、服务器 Server1 和服务器 Server2 之间能够连通。

5）拒绝网络访问服务器

配置标准编号访问控制列表，拒绝网络 192.168.1.0/24 访问服务器 Server2。

```
RA(config)#access-list 1 deny 192.168.1.0 0.0.0.255 //拒绝网络
192.168.1.0/24访问Server2
RA(config)#access-list 1 permit any //允许其他网络或计算机访问服务器Server2
RA(config)#int f 0/1
RA(config-if)#ip access-group 1 out //在f 0/1端口out方向上应用访问控制列表
RA#show access-lists //显示访问控制列表
Standard IP access list 1
10 deny 192.168.1.0 0.0.0.255
20 permit any (8 match(es))
```
可以看到定义的标准访问控制列表，其中 10、20 表示访问控制列表的位置序号。

```
SWA#show run
```
可以看到定义的标准访问控制列表在 f 0/1 端口上的应用，如图 9-5 所示。

6）允许计算机访问服务器

配置标准编号访问控制列表，只允许计算机 PC2 能访问服务器 Server1。

```
SWA(config)#ip access-list standard permit_192.168.4.1
//创建命名访问控制列表
SWA(config-std-nacl)#permit host 192.168.4.1 //允许计算机
192.168.4.1访问
SWA(config-std-nacl)#deny any
SWA(config-std-nacl)#exit
SWA(config)#int vlan 20
SWA(config-if)#ip access-group permit_192.168.4.1 out //在VLAN 20上应
//用访问控制列表
SWA(config-if)#end
SWA#show run
```
可以看到创建的访问控制列表 permit_192.168.4.1，以及在 VLAN 20 中的应用情况，如图 9-6 所示。

图 9-5 访问控制列表与在 f 0/1 端口上的应用

图 9-6 访问控制列表的创建与应用情况

7）故障诊断

如果没有达到拒绝或允许数据包通过的目的，可能是访问控制列表语句错误或应用位置、方向的错误。

任务二 扩展访问控制列表

拓扑结构： 扩展访问控制列表拓扑结构如图 9-7 所示。

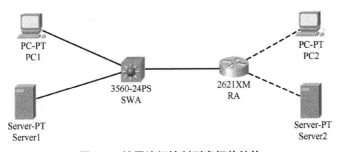

图 9-7 扩展访问控制列表拓扑结构

所需设备： 与任务一相同。

规划 IP 地址： 与任务一相同。

设备连线： 与任务一相同。

任务要求

（1）在三层交换机和路由器上配置 OSPF 路由，以实现网络连通。

（2）配置扩展访问控制列表，以禁止网络 192.168.1.0/24 访问服务器 Server2 上的 WWW 服务。

（3）配置名称为 deny_host 的扩展访问控制列表，以禁止 IP 地址为 192.168.4.1/24 的计算机 ping 服务器 Server1。

知识点链接

1. 扩展访问控制列表

标准访问控制列表只根据数据包的源地址过滤数据包，而且允许或拒绝整个 TCP/IP 协议集，这个过滤条件太过简单。如果要更加精确地过滤数据包，则需要使用扩展访问控制列表，配置扩展访问控制列表后，路由器或三层交换机可依据源 IP 地址、目的 IP 地址、协议及端口号过滤数据包，并允许或拒绝符合条件的数据包。

扩展访问控制列表分为扩展编号访问控制列表和扩展命名访问控制列表。

2. 扩展编号访问控制列表的配置

扩展编号访问控制列表的配置分为定义扩展编号访问控制列表和应用扩展编号访问控制列表两个步骤。

1）定义扩展编号访问控制列表

在全局配置模式下，扩展编号访问控制列表的定义命令如下。

```
Switch(config)#access-list 编号 permit|deny 协议 源地址 通配屏蔽码 操作符
源端口号 目的地址 通配屏蔽码 操作符 目的端口号
```

其中，编号的取值范围为 100 ~ 199 的整数值。

permit|deny 指访问控制列表是允许还是拒绝满足条件的数据包通过。

协议指通过协议来控制数据包，可以指定为 0 ~ 255 的任意协议号，对于常见协议（如 IP、TCP 和 UDP 等）直接使用协议名。

源地址指某个计算机地址或一组地址，使用通配屏蔽码对源地址进行匹配检查。

通配屏蔽码与标准访问控制列表的使用方法完全相同，在此不再赘述。

操作符指对端口号进行的运算，包括扩展访问控制列表支持的操作符及语法如表 9-1 所示。

表 9-1　扩展访问控制列表操作符及语法

操作符及语法	意　义
eq 端口号	等于指定的端口号
gt 端口号	大于指定的端口号
lt 端口号	小于指定的端口号
neq 端口号	指定端口之外的端口
range 的端口号 1 和端口号 2	介于端口号 1 和端口号 2 之间的端口

端口号用于指定端口的范围，默认全部端口号为 0 ~ 65535，只有 TCP 和 UDP 需要指定端口号。在指定端口号时，对于部分常见的端口，可以用相应的助记符来代替端口号，如表 9-2 所示。

目的地址指数据包要到达的 IP 地址。

表 9-2　常用端口号与助记符

端 口 号	助 记 符	说　　明	协　　议
21	ftp	文件传输协议	TCP
20	-	文件传输协议（数据）	TCP
23	telnet	远程登录协议	TCP
80	www	超文本传输协议	TCP
110	pop3	邮件协议	TCP
443	-	超文本传输安全协议	TCP
16	snmp	简单网络管理协议	UDP
53	domain	域名解析协议	UDP
7	echo	应答协议	ICMP

例 1：拒绝网络 172.16.3.0/24 中的计算机访问网络 172.16.11.0/24 中的计算机。

```
R(config)#access-list 101 deny ip 172.16.3.0 0.0.0.255 172.16.11.0
0.0.0.255
R(config)#access-list 101 permit ip any any
```

例 2：互联网中的计算机只能访问 FTP 服务器（200.1.1.2/24）中的 FTP 服务。

```
R(config)#access-list 102 permit tcp any host 200.1.1.2 eq 20
R(config)#access-list 102 permit tcp any host 200.1.1.2 eq 21
```

2）应用扩展编号访问控制列表

应用扩展编号访问控制列表与标准访问控制列表的方法相同，在此不再赘述。

3. 扩展命名访问控制列表的配置

扩展命名访问控制列表的配置分为定义扩展命名访问控制列表和应用扩展命名访问控制列表两个步骤。

1）定义扩展命名访问控制列表

命令格式如下。

```
Switch(config)#ip access-list extended 规则名称
Switch (config-ext-nacl)#permit | deny 协议 源地址 通配屏蔽码 操作符 源端口号
目的地址 通配屏蔽码 操作符 目的端口号
```

其中，名称指访问控制列表的名称。其他参数与扩展编号访问控制列表命令中的相同，在此不再赘述。

例如，在三层交换机上，配置访问控制列表拒绝网络 172.16.3.0/24 访问 IP 地址为 172.16.4.1/24 服务器上的 Web 服务。

```
Switch (config)#ip access-list extended no_enter_80
Switch(config-ext-nacl)#deny tcp 172.16.3.0 0.0.0.255 host 172.16.4.1 eq
www
Switch(config-ext-nacl)#permit ip any any
```

2）应用扩展命名访问控制列表

应用扩展命名访问控制列表与应用标准访问控制列表的方法相同。

4. 扩展访问控制列表的应用原则

当网络中有多台路由器或三层交换机时，定义扩展访问控制列表后，应该在离源地址尽可能近的端口上应用，如图9-8所示。

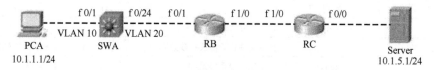

图 9-8　扩展访问控制列表的应用原则

创建一条编号为 101 的扩展访问控制列表,拒绝计算机 PCA 访问服务器 Server 的 Web 服务,最好在交换机 SWA 的 VLAN 10 的 in 方向上应用。因为扩展访问控制列表能够根据协议、目的地址、源地址和端口等过滤数据包,早过滤有利于节约带宽。

5. 标准访问控制列表应用分析

网络中有一台路由器、三台二层交换机、两台计算机和一台服务器,网络拓扑结构如图 9-9 所示。

例1:禁止网络10.1.1.0/24中的计算机访问计算机 PC2,允许其他计算机访问。

在路由器上配置如下访问控制列表。

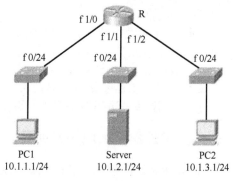

```
    Router(config)#access-list 101 deny
ip 10.1.1.0 0.0.0.255 host 10.1.3.1
    Router(config)#access-list 101
permit ip any any
    RA(config)#int f 1/0
    RA(config-if)#ip access-group 101 in
```

分析:计算机 PC1 发送数据包给计算机 PC2,当数据包从 f1/0 端口进入路由器时,因端口应用了访问控制列表,路由器将逐条匹配访问控制列表中的语句,当匹配到第一条时,发现源地址、目的地址、协议与数据包中的源地址、目的地址相同,即匹配成功,于是拒绝数据包通过,这时虽然还有其他语句,但也不用再匹配了。计算机 PC2 的应答数据包因端口没有应用访问控制列表可顺利到达计算机 PC1。

图 9-9　网络拓扑结构

例2:不允许计算机 PC2访问服务器 Server 上的网站和其他服务,而只允许网络 10.1.3.0/24中的其他计算机访问 Server 上的网站,但不允许访问其他服务。

在路由器上配置如下扩展访问控制列表。

```
    Router(config)#access-list 102 deny tcp host 10.1.3.1 host 10.1.2.1 eq
www
    Router(config)#access-list 102 permit tcp 10.1.3.0 0.0.0.255 host
10.1.2.1 eq www
    Router(config)#int f 1/2
    Router(config-if)#ip access-group 102 in
```

分析:第一条语句禁止计算机 PC2 访问服务 Server 的网站,第二条语句允许网络 10.1.3.0/24 访问 Server 的网站,当网络 10.1.3.0/24 中的计算机访问网站时,如果是计算机 PC2 则会匹配第一条语句,被拒绝访问;而其他计算机访问时,匹配第二条语句,则允许访问,语句最后隐藏有 deny ip any any,因此其他任何访问都会被禁止。

任务分析

（1）配置扩展访问控制列表禁止网络 192.168.1.0/24 访问服务器 Server2 上的 WWW 服务。

定义编号为 101 的扩展访问控制列表的第一条语句，动作为 deny，协议为 tcp，源地址为 192.168.1.0/24，目的地址为 192.168.5.1，目的端口号为 80；第二条语句配置任何计算机都可以进行访问。

（2）配置名称为 deny_host 的扩展访问控制列表，禁止 IP 地址为 192.168.4.1/24 的计算机 ping 服务器 Server1。

定义扩展访问控制列表的第一条语句，拒绝协议为 ICMP、源地址为 192.168.4.1、目的地址为 192.168.2.1、访问 7 端口（助记符为 echo）的数据包通过；第二条语句配置任何计算机都可以访问。

任务实施

1）全网连通

参照任务一中任务实施的第 1 步～第 6 步进行配置，使全网连通。

2）禁止访问服务器

禁止网络 192.168.1.0/24 访问服务器 Server2 上的 WWW 服务。

（1）设置 HTTP 服务。单击服务器 Server2 图标，切换到"服务"选项卡，在左侧选择"HTTP"的"开"选项，在列表"index.html"行选择"edit"选项，打开网页，将文本"Welcome to Cisco Packet Tracer. Opening doors to new opportunities. Mind Wide Open."替换为"欢迎访问！"，如图 9-10 所示，单击"保存"按钮。

（2）单击计算机 PC1 图标，切换到"桌面"选项卡，选择"网页浏览器"选项，输入网址为 http://192.168.5.1，单击"前往"按钮，打开网页，如图 9-11 所示，便可进行正常访问。

图 9-10　修改 index.html 文件

图 9-11　计算机访问网站

（3）在三层交换机上配置编号访问控制列表。

```
SWA#conf t
SWA(config)#access-list 101 deny tcp 192.168.1.0 0.0.0.255 host
192.168.5.1 eq 80
SWA(config)#access-list 101 permit ip any any
SWA(config)#int vlan 10
SWA(config-if)#ip access-group 101 in  //在端口in的方向上应用访问控制列表
SWA(config-if)#end
SWA#show ip access-lists    //显示访问控制列表
Extended IP access list 101
10 deny tcp 192.168.1.0 0.0.0.255 host 192.168.5.1 eq www
20 permit tcp any host 192.168.5.1 eq www
```

可以看到定义的访问控制列表。

```
SWA#show run
```

可以看到定义的访问控制列表在 VLAN 10 上的应用。

（4）测试。再次在计算机 PC1 的浏览器中输入网址 http://192.168.5.1，单击"前往"按钮，网页显示请求超时。因在计算机 PC2 中测试是正常的，说明扩展访问控制列表配置起作用了。

3）禁止 ping 服务器

禁止 IP 地址为 192.168.4.1/24 的计算机 ping 服务器 Server1。

（1）在路由器上配置扩展命名访问控制列表。

```
RA(config)#ip access-list extend deny_host  //定义名称为deny_host的访问控
制列表
RA(config-ext-nacl)#deny icmp host 192.168.4.1 host 192.168.2.1 echo
RA(config-ext-nacl)#permit ip any any
RA(config-ext-nacl)#exit
RA(config)#int f 0/0
RA(config-if)#ip access-group deny_host in  //在端口in的方向上应用
RA(config-ext-nacl)#end
RA#show ip access-lists    //显示访问控制列表
Extended IP access list deny_echo
10 permit tcp host 192.168.4.1 host 192.168.2.1 eq 7
20 deny ip any any
```

可以看到定义的访问控制列表。

```
SWA#show run
```

可以看到定义的扩展访问控制列表在 f 0/0 端口上的应用。

（2）在计算机 PC2 中 ping 服务器 Server1 的 IP 地址，此时显示数据包无法到达，而其他计算机依然可以 ping 通。

4）故障诊断

如果没有达到拒绝或允许数据包的目的，可能是访问控制列表语句错误或应用的位置、方向错误。

本项目补充任务

电子课件

项 目 评 价

学生		级班	星期	日期			
项目名称		访问控制列表				组长	
评价内容		主要评价标准			分数	组长评价	教师评价
任务一		能够正确配置标准访问控制列表			50分		
任务二		能够正确配置扩展访问控制列表			50分		
总　分					合计		
项目总结 （心得体会）							

说明：（1）从设备选择、设备连线、设备配置、连通测试等方面对任务进行评价。

　　　　（2）满分为100分，总分=组长评价×40%+教师评价×60%。

项 目 习 题

一、填空题

1. _____是应用在路由器和三层交换机端口上的一系列规则，这些规则告诉路由器和三层交换机哪些数据包允许通过，哪些数据包拒绝通过。

2. 根据过滤条件的不同，访问控制列表分为两类，分别是标准访问控制列表和_____。

3. 当网络中有多台路由器或三层交换机时，定义了标准访问控制列表后，应该在离源地址尽可能____的端口上应用。

4. 当网络中有多台路由器或三层交换机时，定义了扩展访问控制列表后，应该在离源地址尽可能____的端口上应用。

二、简答题

1. 简述访问控制列表的匹配过程。
2. 扩展访问控制列表可以根据哪些项来过滤数据包。

三、操作题

某小学为实现网上教学、办公，以及丰富学生的课外生活组建了校园网，校园网主要由四个部分组成，即教师、职员、教室和学生，每个部分一个 VLAN，拓扑结构如图9-12所示。有三层交换机一台、二层交换机两台、计算机四台、服务器一台、交叉线若干、直通线若干。

　　另外，学校有一台服务器用于发布网站和 FTP 文件，要求职员不能访问服务器，教师可以访问服务器的网站和 FTP 文件，学生只能访问网站，不能访问其他服务。

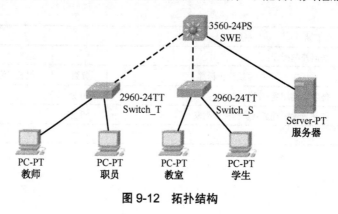

图 9-12　拓扑结构

广域网协议封装与认证 项目十

项目背景

　　企业组建局域网后都要接入广域网，在接入广域网过程中有多种数据链路层协议可以使用，但使用最广泛的是点对点协议（Point to Point Protocol，PPP），它不但能够将局域网接入广域网，还能兼容不同厂商的设备，同时它还提供了两种认证方式，以确保数据在传输过程中的安全性。

学习目标

1. 知识目标

（1）理解 PPP 及其组成、帧结构。
（2）理解 PPP 会话建立的过程。
（3）理解 PAP 认证、CHAP 认证及其特点。
（4）掌握 PPP 封装、PAP 认证、CHAP 认证的配置方法。

2. 技能目标

（1）能够完成 PPP 封装的配置。
（2）能够完成 PAP 单向、双向认证的配置。
（3）能够完成 CHAP 单向、双向认证的配置。

任务一　PPP

拓扑结构： PPP 拓扑结构如图 10-1 所示。

所需设备： 路由器（型号 1841）两台、V.35 线一根。

规划 IP 地址：

路由器 RA 端口 s0/0/0 的 IP 地址：192.168.0.1/24。

路由器 RB 端口 s0/0/0 的 IP 地址：192.168.0.2/24。

图 10-1　PPP 拓扑结构

设备连线：

路由器 RA 端口 s0/0/0→路由器 RB 端口 s0/0/0。

任务要求

在路由器 RA 和路由器 RB 的 s0/0/0 端口上封装 PPP。

知识点链接

1. 广域网连接

市场上有多种广域网接入技术，如包交换、租用线路、电路交换等。

1）包交换

包交换使用的不是专用线路，而是与其他公司共享带宽，这样可以降低成本。如果企业使用的网络不多，只是偶发性地传输数据，可以考虑使用包交换，其速度可达 45Mbit/s。

2）租用线路

租用线路指提供从局域网到广域网点到点连接或专线连接。租用线路旁路了本地交换电信局上的交换设备，所以在每次数据传输之前无须起始阶段，它们总是连通的，且速率比包交换要高得多。当不考虑成本时，它是最好的选择。租用线路通常使用 HDLC 协议或 PPP 封装。

3）电路交换

电路交换最大的优势是成本低，只需要为真正占用的时间付费，在建立端到端连接前不能传输数据。电路交换使用拨号调制解调器或综合业务数字网（ISDN），数据传输的带宽较低，目前已经少有用户使用了。

HDLC 协议是高级数据链路控制协议（High-level Data Link Control）的简称，是面向位的数据链路层协议。它使用帧特性、校验和规定数据在同步串行数据链路上的封装方法，用于租用线路的点到点协议，没有任何认证，很不安全。另外，每个厂商的 HDLC 协议都是专用的，不能和其他厂商通信，思科也不例外。如果网络中的路由器要连接不同厂商的路由器，需要使用 PPP。

2. PPP 简介

PPP（Point to Point Protocol，点对点协议）是目前使用最广泛的广域网协议，可以用于异步串行和同步串行通信。它分为链路控制协议（Link Control Protocol，LCP）和网络控制协议（Network Control Protocol，NCP），LCP 用于链路的建立和维护；NCP 用于支持多种网络层协议（被动路由协议）。PPP 不是一个专用的协议，如果网络中的路由器是不同厂商的，为了保证路由器间能正常通信，就需要在串行端口上封装 PPP。

1）PPP 的功能

PPP 由三部分功能组成。

（1）封装 IP 数据包到串行链路。

（2）建立、配置和维护数据链路的连接。

（3）建立与配置不同网络层的协议，允许同时使用多个网络层协议，如 IP、IPCP、BCP 等。

2）PPP 数据帧格式

PPP 数据帧格式如图 10-2 所示。

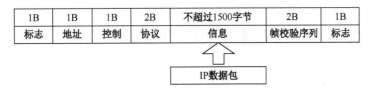

1B	1B	1B	2B	不超过1500字节	2B	1B
标志	地址	控制	协议	信息	帧校验序列	标志

IP数据包

图 10-2　PPP 数据帧格式

标志：固定为 0x7E，标志一个帧的开始或结束，连续两个帧之间只需要一个标志字段。如果出现连续两个标志字段，则表示这是一个空帧。

地址：固定不变，为 0xFF。

控制：固定不变，为 0x03，表示用户数据采用无序帧方式传输。

协议：用于标识被封装在数据帧中数据字段里的协议类型，如下所示。

0x0021 信息字段是 IP 数据包；

0xC021 信息字段是链路控制协议 LCP；

0x8021 信息字段是网络控制协议 NCP；

0xC023 信息字段是安全性认证 PAP；

0xC025 信息字段是 LQR；

0xC223 信息字段是安全性认证 CHAP。

数据字段：长度为 0 或多字节，它包含符合协议字段中指定协议的数据，该字段的最大长度默认值是 1500 字节。

帧校验序列：长度为 2 字节，使用 CRC 的帧检验序列 FCS。

3. PPP 会话建立的过程

PPP 提供了建立、配置、维护和终止的点到点连接方法，从开始连接到通信，再到最后终止链路，分为四个阶段，如图 10-3 所示。

PPP会话建立的过程
第一阶段：建立PPP链路；
第二阶段：认证；
第三阶段：网络层协议配置协调；
第四阶段：链路终止阶段。

图 10-3　PPP 会话建立的过程

第一阶段：建立 PPP 链路。

由 LCP 负责创建链路、选择基本的通信方式。通信方通过 LCP 向对方发送配置信息报文，当接收到配置成功信息后，进入 LCP 开启的状态。该阶段只是对认证协议进行选择，认证将在第二阶段进行。

第二阶段：认证。

在该阶段如果配置了认证，那么将进行认证。在认证完成之前，禁止从认证阶段进入网络层协议配置协调阶段。如果认证失败，应该跃迁到链路终止阶段。该阶段只有链路控制协议、认证协议和链路质量监视协议的数据包是被允许的，接收的其他数据包必须被丢弃。

第三阶段：网络层协议配置协调。

PPP 使用网络控制协议，允许封装成多种网络协议，并在 PPP 数据链路上发送。如果在该阶段收到了配置请求报文，则又会返回链路建立阶段。经过这三个阶段后，一条完整的 PPP 链路就建立起来了。

第四阶段：链路终止阶段。

当授权失败、链路质量检测失败或人为关闭链路等情况发生时，会导致链路终止。

4. 封装 PPP 的配置

路由器串行端口默认封装的是 HDLC 协议，如果要封装 PPP，需使用如下命令进行配置。

```
Router(config-if)#interface 串口
Router(config-if)#encapsulation ppp
```

配置时，在两个串口上都需要配置，另外，串行端口上除可以封装 PPP 外，还可以封装高级数据链路控制协议（HDLC）、帧中继链路协议（Frame-relay）、X.25 分组交换协议等。

5. PPP 认证方法

如果串口上封装的是 HDLC 协议，则是无法认证的，数据直接进行传输。如果封装的是 PPP，则可以通过认证确保数据传输的安装。PPP 提供了两种认证方法，分别是密码认证协议（PAP）和挑战握手认证协议（CHAP）。

任务实施

1）绘制拓扑结构

绘制拓扑结构（见图 10-1），配置计算机的 IP 地址与网关。

2）配置路由器 RA

```
Router>en
Router#conf t
Router(config)#hostname RA
RA(config)#int s0/0/0
RA(config-if)#ip address 192.168.0.1 255.255.255.0
```

```
RA(config-if)#clock rate 64000
RA(config-if)#no shut
RA(config-if)#encapsulation ppp  //封装PPP
RA(config-if)#end
RA#show interfaces s0/0/0  //显示端口信息
```

如图 10-4 所示，显示的信息中"Encapsulation PPP"表示该串口封装的是 PPP；"LCP Open"表示 LCP 是开启的，已经完成了协商，会话已建立并正常运行；"Open: IPCP, CDPCP"表示 IPCP 与 CDPCP 状态为开启。

3）配置路由器 RB

```
Router>en
Router#conf t
Router(config)#hostname RB
RB(config)#int s 0/0/0
RB(config-if)#ip address 192.168.0.2 255.255.255.0
RB(config-if)#no shut
RB(config-if)#encapsulation ppp  //封装PPP
RB(config-if)#end
RB#show interfaces s0/0/0  //显示端口信息
```

如图 10-5 所示，显示的信息与路由器 RA 一致，在此不再赘述。

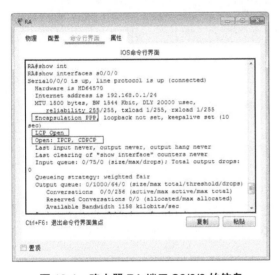

图 10-4　路由器 RA 端口 S0/0/0 的信息

图 10-5　路由器 RB 端口 S0/0/0 的信息

4）测试

从路由器 RA 中 ping 路由器 RB，能正常连通。

> **注意：**如果相连的两个串口封装不同的广域网协议，如一个是 PPP，另一个是 HDLC协议，则路由器间无法创建链路，即两个串口间无法连通。

任务二 PAP 认证

拓扑结构： PAP 认证拓扑结构如图 10-6 所示。

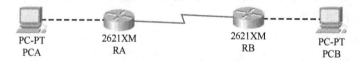

PC-PT	2621XM	2621XM	PC-PT
PCA	RA	RB	PCB

图 10-6　PAP 认证拓扑结构

所需设备： 路由器（型号 2621）两台、计算机两台、V.35 线一根、交叉线两根。

规划 IP 地址：

计算机 PCA 的 IP 地址：172.21.1.1/16，网关为 172.21.1.254。

计算机 PCB 的 IP 地址：172.23.1.1/16，网关为 172.23.1.254。

路由器 RA 端口 s0/0 的 IP 地址：172.22.3.1/16。

路由器 RB 端口 s0/0 的 IP 地址：172.22.3.2/16。

设备连线：

路由器 RA s0/0 端口→路由器 RB s0/0 端口。

任务要求

> 在路由器 RA 和路由器 RB 的 s0/0 上封装 PPP，并配置双向 PAP 认证。

知识点链接

1. PAP 认证

PAP 认证只在链路建立的初期进行，需要两次信息交换，因此被称为"两次握手"。它的缺点是用户名和密码为明文发送，安全性不高；优点是认证只在链路建立初期进行，节省了带宽。

2. PAP 认证的过程

认证双方的串口都需要封装 PPP，且链路在物理层已经激活。双方开始认证，认证过程如图 10-7 所示，先是被认证方向认证方不停地发送认证请求报文，请求报文中携带用户名（通常是设备名称）和密码。认证方收到该请求报文后，将用户名和密码与本地数据库中的用户名和密码信息进行比较，如果匹配，则会向被认证方发送响应报文，告诉被认证方认证通过，进入网络层协议配置协调阶段；反之，不发送响应报文，

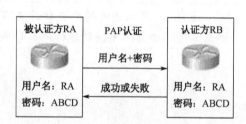

图 10-7　PAP 认证的过程

如果双方都配置为认证方，则需要双方的两个单向认证过程后，才可以进入网络层协议配置协调阶段。

3. PAP 认证的配置

PAP 认证需要先在两个串口上封装 PPP，再进行 PAP 认证配置。PAP 认证有认证方和被认证方，假设被认证方是路由器 RA，认证方是路由器 RB。

1）认证方的配置

（1）在认证方路由器的本地数据库创建被认证方（远端路由器）的用户名和密码，在全局模式下配置命令如下。

```
RB(config)#username 用户名 password 密码
```

其中，用户名一般为路由器的名称。如果要从数据库中删除用户名和密码，在命令前加 no 即可。

（2）在认证方路由器 RB 上配置认证方式，配置命令如下。

```
RB(config-if)#interface 串口
RB(config-if)#ppp authentication pap    //配置认证方式
```

如果要删除认证，在命令前加 no 即可。

2）被认证方的配置

需要在被认证方路由器 RA 上配置发送的用户名和密码，注意要与认证方本地数据库中创建的用户名和密码一致。否则无法认证，配置命令如下。

```
RA(config)#ppp pap sent-username 用户名 password 密码
```

3）查看认证过程

认证双方配置完成后，可以在认证方和被认证方查看认证过程，其命令如下。

```
Router#debug ppp authentication
```

如果要结束认证过程，可以使用命令 no debug ppp authentication。

任务分析

（1）配置双向认证指路由器 RA 作为被认证方时，路由器 RB 则作为认证方；路由器 RB 作为被认证方时，路由器 RA 则作为认证方。

（2）路由器 RB 作为认证方时，用户名为 RA，密码为 ABCD；路由器 RA 作为认证方时，用户名为 RB，密码为 ABCD。

任务实施

1）绘制拓扑结构

绘制拓扑结构（见图 10-6）。

2）配置计算机的 IP 地址与网关

计算机 PCA 的 IP 地址：172.21.1.1/16，网关为 172.21.1.254。

计算机 PCB 的 IP 地址：172.23.1.1/16，网关为 172.23.1.254。

3）配置路由器 RA

```
Router>en
Router#conf t
Router(config)#hostname RA
RA(config)#int f 0/0
```

```
RA(config-if)#ip address 172.21.1.254 255.255.0.0
RA(config-if)#no shut
RA(config-if)#exit
RA(config)#int s0/0
RA(config-if)#ip address 172.22.1.1 255.255.0.0
RA(config-if)#clock rate 64000
RA(config-if)#encapsulation ppp    //封装PPP
RA(config-if)#no shut
RA(config-if)#exit
RA(config)#ip route 172.23.0.0 255.255.0.0 172.22.1.2
RA(config)#exit
RA#show ip interface brief        //查看各端口的IP地址
Interface      IP-Address    OK?   Method  Status   Protocol
FastEthernet0/0 172.21.1.254  YES   manual   up       up
Serial0/0       172.22.1.1    YES   manual   up       up
RA#show ip route        //查看路由信息
…
C   172.21.0.0/16 is directly connected, FastEthernet0/0
172.22.0.0/16 is variably subnetted, 2 subnets, 2 masks
C   172.22.0.0/16 is directly connected, Serial0/0
C   172.22.1.2/32 is directly connected, Serial0/0
S   172.23.0.0/16 [1/0] via 172.22.1.2
```

4) 配置路由器 RB

```
Router>en
Router#conf t
Router(config)#hostname RB
RB(config)#int f 0/0
RB(config-if)#ip address 172.23.1.254 255.255.0.0
RB(config-if)#no shut
RB(config-if)#exit
RB(config)#int s 0/0
RB(config-if)#ip address 172.22.1.2 255.255.0.0
RB(config-if)#encapsulation ppp    //封装PPP
RB(config-if)#no shut
RB(config-if)#exit
RB(config)#ip route 172.21.0.0 255.255.0.0 172.22.1.1
RB(config)#exit
RB#show ip interface brief          //查看各端口的IP地址
Interface      IP-Address    OK?   Method  Status   Protocol
FastEthernet0/0 172.23.1.254  YES   manual   up       up
Serial0/0       172.22.1.2    YES   manual   up       up
RB#show ip route        //查看路由信息
…
S   172.21.0.0/16 [1/0] via 172.22.1.1
172.22.0.0/16 is variably subnetted, 2 subnets, 2 masks
C   172.22.0.0/16 is directly connected, Serial0/0
C   172.22.1.1/32 is directly connected, Serial0/0
C   172.23.0.0/16 is directly connected, FastEthernet0/0
```

5) 测试

此时，从计算机 PCA 中 ping 计算机 PCB，能够连通。

6）**路由器 RA 作为被认证方，路由器 RB 作为认证方**

（1）配置被认证方路由器 RA。

```
RA#conf t
RA(config)#int s0/0
RA(config-if)#ppp pap sent-username RA password abcd  //配置被认证方的用
户名和密码
```

（2）配置认证方路由器 RB。

```
RB#conf t
RB(config)#username RA password abcd      //配置数据库中的用户名和密码
RB(config)#int s 0/0
RB(config-if)#ppp authentication pap      //配置认证方式为PAP
```

7）**路由器 RB 作为被认证方，路由器 RA 作为认证方**

（1）配置认证方路由器 RA。

```
RA(config-if)#ppp authentication pap      //配置认证方式为PAP
RA(config-if)#exit
RA(config)#username RB password abcd      //配置数据库中的用户名和密码
RA(config)#end
```

（2）配置被认证方路由器 RB。

```
RB(config-if)#ppp pap sent-username RB password abcd  //配置被认证方的用
户名和密码
RB(config-if)#end
```

配置完成后，如果认证成功，认证方与被认证方都会提示"%LINEPROTO-5-UPDOWN:
Line protocol on Interface Serial0/0, changed state to up"的信息。

8）**查看信息**

（1）查看路由器 RA 的认证配置信息。

```
RA#show run
```

可以看到路由器 RA 的配置认证信息，如图 10-8 所示。

（2）查看路由器 RB 的认证配置信息。

```
RB#show run
```

可以看到路由器 RB 的配置认证信息，如图 10-9 所示。

图 10-8　路由器 RA 配置的认证信息

图 10-9　路由器 RB 配置的认证信息

9）查看认证过程

PAP 认证只有链路建立初期才能进行，当链路成功建立后，就不再认证，因此查看认证只能在链路建立初期。

（1）查看路由器 RA 的认证过程。

```
RA#debug ppp authentication   //查看认证过程
PPP authentication debugging is on
Serial0/0 Using hostname from interface PAP   //从Serial0/0发送计算机名
//（用户名）
Serial0/0 Using password from interface PAP   //从Serial0/0发送密码
Serial0/0 PAP: O AUTH-REQ id 17 len 15     //向路由器RB发送认证请求报文
Serial0/0 PAP: I AUTH-REQ id 17 len 15     //从路由器RB收到认证请求报文
Serial0/0 PAP: Authenticating peer
Serial0/0 PAP: Phase is FORWARDING, Attempting Forward     //处于转发阶段，
//尝试转发
Serial0/0 PAP: Phase is FORWARDING, Attempting Forward
%LINEPROTO-5-UPDOWN: Line protocol on Interface Serial0/0, changed state
to up //链路协议开启
…
```

（2）查看路由器 RB 的认证过程。

```
RB#debug ppp authentication   //查看认证过程
PPP authentication debugging is on
Serial0/0 Using hostname from interface PAP
Serial0/0 Using password from interface PAP
Serial0/0 PAP: O AUTH-REQ id 17 len 15
Serial0/0 PAP: I AUTH-REQ id 17 len 15
Serial0/0 PAP: Authenticating peer   //认证对方
Serial0/0 PAP: Phase is FORWARDING, Attempting Forward  //处于发送阶段，
//尝试发送
Serial0/0 PAP: Phase is FORWARDING, Attempting Forward
%LINEPROTO-5-UPDOWN: Line protocol on Interface Serial0/0, changed state
to up
```

被认证方路由器 RA 发送认证请求报文（含用户名和密码），认证方路由器 RB 收到认证请求，进行认证。认证成功后，建立链路。在此为双向认证，另一个认证过程与此同时进行。

10）故障诊断

如果无法成功认证，可能是被认证方的用户名和密码与认证方数据库中的不一致，也可能是两个串口封装的协议不一致，或者是认证方式不对等原因。

任务三　CHAP 认证

拓扑结构： CHAP 认证拓扑结构如图 10-10 所示。

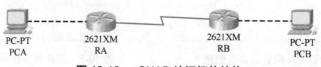

图 10-10　CHAP 认证拓扑结构

所需设备：路由器（型号 2621）两台、计算机两台、V.35 线一根、交叉线两根。

规划 IP 地址：与本项目任务二相同。

设备连线：与本项目任务二相同。

任务要求

在路由器 RA 和路由器 RB 的 s0/0 上封装 PPP，并配置简单的 CHAP 双向认证。

知识点链接

1. CHAP 认证

CHAP 认证是比 PAP 认证更安全的一种认证方式，其认证过程也更为复杂。它在链路上传输的是经过 MD5 算法加密的随机序列，并且不但能在链路建立的初期认证，而且在链路建立后也会进行周期性认证。配置 CHAP 认证需要在认证方和被认证方同时配置用户名和密码。

CHAP 认证的特点：

（1）只在认证方发出挑战报文时才开始认证，可以防止服务攻击。

（2）对认证的用户名和密码采用 MD5 算法加密，该算法不可逆，即使被捕获也无法破解。在链路建立后也能进行认证，且认证方发送的随机字符串改变，认证密码也随之改变。

（3）由于链路建立后需要周期性认证，需要消耗较多的 CPU 资源，一般应用于安全性要求较高的场合。

2. CHAP 认证过程

CHAP 认证过程经历三个阶段，通常称为"三次握手"，如图 10-11 所示。

（1）认证方向被认证方发送挑战报文，报文中包含认证方的用户名，这个过程称之为"挑战"。被认证方收到认证方的挑战报文，从中读取认证方发过来的用户名，查找本地的数据库，并匹配对应的密码，找到用户名对应的密码（如

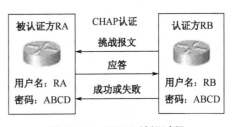

图 10-11　CHAP 认证过程

果没有设密码就使用默认密码），则将密码、随机数据等用 MD5 加密算法生成一个 Hash 值，与被认证方的用户名生成应答报文。

（2）认证方收到应答报文后，根据被认证方发来的认证用户名，查找本地的数据库，匹配对应的密码，再将密码、随机报文等用 MD5 加密算法生成 Hash 值。

（3）认证方将生成的 Hash 值与被认证方返回应答报文中的 Hash 值进行比较，如果一致，则返回配置确认信息；否则，返回配置否认信息。

3. CHAP 单向认证的配置

CHAP 认证配置需要先在两个串口上封装 PPP，再进行 CHAP 认证的配置。CHAP 认证分为认证方和被认证方，假设被认证方是路由器 RA，认证方是路由器 RB。

1）认证方的配置

（1）在认证方本地数据库中创建被认证方（远端路由器的）的用户名和密码，配置命令如下。

```
RB(config-if)#interface 串口
RB(config)#username 用户名 password 密码
```

注意：用户名和密码与被认证方的相同。

（2）在认证方路由器 RB 中配置认证方式，在端口模式下配置命令如下。

```
RB(config-if)#ppp authentication chap
```
如果要删除认证，在命令前加 no 即可。

2）被认证方的配置

被认证方配置发送的用户名和密码（与认证方相同），在串口模式下配置命令如下。

```
RA(config-if)#interface 串口
RA(config-if)#ppp chap username 用户名
RA(config-if)#ppp chap password 密码
```
也可以配置双向认证，两个路由器可以分别作为认证方和被认证方。

3）查看认证过程

认证双方配置完后，可以在认证方和被认证方中查看认证过程，命令如下。

```
Router#debug ppp authentication
```

4. CHAP 双向认证的配置

配置简单的双向认证时，将认证双方都配置对端的用户名（一般为设备名称）和相同的密码，配置命令如下。

```
Router(config)#username 用户名 password  密码  //配置对端的用户名和密码
Router(config)#interface 串行端口
Router(config-if)#ppp authentication chap    //配置认证方式
```
说明：Packet Tracer 软件仅支持简单的 CHAP 双向认证配置，不支持单向认证。

任务实施

1）绘制拓扑结构

绘制拓扑结构（见图 10-10）。

2）配置路由器

按照本项目任务二的任务实施中第 2 步～第 4 步配置路由器，使网络连通。

3）配置路由器 RA

```
RA#debug ppp authentication  //查看认证过程时，为方便观看可提前开启
PPP authentication debugging is on
RA#conf t
RA(config)#username RB password abcd  //在数据库中配置认证方的用户名和密码
RA(config)#int s0/0
RA(config-if)#ppp authentication chap
RA(config-if)#end
RA#show run
```

如图 10-12 所示，可以看到路由器 RA 配置的认证信息。

4）配置路由器 RB

```
RB#debug ppp authentication    //查看认证过程，为方便观看可提前开启
PPP authentication debugging is on
RB#conf t
RB(config)#username RA password abcd    //在数据库中配置被认证方的用户名和密码
RB(config)#int s 0/0
RB(config-if)#ppp authentication chap
RB(config-if)#end
RB#show run
```

如图 10-13 所示，可以看到路由器 RB 配置的认证信息。

图 10-12 路由器 RA 配置的认证信息　　　　图 10-13 路由器 RB 配置的认证信息

5）测试

从计算机 PCA 中 ping 计算机 PCB，能够连通。

6）配置单向认证

假设路由器 RA 为被认证方，路由器 RB 为认证方，单向认证可以进行如下配置。

（1）配置被认证方。

```
RA(config)#interface s0/0
RA(config-if)#ppp chap hostname RA        //配置发送的用户名
RA(config-if)#ppp chap password 123456    //配置发送的密码
```

（2）配置认证方。

```
RB(config)#username RA password 123456  //在本地数据库配置用户名和密码
RB(config)#interface s0/0
RB(config-if)#ppp authentication chap
```

说明：Packet Tracer 软件不支持 CHAP 单向认证，读者可以使用其他软件完成配置。

电子课件

项 目 评 价

学生	级班	星期	日期			
项目名称	广域网协议封装与认证				组长	
评价内容	主要评价标准			分数	组长评价	教师评价
任务一	能够正确封装 PPP			20 分		
任务二	能够正确配置 PAP 认证			40 分		
任务三	能够正确配置 CHAP 认证			40 分		
总　分				合计		
项目总结 （心得体会）						

说明：（1）从设备选择、设备连线、设备配置、连通测试等方面对任务进行评价。

　　　（2）满分为 100 分，总分=组长评价×40%+教师评价×60%。

项 目 习 题

一、填空题

1. 目前市场上有＿＿＿＿＿＿、＿＿＿＿＿＿、＿＿＿＿＿＿等广域网接入技术。

2. ＿＿＿＿＿＿＿＿是目前使用最广泛的广域网协议，可以用于异步串行和同步串行。

3. ＿＿＿＿＿＿只在链路建立初期进行，需要两次信息交换，因此被称为"两次握手"。

4. PAP 认证配置需要先在两个串口上封装＿＿＿＿＿＿协议，再进行 PAP 认证配置。

5. PPP 提供了两种认证方法，分别是＿＿＿＿＿＿和＿＿＿＿＿＿。

二、简答题

1. PPP 由哪三个部分组成？
2. CHAP 认证的特点是什么？

三、操作题

　　某学校为保证校园网络的安全，学校路由器接入广域网时，使用了 CHAP 认证。学校网络和广域网分别用两台路由器和两台计算机进行模拟，拓扑结构如图 10-14 所示。假如你是某通信公司的技术人员，请满足学校的需求。

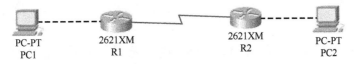

PC-PT　　　　2621XM　　　　2621XM　　　　PC-PT
PC1　　　　　　R1　　　　　　　R2　　　　　　PC2

图 10-14　拓扑结构

动态主机配置协议 项目十一

项目背景

在常见的小型网络中（如家庭网络和学生宿舍网），网络管理员都会采用手工分配 IP 地址的方法。但是在大型网络中往往有成百上千台的主机，这时手工配置的工作量就比较大且容易出错，显然手动分配 IP 地址的方法就不太合适了。因此，我们必须引入一种高效的 IP 地址分配方法，而 DHCP 就解决了这个难题。

学习目标

1. 知识目标

（1）理解 DHCP 的概念和特点。
（2）掌握 DHCP 的工作原理。

2. 技能目标

（1）掌握 DHCP 的配置方法。
（2）能够独立完成同网段 DHCP 的配置，实现 IP 地址自动分配。
（3）能够独立完成不同网段 DHCP 的配置，实现 IP 地址自动分配。

任务一 DHCP 服务

拓扑结构：简单的 DHCP 服务配置拓扑结构如图 11-1 所示。

所需设备：路由器一台（型号 1841）、计算机一台、交叉线一根。

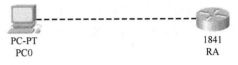

IP 地址规划：

图 11-1 简单的 DHCP 服务配置拓扑结构

路由器 RA 的 f 0/0 端口 IP 地址：192.168.1.254/24。

设备连线：计算机 PC0 的 f 0 端口→路由器 RA 的 f 0/0 端口。

任务要求

路由器 RA 配置 DHCP 服务，使计算机 PC0 能自动获取以下 IP 地址信息。

（1）IP 地址：192.168.1.0/24 网段。

（2）默认网关：192.168.1.254。

（3）DNS 服务器：8.8.8.8。

知识点链接

1. DHCP 的简介

DHCP（Dynamic Host Configuration Protocol，动态主机配置协议）是用来动态分配 IP 地址的协议，是基于 UDP 协议之上的应用。DHCP 能够让网络上的主机从一个 DHCP 服务器上获得一个可以让其正常通信的 IP 地址及相关的配置信息。DHCP 通常被应用在大型局域网和无线网络环境中，主要作用是集中管理、分配 IP 地址，使网络环境中的主机动态地获得 IP 地址、网关地址、DNS 服务器地址等信息，并能够提升地址的使用率。

DHCP 具有以下特点：

（1）基于 C/S-客户/服务器模式。

（2）DHCP 采用 UDP 作为传输协议，主机发送消息到 DHCP 服务器的 67 号端口，服务器返回消息给主机的 68 号端口。

（3）保证任何 IP 地址在同一时刻只能由一台 DHCP 客户端主机所使用，即不会出现 IP 地址冲突的情况。

（4）通过 DHCP 技术获得 IP 地址的主机可以同使用其他方法获得 IP 地址的主机共存，如手工配置 IP 地址的主机。

（5）所有的 IP 地址参数都由 DHCP 服务器统一管理。

（6）DHCP 服务器可以是主机、路由器和交换机。

（7）可分配的地址信息主要包括：网卡的 IP 地址、子网掩码、对应的网络地址、广播地址、默认网关地址、DNS 服务器地址等。

2. DHCP 的组网方式

DHCP 采用客户机/服务器体系结构，客户机靠发送广播方式的发现信息来寻找 DHCP 服务器，即向地址 255.255.255.255 发送特定的广播信息，服务器收到请求后进行响应。而路由器默认情况下是隔离广播域的，对此类报文不予处理，因此 DHCP 的组网方式分为同网段组网和不同网段组网两种方式，如图 11-2 和图 11-3 所示。

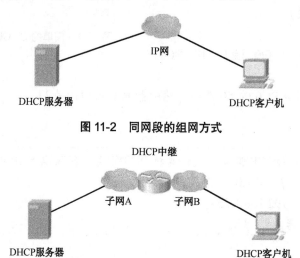

图 11-2　同网段的组网方式

图 11-3　不同网段的组网方式

当 DHCP 服务器和客户机不在同一个子网时，充当客户主机默认网关的路由器必须将广播包发送到 DHCP 服务器所在的子网，这个功能称为 DHCP 中继（DHCP Relay）。

3. DHCP 的分配方式

DHCP 的分配方式有以下三种。

（1）自动分配方式（Automatic Allocation），DHCP 服务器为主机指定一个永久性的 IP 地址，一旦 DHCP 客户机第一次成功地从 DHCP 服务器租用到 IP 地址后，就可以永久性地使用该地址。

（2）动态分配方式（Dynamic Allocation），DHCP 服务器为主机指定一个具有时间限制的 IP 地址，时间到期或 DHCP 客户机明确表示放弃该地址时，该地址可以被其他主机使用，这种分配方式是最为常见的。

（3）手工分配方式（Manual Allocation），DHCP 客户机的 IP 地址是由网络管理员指定的，DHCP 服务器只是将指定的 IP 地址告诉客户机。

注意：在这三种地址分配方式中，只有动态分配可以重复使用客户机不再需要的地址。

4. DHCP 的报文格式

DHCP 的报文格式共有 8 种，由报文中"DHCP message type"字段的值来确定。

（1）发现报文（DHCP_Discover）：指客户端开始 DHCP 过程的第一个报文。

（2）提供报文（DHCP_Offer）：指服务器对发现报文的响应。

（3）请求报文（DHCP_Request）：指客户端开始 DHCP 过程中对服务器提供报文的回应，或者是客户端续延 IP 地址租期时发出的报文。

（4）谢绝报文（DHCP_Decline）：指客户端发现服务器分配的 IP 地址无法使用，如 IP 地址冲突时，将发出此报文，通知服务器禁止使用 IP 地址。

（5）确认报文（DHCP_Ack）：指服务器对客户端请求报文的确认响应报文，客户端收到此报文后，才真正获得了 IP 地址和相关的配置信息。

（6）否认报文（DHCP_Nack）：指服务器对客户端请求报文的拒绝响应报文，客户端收到此报文后，一般会重新开始新的 DHCP 过程。

（7）释放报文（DHCP_Release）：指客户端主动释放服务器分配给它的 IP 地址的报文，当服务器收到此报文后，就可以回收这个 IP 地址，并能够分配给其他的客户端。

（8）通知报文（DHCP_Inform）：指客户端已经获得了 IP 地址，发送此报文只是为了从 DHCP 服务器处获取其他的一些网络配置信息，如 DNS 等。这种报文的应用非常少见。

5. DHCP 的工作过程

DHCP 的工作过程分为以下五个阶段。

1）发现阶段

DHCP 客户机以广播方式（因为 DHCP 服务器的 IP 地址对客户机来说是未知的）发送发现报文来寻找 DHCP 服务器，即向地址 255.255.255.255 发送特定的广播报文。网络上每一台安装了 TCP/IP 的主机都会接收到这种广播报文，但只有 DHCP 服务器会做出响应，如图 11-4 所示。

图 11-4　DHCP 客户机寻找 DHCP 服务器

2）提供阶段

在网络中接收到发现报文的 DHCP 服务器都会做出响应，它从尚未出租的 IP 地址中挑选一个分配给 DHCP 客户机，并向 DHCP 客户机发送一个包含出租的 IP 地址和其他设置的提供报文，如图 11-5 所示。

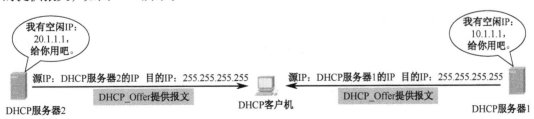

图 11-5　DHCP 服务器提供 IP 地址

3）选择阶段

如果有多台 DHCP 服务器向 DHCP 客户机发来提供报文,则 DHCP 客户机只接受第一个收到的提供报文,然后它就以广播的方式回答一个请求报文,该报文中包含向它所选定的 DHCP 服务器请求 IP 地址的内容。之所以要以广播方式回答,是为了通知所有的 DHCP 服务器,它将选择某台 DHCP 服务器所提供的 IP 地址,如图 11-6 所示。

图 11-6　DHCP 客户机选择 DHCP 服务器

4）确认阶段

当 DHCP 服务器收到 DHCP 客户机回答的请求报文后,便向 DHCP 客户机发送一个包含它所提供的 IP 地址和其他设置的确认报文,告诉 DHCP 客户机可以使用它所提供的 IP 地址。然后 DHCP 客户机便将其 TCP/IP 与网卡绑定。另外,除 DHCP 客户机选中的服务器外,其他的 DHCP 服务器都将收回曾提供的 IP 地址,如图 11-7 所示。

图 11-7　DHCP 服务器确认所提供的 IP 地址的阶段

5）更新租约

DHCP 服务器向 DHCP 客户机出租的 IP 地址一般都有一个租借期限,期满后 DHCP 服务器便会收回出租的 IP 地址。如果 DHCP 客户机要延长其 IP 租约则必须进行更新。当租约期限过一半时,DHCP 客户机会自动向 DHCP 服务器发送请求报文,如图 11-8 所示。

图 11-8　DHCP 客户机申请续租

若 DHCP 服务器同意,则发回确认报文。这样,DHCP 客户机就得到了新的租约期限,如图 11-9 所示。

图 11-9　续租成功

若 DHCP 服务器不同意，则发回否认报文。这时，DHCP 客户机必须立即停止使用之前租用的 IP 地址，并发送报文重新申请 IP 地址。

若 DHCP 服务器未做出响应，则在租约期限超过 87.5%时，DHCP 客户机再次向 DHCP 服务器发送请求报文，然后继续等待 DHCP 服务器可能出现的反应。

若 DHCP 服务器仍不响应，则在租约期限到期后，DHCP 客户机立即停止使用之前租用的 IP 地址，并发送报文重新申请 IP 地址。

DHCP 客户机可以随时提前终止 DHCP 服务器所提供的租用期，这时只需向 DHCP 服务器发送释放报文即可，如图 11-10 所示。

图 11-10　终止租约

6. 配置 DHCP 服务器

1）配置 DHCP 地址池名称

在一个 DHCP 服务器上可以配置多个 DHCP 地址池，为了便于管理，需要对每个地址池设置一个名称，地址池名称可以自己确定，配置命令如下。

```
Router(config)#ip dhcp pool dhcppool  // dhcppool是地址池名称
```

2）配置 DHCP 地址池可分配的网段

每个地址池可以动态分配一个 IP 网段，网段以点分十进制的网络号和对应的子网掩码表示，配置命令如下。

```
Router(dhcp-config)#network 192.168.1.0 255.255.255.0   //配置该地址池可
//分配的网段为192.168.1.0/24
```

3）配置默认网关

当 DHCP 客户机需要将数据包转发到其他网络时，要将数据包发送给它的第一跳路由器。由于 DHCP 客户机和 DHCP 服务器在同网段中，所以这里的默认网关地址是 DHCP 客户机连接 DHCP 服务器的端口地址，配置命令如下。

```
Router(dhcp-config)#default-router 192.168.1.254   //配置默认网关为
//192.168.1.254
```

4）配置 DNS 服务器

DNS 服务器主要用于域名与 IP 地址的相互转换，配置了 DNS 服务器才能够使人们更方便地使用域名地址去访问互联网，而不用去记住复杂的 IP 数字串，配置命令如下。

```
Router(dhcp-config)#dns-server 8.8.8.8    //配置DNS服务器的IP地址为8.8.8.8
```

5）查询 DHCP 地址池的信息

一个 DHCP 服务器上可以配置多个 DHCP 地址池，每个 DHCP 地址池可以分配不同的 IP 网段。DHCP 地址池的信息包括地址池名称、共有 IP 地址数、已租赁地址数、排除地址数、可分配的 IP 地址范围等，查询命令如下。

```
Router#show ip dhcp pool
```

6）查询 DHCP 地址绑定情况

DHCP 服务器会把分配给 DHCP 客户机的 IP 地址和客户机的 MAC 地址进行绑定，并记录下来，查询命令如下。

```
Router#show ip dhcp binding
```

任务实施

1）绘制拓扑结构

在 Packet Tracer 软件中绘制如图 11-1 所示的拓扑结构。

2）配置 RA 的端口地址

```
Router>en
Router#conf t
Router(config)#int f 0/0                          //进入f 0/0端口
Router(config-if)#no shut                         //开启端口
Router(config-if)#ip add 192.168.1.254 255.255.255.0    //设置端口IP地址
Router(config-if)#exit
```

3）配置 DHCP 服务器

```
Router(config)#ip dhcp pool dhcppool //建立一个DHCP地址池，并命名为dhcppool
Router(dhcp-config)#network
192.168.1.0 255.255.255.0   //配置DHCP
//地址池可分配的地址网段为192.168.1.0/24
Router(dhcp-config)#default-
router 192.168.1.254         //配置默认
//网关为192.168.1.254
Router(dhcp-config)#dns-server
8.8.8.8                      //配置DNS
//服务器地址为8.8.8.8
```

4）计算机 PC0 的配置

单击计算机 PC0 图标，打开 "PC0" 窗口，选择 "桌面" 选项卡的 "IP 配置" 选项，打开 IP 配置界面。选中 "DHCP" 单选项计算机就会自动获取 IP 地址，并提示 "DHCP 请求成功" 的信息，如图 11-11 所示。最终可以看到 PC0 能自动获取 IP 地址、默认网关和 DNS 服务器，表示 DHCP 服务配置成功。

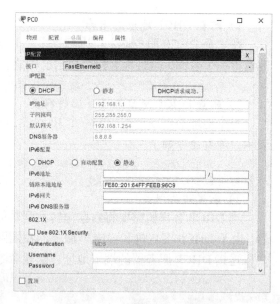

图 11-11　计算机 PC0 的配置

5）查看 HCP 地址池情况和地址绑定情况

在 RA 上查看 DHCP 地址池情况和地址绑定情况，如图 11-12 所示。可以看到，在 DHCP 地址池中已租赁一个地址为 192.168.1.1，且与这个 IP 地址进行绑定的计算机的 MAC 地址 0001.64EB.96C9。

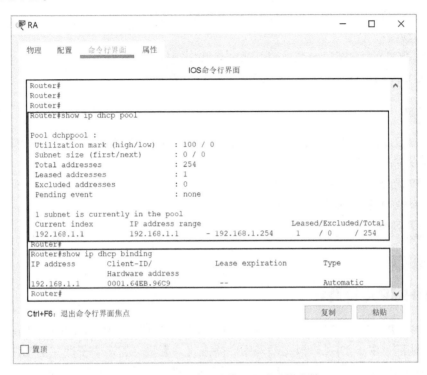

图 11-12　DHCP 地址池情况和地址绑定情况

6）故障诊断

如果计算机 PC0 获取 IP 地址时提示"DHCP 请求失败"的信息，可能是因为以下原因：

（1）路由器的端口未开启或 IP 地址配置错误。

（2）默认网关的 IP 地址没有配置成计算机上连路由器的端口 IP 地址。

（3）DHCP 服务器配置中可分配 IP 地址网段与默认网关不在同网段。

任务二　DHCP 中继服务

拓扑结构：DHCP 中继服务配置拓扑结构如图 11-13 所示。

图 11-13　DHCP 中继服务配置拓扑结构

所需设备：路由器一台（型号 1841）、三层交换机一台（型号 3560）、计算机一台、直通线两根。

IP 地址规划：

路由器 RA 的 f0/0 端口的 IP 地址：192.168.100.2/24。

交换机 SWA 的 f0/1 端口的 IP 地址：192.168.1.254/24。

交换机 SWA 的 f0/2 端口的 IP 地址：192.168.100.1/24。

设备连线：

计算机 PC0 的 f0 端口→交换机 SWA 的 f0/1 端口。

路由器 RA 的 f0/0 端口→交换机 SWA 的 f0/2 端口。

任务要求

路由器 RA 配置 DHCP 服务，在交换机 SWA 中配置 DHCP 中继，使计算机 PC0 能自动获取以下地址信息。

（1）IP 地址：192.168.1.0/24 网段。

（2）默认网关：192.168.1.254。

（3）DNS 服务器：8.8.8.8。

知识点链接

1. DHCP 中继简介

如果 DHCP 客户机与 DHCP 服务器在同一个物理网段，则客户机可以正确地获得动态分配的 IP 地址。由于 DHCP 报文都采用广播方式，无法穿越多个子网，当 DHCP 客户机与 DHCP 服务器不在同一个物理网段，DHCP 报文想穿越多个网络时，就需要采用 DHCP 中继了。

DHCP 中继可以去掉在每个物理网段都要 DHCP 服务器的必要，它可以传递消息到不在同一个物理网段的 DHCP 服务器，也可以将服务器的消息传回不在同一个物理网段的 DHCP 客户机，实现在不同网段之间处理和转发 DHCP 信息的功能。

DHCP 中继可以是路由器，也可以是一台主机，总之，在具有 DHCP 中继功能的设备中，所有具有 UDP 目的端口号是 67 的局部传递的 UDP 信息，都被认为是要经过特殊处理的，所以，DHCP 中继要监听 UDP 目的端口号是 67 的所有报文。

2. DHCP 中继原理

（1）DHCP 客户机在本地网络广播发送发现报文，由于没有 IP 地址，所以源 IP 地址为 0.0.0.0，而且也不知道目的 DHCP 服务器的地址，所以目的地址为 255.255.255.255。

（2）当 DHCP 中继接收到该数据报时，就将自己的端口地址（接收到数据报的端口）取代源地址 0.0.0.0，并且用 DHCP 服务器的地址取代目的地址 255.255.255.255。

（3）当 DHCP 服务器接收到 DHCP 中继转发过来的 DHCP 请求包时，就会做出响应，分配相应地址池中的空闲地址，并且由 DHCP 中继把提供报文转发给 DHCP 客户机。

（4）请求报文从客户机通过 DHCP 中继转发到 DHCP 服务器，确认报文从 DHCP 服务器通过 DHCP 中继转发到客户机。如图 11-14 所示。

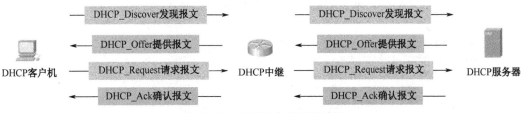

图 11-14 DHCP 中继工作过程

3. DHCP 中继服务配置

DHCP 中继服务的配置只需在 DHCP 中继上指定 DHCP 服务器地址即可。

（1）如果 DHCP 中继是路由器，可先进入路由器连接 DHCP 客户机的端口，然后指定 DHCP 服务器地址，配置命令如下。

```
Router(config)#int f 0/1              //进入路由器连接DHCP客户机的端口
Router(config-if)#ip helper-address 192.168.100.2   //192.168.100.2为
DHCP中继上连DHCP服务器的端口地址
```

（2）如果 DHCP 中继是三层交换机，可先进入交换机连接 DHCP 客户机端口对应的 VLAN，然后指定 DHCP 服务器地址，配置命令如下。

```
Switch(config)#int vlan 20        //进入交换机连接DHCP客户机端口对应的VLAN
Switch(config-if)#ip helper-address 192.168.100.2       //192.168.100.2
//为DHCP中继上连DHCP服务器的端口地址
```

任务实施

1）绘制拓扑结构

在 Packet Tracer 软件中绘制拓扑结构（见图 11-13）。

2）路由器 RA 的配置

（1）以仿真终端的方式进入路由器 RA 的命令行界面，配置路由器 RA 的直连路由和静态路由。

```
Router>en
Router#conf t
Router(config)#int f0/0
Router(config-if)#no shut
Router(config-if)#ip add 192.168.100.2 255.255.255.0
Router(config-if)#exit
Router(config)#ip route 192.168.1.0 255.255.255.0 192.168.100.1
```

（2）配置 DHCP 服务器。

```
Router(config)#ip dhcp pool dhcppool              //建立一个DHCP地址池，并命
//名为dhcppool
Router(dhcp-config)#network 192.168.1.0 255.255.255.0   //配置DHCP地址池
//可分配的地址网段为192.168.1.0/24
Router(dhcp-config)#default-router 192.168.1.254       //配置默认网关为
//192.168.1.254
Router(dhcp-config)#dns-server 8.8.8.8              //配置DNS服务器地
//址为//8.8.8.8
Router(dhcp-config)#exit
```

3）三层交换机 SWA 的配置

（1）以仿真终端的方式进入 SWA 的命令行界面，配置直连路由。

```
Switch>en
Switch#conf t
Switch(config)#ip routing
Switch(config)#vlan 10
Switch(config-vlan)#vlan 20
Switch(config-vlan)#exit
Switch(config)#int f0/2
Switch(config-if)#switchport access vlan 10
Switch(config-if)#exit
Switch(config)#int f0/1
Switch(config-if)#switchport access vlan 20
Switch(config-if)#exit
Switch(config)#int vlan 10
Switch(config-if)#ip add 192.168.100.1 255.255.255.0
Switch(config-if)#exit
Switch(config)#int vlan 20
Switch(config-if)#ip add 192.168.1.254 255.255.255.0
Switch(config-if)#exit
```

（2）配置 DHCP 中继。

```
Switch(config)#int vlan 20
Switch(config-if)#ip helper-address 192.168.100.2      //指定DHCP服务器地址
Switch(config-if)#exit
```

4）计算机 PC0 的配置

单击计算机 PC0 图标，打开"PC0"窗口，选择"桌面"选项卡的"IP 配置"选项，弹出 IP 配置界面。选中"DHCP"单选项，计算机将会自动获取 IP 地址，并出现提示"DHCP 请求成功"的信息，如图 11-15 所示。

图 11-15　计算机 PC0 的配置

5）故障诊断

如果计算机获取 IP 地址时提示"DHCP 请求失败"的信息，可能原因有以下几点：

（1）路由配置错误。检查路由器和三层交换机上的直连路由、路由器上的静态路由配置是否正确。

（2）检查三层交换机是否已开启路由功能。

（3）检查三层交换机上的 DHCP 服务器地址是否正确。

本项目综合案例

电子课件

项 目 评 价

学生		级班	星期	日期		
项目名称	动态主机配置协议				组长	
评价内容	主要评价标准		分数		组长评价	教师评价
任务一	能够正确配置简单的 DHCP 服务		50 分			
任务二	能够正确配置 DHCP 中继服务		50 分			
总　分			合计			
项目总结 （心得体会）						

说明：（1）从设备选择、设备连线、设备配置、连通测试等方面对任务进行评价。

（2）满分为 100 分，总分＝组长评价×40%＋教师评价×60%。

项 目 习 题

一、填空题

1. DHCP 的组网方式有_____和_____。

2. 如果有多台 DHCP 服务器向 DHCP 客户机发来提供报文，则 DHCP 客户机只接受_____报文。

3．DHCP 的分配方式有＿＿＿＿＿＿、＿＿＿＿＿＿和＿＿＿＿＿＿。

4．当 DHCP 客户机与 DHCP 服务器不在同一个网段时，DHCP 报文要进行收发时，就需要＿＿＿＿＿＿。

5．DHCP 客户机以＿＿＿方式发送报文来寻找 DHCP 服务器。

二、简答题

1．DHCP 的作用是什么？

2．简述 DHCP 的工作过程。

3．简述 DHCP 的协议报文及作用。

三、操作题

假如你是学校的网络管理员，学校安排你去完成通信教学部、计算机教学部、电子教学部三个部门办公室的网络搭建。现有一台 Cisco 1841 路由器、一台 Cisco 3560-24PS 交换机，且学校给每个部门提供两台计算机用于测试，要求 DHCP 服务器与办公室计算机不在同一个网段。为便于后续各部门对计算机的管理，要求各部门的计算机能自动获取不同网段的 IP 地址。拓扑结构如图 11-16 所示，请你完成任务。

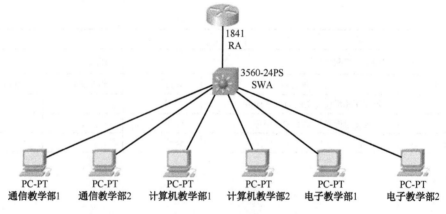

图 11-16　拓扑结构

网络地址转换技术 项目十二

项目背景

　　随着 Internet 技术的飞速发展，人们无论是在宾馆、学校、公司及家庭都需要接入 Internet 进行办公、娱乐等。互联网中任何两台主机间通信都需要全球唯一的 IP 地址。目前，Internet 的一个重要问题是 IP 地址的需求急剧膨胀，而 IP 地址空间已近衰竭。事实上，除中国教育和科研计算机网（CERNET）外，一般用户几乎申请不到整段的 C 类 IP 地址。即使是拥有几百台计算机的大型局域网用户，所分配到的地址也不过只有几个或十几个 IP 地址。显然，这样少的 IP 地址根本无法满足网络用户的需求，于是也就产生了网络地址转换技术（NAT）。

学习目标

1. 知识目标

（1）理解 NAT 的概念、特点、分类。

（2）掌握 NAT 的工作原理。

2. 技能目标

（1）掌握静态 NAT 的配置方法。

（2）掌握动态 NAT 的配置方法。

（3）掌握动态 NAPT 的配置方法。

（4）能够根据网络需求，配置适合的 NAT 技术，以实现 IP 地址转换。

任务一　静态 NAT

拓扑结构：静态 NAT 拓扑结构如图 12-1 所示。

PC-PT　　　　　　　　2811　　　　　　　　PC-PT
PCA　　　　　　　　　RA　　　　　　　　　PCB

图 12-1　静态 NAT 拓扑结构

所需设备：路由器（型号 2811）一台、计算机两台、交叉线两根。

IP 地址规划：

计算机 PCA 的 IP 地址：172.16.10.10/16。计算机 PCB 的 IP 地址：210.38.2.12/24。

路由器 RA 的 f 0/0 端口的 IP 地址：172.16.10.1/16。

路由器 RA 的 f 0/1 端口的 IP 地址：210.38.2.1/24。

设备连线：

计算机 PCA 的 f 0 端口→路由器 RA 的 f 0/0 端口，计算机 PCB 的 f 0 端口→路由器 RA 的 f 0/1 端口。

任务要求

　　某公司需要访问外部网络，但要向外隐藏内部的具体 IP 地址。同时，公司的内网计算机 PCA 需要能够访问外网计算机 PCB，映射的内部全局地址为 202.80.20.1/24。要求根据上述需求，配置 NAT 路由器 RA，使计算机 PCA 能够访问计算机 PCB，计算机 PCB 也可以访问计算机 PCA。

知识点链接

1. NAT 简介

随着接入互联网的终端设备数量以指数级速度增长，问题就出现了：IPv4 地址迅速枯竭，这直接促进了 IPv6 大规模地址技术的开发。尽管即将出现的 IPv6 被视为解决互联网发展中 IP 地址短缺困境的重要方案，但新一代的 IPv6 地址从规划、开发，再到大规模应用，还有一段漫长的过程。在 IPv4 向 IPv6 过渡期间，人们还提出了一些短期的改善 IPv4 地址短缺的解决方案，其中最重要的一项就是网络地址转换技术（Network Address Translation），即 NAT 技术。

NAT 技术最初设计的目的就是通过允许使用较少的公网 IP 地址代替多数的私有 IP 地址，来减缓 IP 地址枯竭的速度。NAT 技术的出现使人们对 IP 地址枯竭的恐慌得到了大大的缓解，甚至在一定程度上延缓了 IPv6 技术在网络中的发展和推广速度。

私有地址可不经申请直接在内部网络中分配使用，不同的私有网络可以有相同的私有网段。但私有地址不能直接出现在公网上，当私有网络内的主机要与位于公网上的主机进行通信时必须经过地址转换，将其私有地址转换为合法公网地址才能对外访问。

NAT 对于内部主机和外部网络都是透明的，它在内部网络和外部网络相连的端口上将内部网络发出去的数据包的源地址修改为外部可用的公用地址，再将外部网络返回给内部主机的数据包的目的地址修改为该主机的内部私有地址。这样，在外部网络来看，它看到的该内部主机是具有公用地址的主机，并不知道该主机是私有网络内的主机；而在内部主机来看，它发出去的和收到的 IP 包都以其自身的私有 IP 地址作为源和目的地址，并不用区分自己使用何种地址。

NAT 技术的典型应用是将使用私有 IP 地址的局域网连接到互联网，以实现私有网络访问公共网络的功能。这样就无须再给内部网络中的每个设备都分配公网 IP 地址，既避免了公网 IP 地址的浪费，又节省了申请公网 IP 地址的费用，同时也减缓了 IPv4 地址被耗尽的速度。

2. NAT 的特点

NAT 具有以下优点。

（1）可以有效节约 Internet 的公网地址，所有的内部主机使用的合法地址都可以连接 Internet 网络。

（2）可以有效隐藏内部局域网中的主机，因此又是一种有效的网络安全保护技术。

（3）可以按照用户的需要，在内部局域网内部提供给外部 FTP、WWW、Telnet 服务。

NAT 技术的出现从一定程度上缓解了 IPv4 地址衰竭问题，但是 NAT 也让主机之间的通信变得复杂，导致通信效率降低。NAT 的应用带来了以下限制。

（1）影响网络速度。NAT 的应用必然会引入额外的延迟，NAT 设备会变成网络的瓶颈。

（2）跟某些应用不兼容。如果一些应用在有效载荷中协商下次会话的 IP 地址和端口号，NAT 将无法对内嵌 IP 地址进行地址转换，造成这些程序不能正常运行。

（3）无法实现对 IP 端到端的路径跟踪。经过 NAT 地址转换后，对数据包的路径跟踪将变得非常困难。

3. NAT 的分类

NAT 的工作方式主要有三种，即静态转换、动态转换和网络地址端口转换。

（1）静态转换（Static NAT）是指将内部网络的私有 IP 地址转换为公有 IP 地址时，IP 地址对是一对一的，并且是一成不变的，某个私有 IP 地址只能转换为某个公有 IP 地址。借助于静态转换，可以实现外部网络对内部网络中某些特定设备（如服务器）的访问。

（2）动态转换（Dynamic NAT）是指将内部网络的私有 IP 地址转换为公用 IP 地址时，IP 地址是不确定的、随机的，所有被授权访问 Internet 的私有 IP 地址都可随机转换为任何指定的合法 IP 地址。也就是说，只要指定哪些内部地址可以进行转换，以及用哪些合法地址作为外部地址时，就可以进行动态转换。动态转换可以使用多个合法外部地址集。当 ISP

提供的合法 IP 地址略少于网络内部的计算机数量时，可以采用动态转换的方式。

（3）网络地址端口转换（Network Address Port Translation）是指改变发送数据包的源端口并进行端口转换。内部网络的所有主机均可共享一个合法外部 IP 地址实现对 Internet 的访问，从而可以最大限度地节约 IP 地址资源。同时，既可隐藏网络内部的所有主机，又可有效避免来自 Internet 的攻击。因此，目前网络中应用最多的就是这种方式。

4. 静态 NAT 的工作原理

在连接内部网络与外部公网的路由器上，NAT 将内部网络中主机的内部本地地址转换为合法的可以出现在外部公网上的内部全局地址来响应外部世界寻址。

（1）内部或外部：它反映了报文的来源。内部本地地址和内部全局地址表明报文是来自内部网络。

（2）本地或全局：它表明地址的可见范围。本地地址是在内部网络中可见，全局地址则在外部网络上可见。因此，一个内部本地地址来自内部网络，且只在本地网络中可见，不需要经过 NAT 进行转换；内部全局地址来自内部网络，却在外部网络可见，需要经过 NAT 转换。

（3）静态 NAT 是最简单的方式，它在 NAT 表中为每个需要转换的内部地址创建了固定的转换条目，映射了唯一的全局地址。内部地址与全局地址一一对应。如 172.16.10.10 —202.80.20.1。

静态 NAT 的工作原理如图 12-2 所示，内网计算机 A 想发送数据给外网计算机 B。在计算机 A 发送数据时源 IP 是计算机 A 的 IP 地址 172.16.10.10，目的 IP 为计算机 B 的 IP 地址 210.38.2.12，如数据报 1。在数据到达网络边缘 NAT 路由器时，查找 NAT 映射表，取得 172.16.10.10 映射的内部全局地址 202.80.20.1，继而将报文的源 IP 地址替换为 202.80.20.1，如数据报 2。在外网计算机 B 向内网计算机 A 返回数据报时，则会查找 NAT 映射表后将目的 IP 进行替换，如数据报 3 和数据报 4。

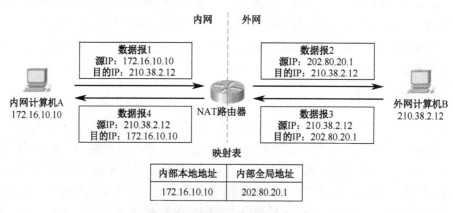

图 12-2　静态 NAT 的工作原理

静态映射对外隐藏了内部主机的真实 IP 地址，起到保护内部主机的作用。静态 NAT 还可以让外部主机通过内部全局地址访问内部的服务器，在内网需要向外提供网络服务而又不愿意暴露真实 IP 地址时，通常使用该类 NAT 技术。

5. 静态 NAT 配置

1）配置内部端口

内部端口是指连接网络的内部端口，一般为私有地址连端口，在端口设置状态下输入配置命令如下。

```
Router(config-if)#ip nat inside
```

2）配置外部端口

外部端口是指连接网络的外部端口，一般为公有地址连端口，在端口设置状态下输入配置命令如下。

```
Router(config-if)#ip nat outside
```

3）配置本地地址和全局地址的静态映射

静态映射有唯一对应的关系，这也提供了外网到内网主机的访问途径，即如果外网主机想访问内网的本地地址，只要访问对应的全局地址即可。在内部本地地址与内部全局地址之间建立静态地址转换，配置命令如下。

```
Router(config)#ip nat inside source static 172.16.10.10 202.80.20.1
//172.16.10.10是本地地址，202.80.20.1是全局地址
```

4）查询 NAT 映射关系

NAT 路由器会把本地地址与全局地址的映射关系记录下来，形成映射表，查询命令如下。

```
Router#show ip nat translations
```

任务实施

1）绘制拓扑结构

在 Packet Tracer 软件中绘制拓扑结构（见图 12-1）。

2）配置路由器 RA 的内部端口

```
Router>en
Router#conf t
Router(config)#int f0/0
Router(config-if)#no shut
Router(config-if)#ip add 172.16.10.1 255.255.0.0
Router(config-if)#ip nat inside
Router(config-if)#ex
```

3）配置路由器 RA 的外部端口

```
Router(config)#int f0/1
Router(config-if)#no shut
Router(config-if)#ip add 210.38.2.1 255.255.255.0
Router(config-if)#ip nat outside
Router(config-if)#ex
```

4）配置本地地址和全局地址的静态映射

```
Router(config)#ip nat inside source static 172.16.10.10 202.80.20.1
```

5）查询 NAT 映射关系

```
Router#show ip nat translations
Pro  Inside global    Inside local      Outside local      Outside global
---  202.80.20.1      172.16.10.10      ---                ---
```

6）配置主机

配置主机 PCA 的 IP 地址为 172.16.10.10，子网掩码为 255.255.0.0，默认网关为

172.16.10.1。配置主机 PCB 的 IP 地址为 210.38.2.12，子网掩码为 255.255.255.0，默认网关为 210.38.2.1。

7）测试

从主机 PCA 中 ping 主机 PCB 的 IP 地址 210.38.2.12，能够连通，表示静态 NAT 配置成功。

任务二　动态 NAT

拓扑结构： 动态 NAT 拓扑结构如图 12-3 所示。

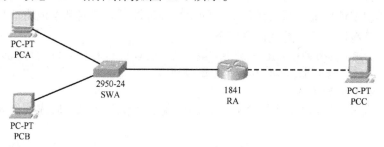

图 12-3　动态 NAT 拓扑结构

所需设备： 路由器一台（型号 1841）、交换机一台（型号 2950）、计算机三台、直通线三根、交叉线一根。

IP 地址规划：
计算机 PCA 的 IP 地址：172.16.10.10/16。计算机 PCB 的 IP 地址：172.16.10.11/16。
计算机 PCC 的 IP 地址：210.38.2.12/24。
路由器 RA 的 f 0/0 端口的 IP 地址：172.16.10.1/16。
路由器 RA 的 f 0/1 端口的 IP 地址：210.38.2.1/24。

设备连线：
计算机 PCA 的 f 0 端口→交换机 SWA 的 f 0/1 端口。
计算机 PCB 的 f 0 端口→交换机 SWA 的 f 0/2 端口。
计算机 PCC 的 f 0 端口→路由器 RA 的 f 0/1 端口。
交换机 SWA 的 f 0/3 端口→路由器 RA 的 f 0/0 端口。

任务要求

假设某公司申请了三个公网 IP，所属网段为 202.80.20.1～3，子网掩码为 255.255.255.0。合法的公网 IP 地址不够每人分配一个，但该公司有一半的人员在外跑业务或做技术支持，在公司的员工也不需要一直提供网络服务。因此，我们可以通过动态分配全局地址的地址转换技术来解决该公司的需要。请根据上述要求，配置路由器 RA，使得内网计算机 PCA 和计算机 PCB 能够访问外网计算机 PCC。

1. 动态 NAT 的工作原理

动态 NAT 是指不建立本地地址和全局地址一对一的固定对应关系,而是通过共享 NAT 地址池的 IP 地址动态建立 NAT 的映射关系。当内网计算机需要进行 NAT 地址转换时,NAT 路由器会在 NAT 地址池中选择空闲的全局地址进行映射,每条映射记录是动态建立的,在连接终止时会被收回。如图 12-4 所示,内网计算机 A 的报文经过 NAT 路由器时,路由器会在预先配置好的 NAT 地址池中选出空闲的内部全局地址进行映射。NAT 地址池中只有 202.80.20.1 是空闲的,所以路由器选取该地址和 172.16.10.10 建立映射关系,因此数据报 1 的源 IP 地址将会替换为 202.80.20.1,如数据报 2。在外网计算机 B 向内网计算机 A 返回数据报时,则将目的 IP 地址进行替换,如数据报 3 和数据报 4。

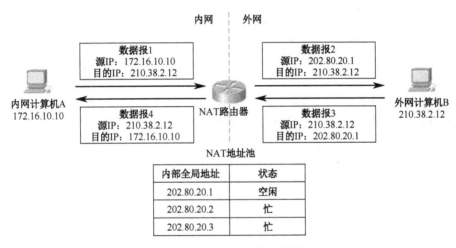

图 12-4 动态 NAT 的工作原理

2. 动态 NAT 配置

1)配置转换地址池

动态 NAT 要转换的全局地址以地址池的方式进行管理,一般是连续的一段公网 IP 地址段,配置命令如下。

```
Router(config)#ip nat pool NAT_POOL 202.80.20.1 202.80.20.3 netmask
255.255.255.0
    //地址池名称: NAT_POOL
    //地址池开始地址: 202.80.20.1
    //地址池结束地址: 202.80.20.3
    //地址池的子网掩码: 255.255.255.0
```

2)配置内网 IP 地址访问控制列表

由于动态 NAT 不是一一对应转换的,而是可以让内网中所有符合某些条件的计算机都能进行动态转换,因此,使用 ACL 访问控制列表把符合条件的计算机地址过滤出来,配置命令如下。

```
Router(config)#access-list 1 permit 172.16.0.0 0.0.255.255
```

3）配置 NAT 动态转换

把 ACL 列表过滤出来的内网计算机地址转换为地址池中任一空闲的全局地址，配置命令如下。

```
    Router(config)#ip nat inside source list 1 pool NAT_POOL    //将ACL列表1
//的内网地址转换为NAT_POOL地址池的全局地址。
```

4）查询 NAT 映射关系

动态 NAT 的映射关系不是静态建立的，而是通过数据流触发建立的，因此每次建立的映射关系可能是不一样的，在没有触发流量时，查看 NAT 映射表的命令如下。

```
    Router #show ip nat translations
```

可以看到映射表是空的，说明映射关系并没有建立。当有内网计算机访问外网触发流量时，再观察 NAT 映射表的情况。

```
    Router#show ip nat translations
    Pro  Inside global     Inside local      Outside local     Outside global
    icmp 202.80.20.1：1    172.16.10.11：1    210.38.2.12：1    210.38.2.12：1
    icmp 202.80.20.1：2    172.16.10.11：2    210.38.2.12：2    210.38.2.12：2
    icmp 202.80.20.1：3    172.16.10.11：3    210.38.2.12：3    210.38.2.12：3
    icmp 202.80.20.1：4    172.16.10.11：4    210.38.2.12：4    210.38.2.12：4
```

任务实施

1）绘制拓扑结构

在 Packet Tracer 软件中绘制拓扑结构（见图 12-3）。

2）配置路由器 RA 的内部端口

```
Router>en
Router#conf t
Router(config)#int f0/0
Router(config-if)#no shut
Router(config-if)#ip add 172.16.10.1 255.255.0.0
Router(config-if)#ip nat inside
Router(config-if)#exit
```

3）配置路由器 RA 的外部端口

```
Router(config)#int f0/1
Router(config-if)#no shut
Router(config-if)#ip add 210.38.2.1 255.255.255.0
Router(config-if)#ip nat outside
Router(config-if)#ex exit
```

4）配置转换地址池

```
    Router(config)#ip nat pool NAT_POOL 202.80.20.1 202.80.20.3 netmask
255.255.255.0
```

5）配置内网 IP 地址访问控制列表

```
    Router(config)#access-list 1 permit 172.16.0.0 0.0.255.255
```

6）配置 NAT 动态转换

```
    Router(config)#ip nat inside source list 1 pool NAT_POOL
```

7）配置主机的 IP 地址与网关

配置计算机 PCA 的 IP 地址为 172.16.10.10，子网掩码为 255.255.0.0，默认网关为 172.16.10.1。配置计算机 PCB 的 IP 地址为 172.16.10.11，子网掩码为 255.255.0.0，默认网

关为 172.16.10.1。配置计算机 PCC 的 IP 地址为 210.38.2.12，子网掩码为 255.255.255.0，默认网关为 210.38.2.1。

8）测试

从计算机 PCA 中 ping 计算机 PCC、从计算机 PCB 中 ping 计算机 PCC 都可以连通。

9）查询 NAT 转换情况

在路由器 RA 上查询 NAT 的转换记录，如图 12-5 所示，可以看到，计算机 PCA 的本地地址 172.16.10.10 已转换成 202.80.20.2，计算机 PCB 的本地地址 172.16.10.11 已转换成 202.80.20.3，表示动态 NAT 配置成功。

图 12-5　NAT 的转换记录

10）故障诊断

如果 ping 测试不通，先使用 show ip nat translations 命令查看 NAT 转换是否成功，如果不成功，可以进行如下检查：① inside 和 outside 应用的端口是否正确；②匹配内网 IP 地址访问控制列表是否正确；③是否配置 NAT 动态转换。

任务三　动态 NAPT

拓扑结构：动态 NAPT 拓扑结构如图 12-6 所示。

所需设备：路由器（型号 1841）一台、交换机（型号 2950）一台、计算机四台、直通线四根、交叉线一根。

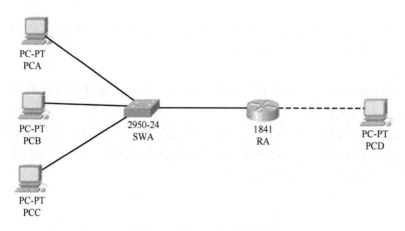

图 12-6　动态 NAPT 拓扑结构

IP 地址规划：

计算机 PCA 的 IP 地址：10.10.10.1/8。计算机 PCB 的 IP 地址：10.10.10.2/8。

计算机 PCC 的 IP 地址：10.10.10.3/8。计算机 PCD 的 IP 地址：202.10.10.1/24。

路由器 RA 的 f0/0 端口的 IP 地址：10.1.1.254/8。

路由器 RA 的 f0/1 端口的 IP 地址：202.10.10.254/24。

设备连线：

计算机 PCA 的 f0 端口→交换机 SWA 的 f0/1 端口。

计算机 PCB 的 f0 端口→交换机 SWA 的 f0/2 端口。

计算机 PCC 的 f0 端口→交换机 SWA 的 f0/3 端口。

计算机 PCD 的 f0 端口→路由器 RA 的 f0/1 端口。

交换机 SWA 的 f0/4 端口→路由器 RA 的 f0/0 端口。

任务要求

　　某公司内部有很多台计算机，但只申请了一个合法的公网 IP 地址 222.16.2.2/24，为了使所有内部计算机都能连接 Internet 网络，可以使用 NAPT 让公司的所有计算机都能共享单一公有地址访问外网。请根据上述要求，配置路由器 RA 使内网计算机 PCA、计算机 PCB 和计算机 PCC 能够通过 NAPT 访问外网计算机 PCD。

知识点链接

1. 动态 NAPT 的工作原理

　　NAPT 是实现多个内网计算机共享一个公网 IP 接入的关键技术。NAPT 建立映射需要用到传输层的 TCP 和 UDP 的端口号。在网络数据传输中，大部分是通过端到端的连接来进行数据传输的，因此，表示一个数据的流向除需要 IP 地址外，还需要使用传输层的端口号。所以在 NAPT 的映射建立中，使用 IP 地址和端口号就可以区分出每一条数据连接。如图 12-7 所示，内网计算机 A、计算机 B 都用源端口 1723 向外发送数据包，NAT 路由器将两个内网地址都转换为唯一的全局地址 222.16.2.2。为了区分不同的数据通信，使用不同的源端口 1492 和 1723 来替换原来的端口 1723。因此，通过不同的端口号就可以区分出具体是哪一个通信。当数据发到外网时，除替换源 IP 地址外，还将会替换报文的源端口。而当路由器收到发往 222.16.2.2：1723 的数据包时，则会查找映射表，同时修改目的 IP 地址和目的端口号，转换为 10.1.1.2：1723，因而会被转发到 IP 地址为 10.1.1.2 的计算机。

2. 动态 NAPT 配置

NAPT 的配置与其他 NAT 配置类似，只需要在 NAT 动态转换配置命令的后面添加上 overload 即可，表示 IP 地址可以重载使用，配置命令如下。

```
Router(config)#ip nat inside source list 1 pool NAT_POOL overload
```

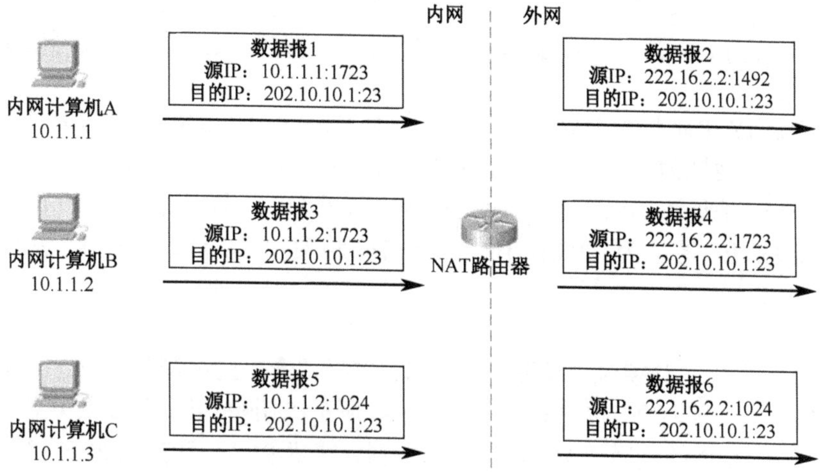

内网 | 外网

内网计算机A
10.1.1.1

数据报1
源IP：10.1.1.1:1723
目的IP：202.10.10.1:23

数据报2
源IP：222.16.2.2:1492
目的IP：202.10.10.1:23

内网计算机B
10.1.1.2

数据报3
源IP：10.1.1.2:1723
目的IP：202.10.10.1:23

NAT路由器

数据报4
源IP：222.16.2.2:1723
目的IP：202.10.10.1:23

外网计算机D
202.10.10.1

内网计算机C
10.1.1.3

数据报5
源IP：10.1.1.2:1024
目的IP：202.10.10.1:23

数据报6
源IP：222.16.2.2:1024
目的IP：202.10.10.1:23

映射表

协议	内部本地地址：端口号	内部全局地址：端口号
TCP	10.1.1.1:1723	222.16.2.2:1492
TCP	10.1.1.2:1723	222.16.2.2:1723
TCP	10.1.1.3:1024	222.16.2.2:1024

图 12-7 动态 NAPT 的工作原理

任务实施

1) 绘制拓扑结构

在 Packet Tracer 软件中绘制拓扑结构（见图 12-6）。

2) 配置路由器 RA 的内部端口

```
Router>en
Router#conf t
Router(config)#int f0/0
Router(config-if)#no shut
Router(config-if)#ip add 10.1.1.254 255.0.0.0
Router(config-if)#ip nat inside
Router(config-if)#exit
```

3）**配置路由器 RA 的外部端口**

```
Router(config)#int f0/1
Router(config-if)#no shut
Router(config-if)#ip add 202.10.10.254 255.255.255.0
Router(config-if)#ip nat outside
Router(config-if)#exit
```

4）**配置转换地址池**

```
Router(config)#ip nat pool NAT_POOL 222.16.2.2 222.16.2.2 netmask
255.255.255.0  //起始地址和结束地址相同
```

5）**配置匹配内网 IP 地址访问控制列表**

```
Router(config)#access-list 1 permit 10.0.0.0 0.255.255.255
```

6）**配置 NAPT 动态转换**

```
Router(config)#ip nat inside source list 1 pool NAT_POOL overload
```

7）**配置计算机**

配置计算机 PCA 的 IP 地址为 10.1.1.1,子网掩码为 255.255.0.0,默认网关为 10.1.1.254。配置计算机 PCB 的 IP 地址为 10.1.1.2，子网掩码为 255.255.0.0，默认网关为 10.1.1.254。配置计算机 PCC 的 IP 地址为 10.1.1.3，子网掩码为 255.255.0.0，默认网关为 10.1.1.254。配置计算机 PCD 的 IP 地址为 202.10.10.1，子网掩码为 255.255.255.0，默认网关为 202.10.10.254。

8）**测试**

单击计算机 PCA 图标，切换到"桌面"选项卡，选择"命令提示符"选项，打开命令窗口，输入 ping 202.10.10.1 命令，按回车键，如图 12-8 所示。用同样步骤测试计算机 PCB、计算机 PCC 与计算机 PCD 的连通情况，最终可以看到计算机 PCA、计算机 PCB 和计算机 PCC 均能访问计算机 PCD。

9）**查询 NAT 转换情况**

在路由器 RA 上查询 NAT 的转换记录，如图 12-9 所示，可以看到，每个内网计算机的本地地址都成功转换成了全局地址 222.16.2.2。为了区分不同的数据包，每个数据包都使用了不同的端口号，动态 NAPT 配置成功。

图 12-8　测试结果

图 12-9　NAT 的转换记录

本项目综合案例

电子课件

项 目 评 价

学生	级班	星期	日期		
项目名称	网络地址转换技术			组长	
评价内容	主要评价标准	分数	组长评价	教师评价
任务一	能够正确配置静态 NAT	20 分		
任务二	能够正确配置动态 NAT	40 分		
任务三	能够正确配置动态 NAPT	40 分		
总　分		合计		
项目总结 （心得体会）				

说明：（1）从设备选择、设备连线、设备配置、连通测试等方面对任务进行评价。

（2）满分为 100 分，总分=组长评价×40%+教师评价×60%。

项 目 习 题

一、填空题

1. NAT 的工作方式有静态 NAT、_____和_____。

2. _____是指可不经申请直接在内部网络中分配使用的地址。

二、简答题

1. 简述静态 NAT 的工作原理。

2. 简述动态 NAT 的工作原理。

3. 简述动态 NAPT 的工作原理。

4. 简述 NAT 有哪些优点和缺点。

二、操作题

学校申请了三个公网地址，假如你是学校的网络管理员，需要完成通信教学部、计算机教学部、电子教学部三个部门办公室的网络搭建。现有一台路由器（型号 2811）、三台交换机（型号 2950），且学校给每个部门提供两台计算机用于测试，要求各办公室计算机能连接 Internet。为便于后续各部门对计算机的管理，要求各部门的计算机使用同一个公网地址。拓扑结构如图 12-10 所示，请你完成任务。

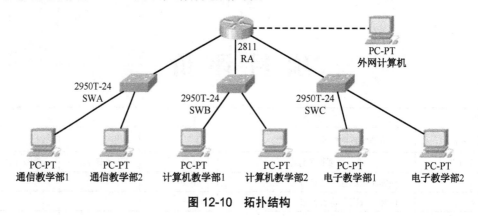

图 12-10　拓扑结构

企业网组建案例 项目十三

1. 知识目标

（1）掌握规划 IP 地址的方法。

（2）掌握企业网络拓扑结构图的绘制方法。

2. 技能目标

（1）能够按照部门划分和配置 VLAN。

（2）能够配置端口聚合、三层交换机。

（3）能够配置默认路由、RIP 路由、OSPF 路由和路由重发布。

（4）能够配置访问控制列表。

（5）能够将企业网络接入 Internet、配置 CHAP 认证。

（6）能够配置地址转换实现企业计算机与 Internet 通信。

（7）能够配置 DHCP 服务为计算机分配 IP 地址。

（8）能够配置特权模式密码和 Console 端口密码。

综合案例

1. 企业网络需求

某企业计划组建局域网，以实现企业信息化办公与信息管理。企业由总部和分部组成，总部有人事部、销售部、技术部和财务部四个部门，为限制广播，提高带宽，要求按部门划分 VLAN，每个部门对应一个 VLAN，用三层交换机作为核心交换机，总部有一台 Web 服务器，访问量较大，可直接接入核心交换机，四个部门的交换机与核心交换机之间进行端口聚合，以提高传输速率与可靠性，总部网络使用一台路由器通过以太网端口接入 Internet。

（1）按照部门划分 VLAN，核心交换机与路由器之间运行 OSPF 路由协议，实现总部网络连通。

（2）通过路由重新发布实现总部与分部的网络相互连通。

（3）总部的网络与外网能够访问 Web 服务器的服务。

（4）总部从服务提供商处申请到公网 IP 地址 193.1.1.1/24、193.1.1.3/24 和 193.1.1.4/24。

（5）为保证安全，交换机、路由器配置特权模式密码和 Console 端口密码。

总部的网络用以下设备模拟：路由器（型号 2621，一台用于连接总部与分部的网络）两台、三层交换机（型号 3650）一台、二层交换机（型号 2960）两台、Web 服务器一台、计算机四台。

2. 企业分部网络需求

企业分部包括服务部和设计部，要求按部门划分 VLAN，每个部门对应一个 VLAN。使用三层交换机作为核心交换机，有一台 FTP 服务器，访问量较大，可直接接入核心交换机。企业分部网络通过路由器的串口专线接入 Internet。

（1）按照部门划分 VLAN，核心交换机与路由器之间运行 RIP 路由协议，实现分部网络连通。

（2）只有设计部可以访问 FTP 服务器的服务。

（3）企业分部从服务提供商处申请到公网 IP 地址 101.1.1.1/24、101.1.1.3/24 ~ 101.1.1.10/24。

（4）为提高接入 Internet 的安全性，使用双向 CHAP 认证。

（5）为保证安全，交换机、路由器配置特权模式密码和 Console 端口密码。

（6）三层交换机能够为服务部和销售部分配 IP 地址。

企业分部使用以下设备模拟：路由器（型号 2621）一台、三层交换机（型号 3560）一台、二层交换机（型号 2960）一台、FTP 服务器一台、计算机两台。

3. 外网需求

外网使用如下设备模拟：路由器（型号 2621）一台和计算机一台。

路由器连接外网-PC 端口的 IP 地址为 200.1.1.2/24，与企业总部连接端口的 IP 地址为 193.1.1.2/24，与企业分部连接端口的 IP 地址为 101.1.1.2/24。

任务实施

1）绘制拓扑结构

绘制如图 13-1 所示的拓扑结构。

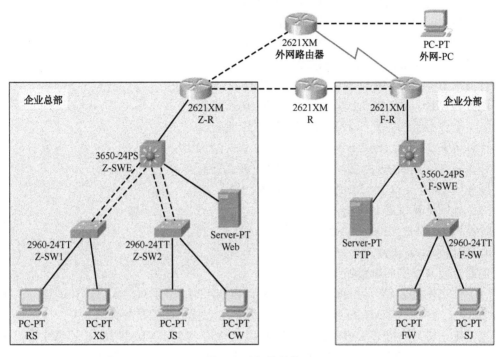

图 13-1　拓扑结构

2）设备连线

（1）企业总部。

计算机 RS→交换机 Z-SW1 的 f 0/1。计算机 XS→交换机 Z-SW1 的 f 0/11。

计算机 JS→交换机 Z-SW2 的 f 0/1。计算机 CW→交换机 Z-SW2 的 f 0/11。

服务器 Web→交换机 Z-SWE 的 G1/0/5。

交换机 Z-SW1 的 G0/1→交换机 Z-SWE 的 G1/0/1。交换机 Z-SW1 的 G0/2→交换机 Z-SWE 的 G1/0/2。

交换机 Z-SW2 的 G0/1→交换机 Z-SWE 的 G1/0/3。交换机 Z-SW2 的 G0/2→交换机 Z-SWE 的 G1/0/4。

交换机 Z-SWE 的 G1/0/6→路由器 Z-R 的 f 0/0。路由器 Z-R 的 f 0/1→路由器 R 的 f 0/1。

路由器 Z-R 的 f 1/1→外网路由器的 f 1/1。

（2）企业分部。

计算机 FW→交换机 F-SW 的 f 0/1，计算机 SJ→交换机 F-SW 的 f 0/11。

服务器 FTP→交换机 F-SWE 的 G0/2。

交换机 F-SW 的 G0/1→交换机 F-SWE 的 G0/1，交换机 F-SWE 的 f 0/24→路由器 F-R 的 f 0/0。

路由器 F-R 的 f 1/0→路由器 R 的 f 1/0，路由器 F-R 的 S0/0→外网路由器的 S0/0。

（3）外网。

计算机外网-PC→外网路由器的 f 0/0。

3）规划 IP 地址

（1）企业总部的各部门 IP 地址与服务器 IP 地址。

计算机 RS：172.16.1.1/24，网关为 172.16.1.254。

计算机 XS：172.16.2.1/24，网关为 172.16.2.254。

计算机 JS：172.16.3.1/24，网关为 172.16.3.254。

计算机 CW：172.16.4.1/24，网关为 172.16.4.254。

服务器 Web：172.16.5.1/24，网关为 172.16.5.254。

（2）企业分部的各部门 IP 地址与服务器 IP 地址。

计算机 FW：192.168.1.1/24，网关为 192.168.1.254。

计算机 SJ：192.168.2.1/24，网关为 192.168.2.254。

服务器 FTP：192.168.3.1/24，网关为 192.168.3.254。

（3）外网计算机的 IP 地址。

计算机外网 PC：200.1.1.1/24，网关为 200.1.1.2/24。

4）连通企业局域网

连通企业局域网的思路如下。

（1）在交换机 Z-SW1 上创建 VLAN 10 和 VLAN 20，分别对应人事部和销售部；在交换机 Z-SW2 上创建 VLAN 30 和 VLAN 40，分别对应技术部和财务部。

（2）在三层交换机 Z-SWE 上创建 VLAN 10、VLAN 20、VLAN 30 和 VLAN 40，并分别设置 IP 地址为 172.16.1.254/24、172.16.2.254/24、172.16.3.254/24 和 172.16.4.254/24，用于实现不同 VLAN 间的通信。

（3）创建 VLAN 50 作为虚拟端口，设置 IP 地址为 172.16.5.254/24，作为服务器的网关；创建 VLAN 110 作为虚拟端口，设置 IP 地址为 172.16.70.1/24，用于连接路由器 Z-R。

（4）交换机 Z-SW1 创建聚合端口 1，成员为 G0/1 和 G0/2，协议为 PAgP，采用 desirable 模式；交换机 Z-SW2 创建聚合端口 2，成员为 G0/1 和 G0/2，协议为 PAgP，采用 desirable 模式。

（5）交换机 Z-SWE 创建聚合端口 1，成员为 G0/1、G0/2，协议为 PAgP，采用 auto 模式；创建聚合端口 2，成员为 G0/3、G0/4，协议为 PAgP，采用 auto 模式。

（6）路由器 Z-R 的 f 0/0 端口设置 IP 地址为 172.16.70.2/24，f 0/1 端口设置 IP 地址为 172.16.71.1/24，f 1/1 端口设置 IP 地址为 193.1.1.1/24。

（7）在路由器 Z-R 和三层交换机 Z-SWE 上分别配置 OSPF 路由，以实现总部局域网的连通。

连通企业局域网的操作过程如下。

（1）配置交换机 Z-SW1。

```
Z-SW1>en
Z-SW1#conf t
Z-SW1(config)#vlan 10            //创建VLAN
Z-SW1(config-vlan)#name RenShiBu  //为VLAN命名
Z-SW1(config-vlan)#exit
```

```
Z-SW1(config)#vlan 20
Z-SW1(config-vlan)#name XiaoShouBu
Z-SW1(config-vlan)#end
Z-SW1(config)#int range f 0/1-10
Z-SW1(config-if-range)#switchport access vlan 10   //端口加入VLAN
Z-SW1(config-if-range)#exit
Z-SW1(config)#int range f 0/11-20
Z-SW1(config-if-range)#switchport access vlan 20
Z-SW1(config-if-range)#exit
Z-SW1(config)#int range g0/1-2
Z-SW1(config-if-range)#switchport mode trunk   //将端口设为trunk模式
Z-SW1(config-if-range)#end
Z-SW1#show vlan   //显示VLAN信息
Vlan Name               Status      Ports
----- ------------------ ---------- ------------------------
1    default            active      Fa0/21，Fa0/22，Fa0/23，Fa0/24
10   RenShiBu           active      Fa0/1，Fa0/2，Fa0/3，Fa0/4
                                    Fa0/5，Fa0/6，Fa0/7，Fa0/8
                                    Fa0/9，Fa0/10
20   XiaoShouBu         active      Fa0/11，Fa0/12，Fa0/13，Fa0/14
                                    Fa0/15，Fa0/16，Fa0/17，Fa0/18
                                    Fa0/19，Fa0/20

......
Z-SW1#conf t
Z-SW1(config)#int range g 0/1-2   //进入端口模式
Z-SW1(config-if-range)#channel-protocol pagp   //配置聚合端口1的协议为PAgP
Z-SW1(config-if-range)#channel-group 1 mode desirable  //配置聚合端口1为
//desirable模式
```

（2）配置交换机 Z-SW2。

```
Switch>en
Switch#conf t
Switch(config)#hostname Z-SW2
Z-SW2(config)#vlan 30
Z-SW2(config-vlan)#name JiShuBu
Z-SW2(config-vlan)#exit
Z-SW2(config)#vlan 40
Z-SW2(config-vlan)#name CaiWuBu
Z-SW2(config-vlan)#exit
Z-SW2(config)#int range f 0/1-10
Z-SW2(config-if-range)#switchport access vlan 30   //将端口划分到VLAN
Z-SW2(config-if-range)#exit
Z-SW2(config)#int range f 0/11-20
Z-SW2(config-if-range)#switchport access vlan 40
Z-SW2(config-if-range)#exit
Z-SW2(config)#int range g0/1-2
Z-SW2(config-if-range)#switchport mode trunk      //将端口设置为trunk模式
Z-SW2(config-if-range)#end
Z-SW2#show vlan
Vlan Name               Status      Ports
----- ------------------ ---------- ------------------------
```

```
1      default          active   Fa0/21, Fa0/22，Fa0/23, Fa0/24
10     JiShuBu          active   Fa0/1, Fa0/2, Fa0/3, Fa0/4
                                 Fa0/5, Fa0/6, Fa0/7, Fa0/8
                                 Fa0/9, Fa0/10
20     CaiWuBu          active   Fa0/11, Fa0/12, Fa0/13, Fa0/14
                                 Fa0/15, Fa0/16, Fa0/17, Fa0/18
                                 Fa0/19, Fa0/20
...
Z-SW2#conf t
Z-SW2(config)#int range g0/1-2
Z-SW2(config-if-range)#channel-group 2 mode desirable  //配置聚合端口2的
//协议为PAgP
Z-SW2(config-if-range)#channel-protocol pagp              //配置聚合端口2为
//desirable模式
```

（3）配置交换机 Z-SWE。

思科 3650 交换机默认没有安装电源模块，使用前需要先加装电源模块。单击 3650 交换机图板，打开"Z-SWE"窗口，切换到"物理"选项卡，选择左侧"AC-POWER-SUPPLY"的"电源模块"选项，将其拖至电源模块插槽，如图 13-2 所示，交换机会自动加电启动。

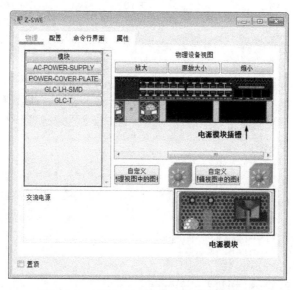

图 13-2　思科 3650 交换机加装电源模块

```
Switch>en
Switch#conf t
Switch(config)#hostname Z-SWE
Z-SWE(config)#ip routing    //开启三层交换机的路由功能
Z-SWE(config)#vlan 10
Z-SWE(config-vlan)#exit
Z-SWE(config)#vlan 20
Z-SWE(config-vlan)#exit
Z-SWE(config)#vlan 30
Z-SWE(config-vlan)#exit
Z-SWE(config)#vlan 40
Z-SWE(config-vlan)#exit
```

```
Z-SWE(config)#vlan 50
Z-SWE(config-vlan)#exit
Z-SWE(config)#vlan 110
Z-SWE(config-vlan)#exit
Z-SWE(config)#int vlan 10
Z-SWE(config-if)#ip address 172.16.1.254 255.255.255.0 //给VLAN设置IP地址
Z-SWE(config-if)#no shut
Z-SWE(config-if)#exit
Z-SWE(config)#int vlan 20
Z-SWE(config-if)#ip address 172.16.2.254 255.255.255.0
Z-SWE(config-if)#no shut
Z-SWE(config-if)#exit
Z-SWE(config)#int vlan 30
Z-SWE(config-if)#ip address 172.16.3.254 255.255.255.0
Z-SWE(config-if)#no shut
Z-SWE(config-if)#exit
Z-SWE(config)#int vlan 40
Z-SWE(config-if)#ip address 172.16.4.254 255.255.255.0
Z-SWE(config-if)#no shut
Z-SWE(config-if)#exit
Z-SWE(config)#int vlan 50
Z-SWE(config-if)#ip address 172.16.5.254 255.255.255.0
Z-SWE(config-if)#no shut
Z-SWE(config-if)#exit
Z-SWE(config)#int vlan 110
Z-SWE(config-if)#ip address 172.16.70.1 255.255.255.0
Z-SWE(config-if)#no shut
Z-SWE(config-if)#end
Z-SWE#show ip interface brief  //显示VLAN的IP地址
Interface    IP-Address      OK?     Method    Status    Protocol
VLAN10       172.16.1.254    YES     manual    up        down
VLAN20       172.16.2.254    YES     manual    up        down
VLAN30       172.16.3.254    YES     manual    up        down
VLAN40       172.16.4.254    YES     manual    up        down
VLAN50       172.16.5.254    YES     manual    up        down
VLAN110      172.16.70.1     YES     manual    up        down
Z-SWE#conf t
Z-SWE(config)#int g1/0/5
Z-SWE(config-if)#switchport access vlan 50   //将端口加入VLAN
Z-SWE(config-if)#exit
Z-SWE(config)#int g1/0/6
Z-SWE(config-if)#switchport access vlan 110
Z-SWE(config-if)#end
Z-SWE#show vlan  //显示VLAN信息
VLAN  Name        Status     Ports
----- ----------- ---------- --------------------------------
1     default     active     Gig1/0/1, Gig1/0/2, Gig1/0/3, Gig1/0/4
                             Gig1/0/7, Gig1/0/8, Gig1/0/9, Gig1/0/10
Gig1/0/11, Gig1/0/12, Gig1/0/13, Gig1/0/14
Gig1/0/15, Gig1/0/16, Gig1/0/17, Gig1/0/18
Gig1/0/19, Gig1/0/20, Gig1/0/21, Gig1/0/22
```

```
       Gig1/0/23, Gig1/0/24
10     VLAN0010      active
20     VLAN0020      active
30     VLAN0030      active
40     VLAN0040      active
50     VLAN0050      active      Gig1/0/5
110    VLAN0110      active      Gig1/0/6
Z-SWE#conf t
Z-SWE(config)#int range g1/0/1-2
Z-SWE(config-if-range)#switchport trunk encapsulation dot1q
//端口封装DOT1Q
Z-SWE(config-if-range)#switchport mode trunk    //端口设置为trunk模式
Z-SWE(config-if-range)#channel-protocol pagp    //配置聚合端口的协议为PAgP
Z-SWE(config-if-range)#channel-group 1 mode auto //配置聚合端口为auto模式
Z-SWE(config-if-range)#exit
Z-SWE(config)#int range g1/0/3-4
Z-SWE(config-if-range)#switchport trunk encapsulation dot1q
Z-SWE(config-if-range)#switchport mode trunk
Z-SWE(config-if-range)#channel-protocol pagp
Z-SWE(config-if-range)#channel-group 2 mode auto
Z-SWE(config-if-range)#end
Z-SWE#show etherchannel summary //显示聚合端口信息
…
Group  Port-channel  Protocol  Ports
-------+------------ -+------------+---------------------
1      Po1(SU)       PAgP       Gig1/0/1(P) Gig1/0/2(P)
2      Po2(SU)       PAgP       Gig1/0/3(P) Gig1/0/4(P)
```

可以看到共有两个聚合端口，端口号分别为 1 和 2，其状态为正常运行状态（SU）。

（4）测试。

此时，总部各部门的计算机、Web 服务器之间能够连通。

（5）三层交换机 Z-SWE 配置 OSPF 路由。

```
Z-SWE#conf t
Z-SWE(config)#router ospf 1
Z-SWE(config-router)#network 172.16.1.0 0.0.0.255 area 0
Z-SWE(config-router)#network 172.16.2.0 0.0.0.255 area 0
Z-SWE(config-router)#network 172.16.3.0 0.0.0.255 area 0
Z-SWE(config-router)#network 172.16.4.0 0.0.0.255 area 0
Z-SWE(config-router)#network 172.16.5.0 0.0.0.255 area 0
Z-SWE(config-router)#network 172.16.70.0 0.0.0.255 area 0
Z-SWE(config-router)#end
```

（6）路由器 Z-R 配置端口与 OSPF 路由。

```
Router>en
Router#conf t
Router(config)#hostname Z-R
Z-R(config)#int f 0/0
Z-R(config-if)#ip address 172.16.70.2 255.255.255.0
Z-R(config-if)#no shut
Z-R(config-if)#exit
Z-R(config)#int f 0/1
```

```
Z-R(config-if)#ip address 172.16.71.1 255.255.255.0
Z-R(config-if)#no shut
Z-R(config-if)#exit
Z-R(config)#int f 1/1
Z-R(config-if)#ip address 193.1.1.1 255.255.255.0
Z-R(config-if)#no shut
Z-R(config-if)#end
Z-R#show ip interface brief    //显示路由器端口的IP地址
Interface        IP-Address   OK?   Method  Status Protocol
FastEthernet0/0  172.16.70.2  YES   manual  up     up
FastEthernet0/1  172.16.71.1  YES   manual  up     down
…
FastEthernet1/1  193.1.1.1    YES   manual  up     down
Z-R#conf t
Z-R(config)#router ospf 1
Z-R(config-router)#network 172.16.70.0 0.0.0.255 area 0
Z-R(config-router)#network 172.16.71.0 0.0.0.255 area 0
Z-R(config-router)#end
```

（7）测试。

此时，四台计算机能够连通路由器，说明局域网已全网连通。

5）连通企业分部局域网

连通企业分部局域网的思路如下。

（1）在交换机 F-SW 上创建 VLAN 10 和 VLAN 20，分别对应服务部和设计部。

（2）在三层交换机 Z-SWE 上创建 VLAN 10、VLAN 20，IP 地址分别设置为 192.168.1.254/24 和 192.168.2.254/24，用于实现不同 VLAN 间的通信。

（3）创建 VLAN 30 作为虚拟端口，设置 IP 地址为 192.168.3.254/24，作为服务器的网关；创建 VLAN 110 作为虚拟端口，设置 IP 地址为 192.168.11.1/24，用于连接路由器 F-R。

（4）路由器 F-R 的 f 0/0 端口设置 IP 地址为 192.168.11.2/24，f 1/0 端口设置 IP 地址为 192.168.12.2/24，S0/0 端口设置 IP 地址为 101.1.1.1/24。

（5）在路由器 F-R 和三层交换机 F-SWE 上分别配置 RIV V2 路由，以实现分部局域网的连通。

连通企业分部局域网的操作过程如下。

（1）配置交换机 F-SW。

```
Switch>en
Switch#conf t
Switch(config)#hostname F-SW
F-SW(config)#vlan 10              //创建VLAN
F-SW(config-vlan)#name FuWuBu     //给VLAN命名
F-SW(config-vlan)#exit
F-SW(config)#vlan 20              //创建VLAN
F-SW(config-vlan)#name SheJiBu    //给VLAN命名
F-SW(config-vlan)#exit
F-SW(config)#int range f 0/1-10
F-SW(config-if-range)#switchport access vlan 10   //将端口划分到VLAN
F-SW(config-if-range)#exit
F-SW(config)#int range f 0/11-20
```

```
F-SW(config-if-range)#switchport access vlan 20
F-SW(config-if-range)#exit
F-SW(config)#int g0/1
F-SW(config-if)#switchport mode trunk    //将端口设置为trunk模式
F-SW(config-if)#end
F-SW#show vlan
Vlan  Name         Status      Ports
----- ----------- ---------- -------------------------------
1     default      active      Fa0/21, Fa0/22, Fa0/23, Fa0/24
Gig0/2
10    FuWuBu       active      Fa0/1, Fa0/2, Fa0/3, Fa0/4
Fa0/5, Fa0/6, Fa0/7, Fa0/8
Fa0/9, Fa0/10
20    SheJiBu      active      Fa0/11, Fa0/12, Fa0/13, Fa0/14
Fa0/15, Fa0/16, Fa0/17, Fa0/18
Fa0/19, Fa0/20
...
```

（2）配置交换机 F-SWE。

```
Switch>en
Switch#conf t
Switch(config)#hostname F-SWE
F-SWE(config)#ip routing    //开启路由功能
F-SWE(config)#vlan 10
F-SWE(config-vlan)#exit
F-SWE(config)#vlan 20
F-SWE(config-vlan)#exit
F-SWE(config)#vlan 30
F-SWE(config-vlan)#exit
F-SWE(config)#vlan 110
F-SWE(config-vlan)#exit
F-SWE(config)#int g0/1
F-SWE(config-if)#switchport trunk encapsulation dot1q    //端口封装DOT1Q
F-SWE(config-if)#switchport mode trunk    //端口设置为trunk模式
F-SWE(config-if)#exit
F-SWE(config)#int g0/2
F-SWE(config-if)#switchport access vlan 30
F-SWE(config-vlan)#exit
F-SWE(config)#int f0/24
F-SWE(config-if)#switchport access vlan 110
F-SWE(config-if)#exit
F-SWE(config)#int vlan 10
F-SWE(config-if)#ip address 192.168.1.254 255.255.255.0    //给VLAN配置IP
//地址
F-SWE(config-if)#no shut
F-SWE(config-if)#exit
F-SWE(config)#int vlan 20
F-SWE(config-if)#ip address 192.168.2.254 255.255.255.0
F-SWE(config-if)#no shut
F-SWE(config-if)#exit
F-SWE(config)#int vlan 30
```

```
F-SWE(config-if)#ip address 192.168.3.254 255.255.255.0
F-SWE(config-if)#no shut
F-SWE(config-if)#exit
F-SWE(config)#int vlan 110
F-SWE(config-if)#ip address 192.168.11.1 255.255.255.0
F-SWE(config-if)#no shut
F-SWE(config-if)#end
F-SWE#show ip interface brief  //查看VLAN的IP地址信息
Interface   IP-Address     OK?  Method  Status  Protocol
VLAN10      192.168.1.254  YES  manual  up      up
VLAN20      192.168.2.254  YES  manual  up      up
VLAN30      192.168.3.254  YES  manual  up      up
VLAN110     192.168.11.1   YES  manual  up      up
```

（3）配置交换机 F-SWE 的 RIP 路由。

```
F-SWE#conf t
F-SWE(config)#router rip          //创建RIP路由进程
F-SWE(config-router)#version 2    //设置RIP的版本
F-SWE(config-router)#network 192.168.1.0  //添加直连网络
F-SWE(config-router)#network 192.168.2.0
F-SWE(config-router)#network 192.168.3.0
F-SWE(config-router)#network 192.168.11.0
F-SWE(config-router)#no auto-summary //关闭自动汇总
F-SWE(config-router)#end
```

（4）配置路由器 F-R。

```
Router>en
Router#conf t
Router(config)#hostname F-R
F-R(config)#int f 0/0
F-R(config-if)#ip address 192.168.11.2 255.255.255.0
F-R(config-if)#no shut
F-R(config-if)#exit
F-R(config)#int f 1/0
F-R(config-if)#ip address 192.168.12.2 255.255.255.0
F-R(config-if)#no shut
F-R(config-if)#exit
F-R(config)#int s 0/0
F-R(config-if)#ip address 101.1.1.1 255.255.255.0
F-R(config-if)#clock rate 64000
F-R(config-if)#no shut
F-R(config-if)#exit
F-R(config)#router rip
F-R(config-router)#version 2
F-R(config-router)#network 192.168.11.0
F-R(config-router)#network 192.168.12.0
F-R(config-router)#no auto-summary
F-R(config-router)#end
```

（5）测试。

此时，两个部门的计算机 FW 和计算机 SJ 都能与路由器连通，说明分部局域网已连通。

6) 配置路由重发布

分析：将路由器 R 的 f 0/1 端口设置 IP 地址为 172.16.71.2/24，f 1/0 端口设置 IP 地址为 192.168.12.1/24，在 RIP 路由中重发布 OSPF 路由，度量值为 5；在 OSPF 路由中重发布 RIP 路由，度量值为 30。

配置路由重发布操作过程如下。

（1）路由器 R 配置端口、RIP 路由和 OSPF 路由。

```
Router>en
Router#conf t
Router(config)#hostname R
R(config)#int f 0/1
R(config-if)#ip address 172.16.71.2 255.255.255.0
R(config-if)#no shut
R(config-if)#exit
R(config)#int f 1/0
R(config-if)#ip address 192.168.12.1 255.255.255.0
R(config-if)#no shut
R(config-if)#exit
R(config)#router ospf 1    //创建OSPF路由进程
R(config-router)#network 172.16.71.0 0.0.0.255 area 0   //添加直连网络
R(config-router)#exit
R(config)#router rip       //创建RIP路由进程
R(config-router)#network 192.168.12.0   //添加直连网络
R(config-router)#version 2
R(config-router)#no auto-summary
R(config-router)#end
R#show ip route   //显示路由信息
…
172.16.0.0/24 is subnetted, 7 subnets
O 172.16.1.0 [110/3] via 172.16.71.1, 00:07:46, FastEthernet0/1
O 172.16.2.0 [110/3] via 172.16.71.1, 00:07:46, FastEthernet0/1
O 172.16.3.0 [110/3] via 172.16.71.1, 00:07:46, FastEthernet0/1
O 172.16.4.0 [110/3] via 172.16.71.1, 00:07:46, FastEthernet0/1
O 172.16.5.0 [110/3] via 172.16.71.1, 00:07:46, FastEthernet0/1
O 172.16.70.0 [110/2] via 172.16.71.1, 00:07:46, FastEthernet0/1
C 172.16.71.0 is directly connected, FastEthernet0/1
R 192.168.1.0/24 [120/2] via 192.168.12.2, 00:00:03, FastEthernet1/0
R 192.168.2.0/24 [120/2] via 192.168.12.2, 00:00:03, FastEthernet1/0
R 192.168.3.0/24 [120/2] via 192.168.12.2, 00:00:03, FastEthernet1/0
R 192.168.11.0/24 [120/1] via 192.168.12.2, 00:00:03, FastEthernet1/0
C 192.168.12.0/24 is directly connected, FastEthernet1/0
```

（2）路由器 R 重发布路由。

```
R#conf t
R(config)#router ospf 1
R(config-router)#redistribute rip subnets        //在OSPF中重发布RIP路由
R(config-router)#redistribute rip metric 30      //设置度量值为30
R(config-router)#exit
R(config)#router rip
R(config-router)#redistribute ospf 1 metric 5   //在RIP中重发布OSPF路由，
//度量值为5
```

（3）显示路由器 Z-R 的路由发布信息。

```
Z-R#show ip route  //显示路由信息
…
172.16.0.0/24 is subnetted, 7 subnets
O 172.16.1.0 [110/2] via 172.16.70.1, 00:56:16, FastEthernet0/0
O 172.16.2.0 [110/2] via 172.16.70.1, 00:56:16, FastEthernet0/0
O 172.16.3.0 [110/2] via 172.16.70.1, 00:56:16, FastEthernet0/0
O 172.16.4.0 [110/2] via 172.16.70.1, 00:56:16, FastEthernet0/0
O 172.16.5.0 [110/2] via 172.16.70.1, 00:56:16, FastEthernet0/0
C 172.16.70.0 is directly connected, FastEthernet0/0
C 172.16.71.0 is directly connected, FastEthernet0/1
O E2 192.168.1.0/24 [110/30] via 172.16.71.2, 00:05:47, FastEthernet0/1
O E2 192.168.2.0/24 [110/30] via 172.16.71.2, 00:05:47, FastEthernet0/1
O E2 192.168.3.0/24 [110/30] via 172.16.71.2, 00:05:47, FastEthernet0/1
O E2 192.168.11.0/24 [110/30] via 172.16.71.2, 00:05:47, FastEthernet0/1
O E2 192.168.12.0/24 [110/30] via 172.16.71.2, 00:05:47, FastEthernet0/1
```

其中，以"O E2"开头的路由信息为重发布的路由信息。

（4）显示路由器 F-R 的路由发布信息。

```
F-R#show ip route  //显示路由信息
…
172.16.0.0/24 is subnetted, 7 subnets
R 172.16.1.0 [120/5] via 192.168.12.1, 00:00:15, FastEthernet1/0
R 172.16.2.0 [120/5] via 192.168.12.1, 00:00:15, FastEthernet1/0
R 172.16.3.0 [120/5] via 192.168.12.1, 00:00:15, FastEthernet1/0
R 172.16.4.0 [120/5] via 192.168.12.1, 00:00:15, FastEthernet1/0
R 172.16.5.0 [120/5] via 192.168.12.1, 00:00:15, FastEthernet1/0
R 172.16.70.0 [120/5] via 192.168.12.1, 00:00:15, FastEthernet1/0
R 172.16.71.0 [120/5] via 192.168.12.1, 00:00:15, FastEthernet1/0
R 192.168.1.0/24 [120/1] via 192.168.11.1, 00:00:23, FastEthernet0/0
R 192.168.2.0/24 [120/1] via 192.168.11.1, 00:00:23, FastEthernet0/0
R 192.168.3.0/24 [120/1] via 192.168.11.1, 00:00:23, FastEthernet0/0
C 192.168.11.0/24 is directly connected, FastEthernet0/0
C 192.168.12.0/24 is directly connected, FastEthernet1/0
```

其中，前 7 条路由信息为重发布的路由信息。

（5）测试。

此时，企业的总部与分部之间的网络是连通的。

7）配置广域网连接

配置广域网连接的思路如下。

（1）将路由器外网 Router 的 f 1/1 端口设置 IP 地址为 193.1.1.2/24，S0/0 端口设置 IP 地址为 101.1.1.2/24，f 0/0 端口设置 IP 地址为 200.1.1.2/24，作为外网计算机的网关。

（2）配置 CHAP 双向认证，用户名分别为"Router"和"F-R"，密码为"abcd"。

配置广域网连接的操作过程如下。

（1）配置计算机外网-PC 的 IP 地址为 200.1.1.1/24，网关为 200.1.1.2/24。

（2）配置外网路由器的端口。

```
Router>en
Router#conf t
```

```
Router(config)#int f 1/1
Router(config-if)#ip address 193.1.1.2 255.255.255.0
Router(config-if)#no shut
Router(config-if)#exit
Router(config)#int f 0/0
Router(config-if)#ip address 200.1.1.2 255.255.255.0
Router(config-if)#no shut
Router(config-if)#exit
Router(config)#int s 0/0
Router(config-if)#ip address 101.1.1.2 255.255.255.0
Router(config-if)#no shut
```

（3）配置外网路由器的 CHAP 双向认证。

```
Router#conf t
Router(config)#username F-R password abcd   //在本地数据库创建用户名和密码
Router(config)#int s 0/0
Router(config-if)#encapsulation ppp          //封装PPP
Router(config-if)#ppp authentication chap   //设置认证方式为CHAP
Router(config-if)#end
Router#show run
```

外网路由器 Router 的 CHAP 认证配置如图 13-3 所示。

（4）配置路由器 F-R 的 CHAP 双向认证。

```
F-R#conf t
F-R(config)#username Router password abcd
F-R(config)#int s 0/0
F-R(config-if)#encapsulation ppp
F-R(config-if)#ppp authentication chap
F-R(config-if)#end
F-R#show run
```

路由器 F-R 的 CHAP 认证配置如图 13-4 所示。

图 13-3 路由器 Router 的 CHAP 认证配置

图 13-4 路由器 F-R 的 CHAP 认证配置

8）配置企业总部网络的 IP 地址转换

配置企业总部网络 IP 地址转换的思路如下。

（1）三层交换机 Z-SWE 配置默认路由，下一跳为 172.16.70.2；在路由器 Z-R 上配置默认路由，下一跳为 193.1.1.2。

（2）企业总部网络使用 NAPT 技术将私有地址 172.16.1.0/24 ~ 172.16.4.0/24 转换为公有地址 193.1.1.3/24；通过静态 NAT 技术将 Web 服务器的 IP 地址 172.16.5.1/24 转换为公有地址 193.1.1.4/24。

配置企业总部网络 IP 地址转换的操作过程如下。

（1）配置三层交换机 Z-SWE 的默认路由。

```
Z-SWE#conf t
Z-SWE(config)#ip route 0.0.0.0 0.0.0.0 172.16.70.2
```

（2）配置路由器 Z-R 的默认路由。

```
Z-R#conf t
Z-R(config)#ip route 0.0.0.0 0.0.0.0 193.1.1.2
```

（3）配置路由器 Z-R 的地址转换。

```
Z-R(config)#int f 1/1
Z-R(config-if)#ip nat outside   //设置外网端口
Z-R(config-if)#exit
Z-R(config)#int f 0/0
Z-R(config-if)#ip nat inside    //设置内网端口
Z-R(config-if)#exit
Z-R(config)#ip nat pool z-napt 193.1.1.3 193.1.1.3 netmask 255.255.255.0
//定义地址池
Z-R(config)#access-list 1 permit 172.16.1.0 0.0.0.255   //定义允许访问的控
//制列表
Z-R(config)#access-list 1 permit 172.16.2.0 0.0.0.255
Z-R(config)#access-list 1 permit 172.16.3.0 0.0.0.255
Z-R(config)#access-list 1 permit 172.16.4.0 0.0.0.255
Z-R(config)#ip nat inside source list 1 pool z-napt overload //NAPT地
//址转换
Z-R(config)#ip nat inside source static 172.16.5.1 193.1.1.4 //静态NAT
//地址转换
Z-R(config)#exit
Z-R#show ip nat translations //查看地址转换
Pro  Inside global  Inside local  Outside local  Outside global
---  193.1.1.4      172.16.5.1      ---            ---        //可以看到静态
//NAT转换
Z-R#show run
```

路由器 Z-R 的 NAPT 配置如图 13-5 所示。

（4）测试。

从计算机 RS 中 ping 外网计算机，显示能够连通，说明 NAPT 配置成功。

（5）查看 NAPT 的转换。

```
Z-R#show ip nat translations。
```

可以看到 NAPT 的转换，如图 13-6 所示。

（6）外网访问 Web 服务器进行测试。

在计算机外网-PC 的浏览器中输入网址 http://193.1.1.4，单击"前往"按钮，可以打开 Web 服务器的网站，如图 13-7 所示，说明静态 NAT 配置成功。

9）配置企业分部的地址转换

配置企业分部地址转换的思路如下。

（1）三层交换机 F-SWE 配置默认路由，下一跳为 192.168.11.2；路由器 F-R 配置默认路由，下一跳为 101.1.1.2。

图 13-5　NAPT 的配置

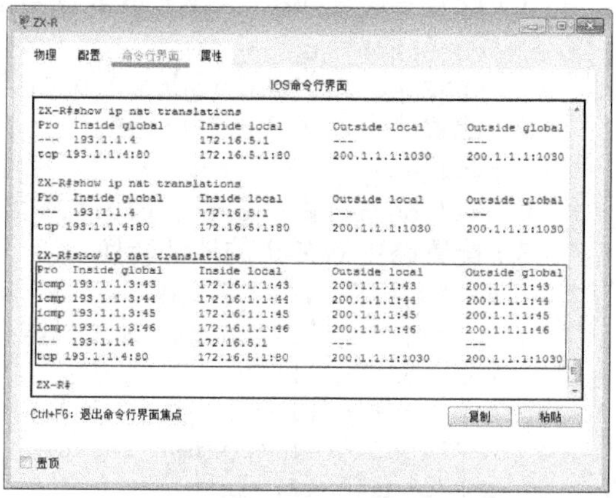

图 13-6　NAPT 的转换

（2）企业分部网络使用动态 NAT 技术将私有网络 192.168.1.0/24 和 192.168.2.0/24 转换为公有地址 101.1.1.3/24 ～ 101.1.1.10/24 访问外网。

配置企业分部地址转换的操作过程如下。

（1）配置三层交换机 F-SWE。

```
F-SWE#conf t
F-SWE(config)#ip route 0.0.0.0
0.0.0.0 192.168.11.2   //配置默认路由
```

（2）配置路由器 F-R。

```
F-R#conf t
F-R(config)#ip route 0.0.0.0
0.0.0.0 101.1.1.2   //配置默认路由
F-R(config)#int s 0/0
F-R(config-if)#ip nat outside  //
设置为外网端口
F-R(config-if)#exit
F-R(config)#int f 0/0
F-R(config-if)#ip nat inside   //设置为内网端口
F-R(config-if)#exit
F-R(config)#ip nat pool F-nat 101.1.1.3 101.1.1.10 netmask 255.255.255.0
F-R(config)#access-list 1 permit 192.168.1.0 0.0.0.255
F-R(config)#access-list 1 permit 192.168.2.0 0.0.0.255
F-R(config)#ip nat inside source list 1 pool F-nat   //进行地址转换
F-R(config)#exit
F-R#show run      //可以看到动态NAT的配置
```

图 13-7　外网-PC 访问 Web 服务器的网站

（3）测试。

从计算机 FW 中 ping 外网计算机外网-PC，能够连通，说明动态 NAT 配置成功。

10）**配置访问控制列表**

配置访问控制列表的思路如下。

（1）企业总部的网络与外网能够访问 Web 服务器。

定义命名扩展访问控制列表，动作为允许，协议为 TCP，源地址为任何主机，目的地址为 172.16.5.1，端口号为 80（WWW）。

（2）只有设计部可以访问 FTP 服务器。

定义一个编号扩展访问控制列表，第一条语句，动作为允许，协议为 TCP，源地址为192.168.2.0/24，目的地址为 192.168.3.1，端口号为 20；第二条语句，动作为允许，协议为TCP，源地址为 192.168.2.0/24，目的地址为 192.168.3.1，端口号为 21。

配置访问控制列表的操作过程如下。

（1）企业总部的网络与外网能够访问 Web 服务器。

① 在三层交换机 Z-SWE 上配置命名扩展访问控制列表。

```
Z-SWE#conf t
Z-SWE(config)#ip access-list extended onlyWEB   //定义命名扩展访问控制列表
Z-SWE(config-ext-nacl)#permit tcp any host 172.16.5.1 eq www
Z-SWE(config-ext-nacl)#exit
Z-SWE(config)#int vlan 50
Z-SWE(config-if)#ip access-group onlyWEB out   //在VLAN 50 out的方向上应
//用访问控制列表
Z-SWE(config-if)#end
Z-SWE#show ip access-lists //显示访问控制列表
Extended IP access list onlyWEB
10 permit tcp any host 172.16.5.1 eq www
```

② 测试。

此时，计算机 RS 能够访问 Web 服务器，但无法 ping 通，从外网-PC 中 ping 服务器的 IP 地址，不通，说明扩展访问控制列表配置成功。

（2）只有设计部可以访问 FTP 服务器。

① 配置 FTP 服务。

在 FTP 服务器上单击，打开"FTP"窗口，切换到"服务"选项卡，选择"FTP"选项，选中"开"单选项，开启 FTP 服务，输入用户名"admin"，密码"admin"，勾选权限"写"、"读"和"列表"复选框，如图 13-8 所示，单击"添加"按钮，添加 FTP 账户。

② 配置扩展访问控制列表。

```
F-SWE#conf t
F-SWE(config)#access-list
```

图 13-8　配置 FTP 服务

```
101 permit tcp 192.168.2.0 0.0.0.255 host 192.168.3.1 eq 20
      F-SWE(config)#access-list 101 permit tcp 192.168.2.0 0.0.0.255 host
192.168.3.1 eq 21
      F-SWE(config)#int vlan 30          //进入VLAN 30
      F-SWE(config-if)#ip access-group 101 out  //在out方向上应用访问控制列表
      F-SWE(config-if)#end
      F-SWE#show ip access-lists
      Extended IP access list 101
      10 permit tcp 192.168.2.0 0.0.0.255 host 192.168.3.1 eq 20
      20 permit tcp 192.168.2.0 0.0.0.255 host 192.168.3.1 eq ftp
```

③ 测试。

在计算机 FW 中打开命令窗口，输入"ftp 192.168.3.1"命令，提示无法访问 FTP 服务，如图 13-9 所示。

在计算机 SJ 中打开命令窗口，输入"ftp 192.168.3.1"命令，根据提示输入用户名"admin"和密码"admin"，可以访问 FTP 服务，如图 13-10 所示。

图 13-9　计算机 FW 无法访问 FTP 服务

图 13-10　计算机 SJ 可以访问 FTP 服务

11）配置 DHCP

配置 DHCP 的思路如下。

（1）将交换机 F-SWE 定义地址池 P-FW，网段为 192.168.1.0/24，网关为 192.168.1.254，排除地址为 192.168.1.251～192.168.1.254，用于给服务部的计算机分配 IP 地址。

（2）将交换机 F-SWE 定义地址池 P-SJ，网段为 192.168.2.0/24，网关 192.168.2.254，排除地址为 192.168.2.251～192.168.2.254，用于给设计部的计算机分配 IP 地址。

配置 DHCP 的操作过程如下。

（1）用交换机 F-SWE 配置 DHCP。

```
      F-SWE#conf t
      F-SWE(config)#ip dhcp pool P-FW  //定义地址池
      F-SWE(dhcp-config)#network 192.168.1.0 255.255.255.0  //定义IP地址的范围
      F-SWE(dhcp-config)#default-router 192.168.1.254       //设置网关
      F-SWE(dhcp-config)#exit
```

```
F-SWE(config)#ip dhcp excluded-address 192.168.1.251 192.168.1.254
//排除地址
F-SWE(config)#ip dhcp pool P-SJ  //定义地址池
F-SWE(dhcp-config)#network 192.168.2.0 255.255.255.0  //定义IP地址的范围
F-SWE(dhcp-config)#default-router 192.168.2.254        //设置网关
F-SWE(dhcp-config)#exit
F-SWE(config)#ip dhcp excluded-address 192.168.2.251 192.168.2.254
//排除地址
F-SWE(config)#exit
F-SWE#show ip dhcp pool    //显示地址池
```

（2）计算机自动获取 IP 地址。

单击计算机 FW 图标，打开"PW"窗口，切换到"桌面"选项卡，选择"IP 配置"选项，打开"IP 配置"窗口，并在"IP 配置"中选中"DHCP"单选项，可以获取 IP 地址，使用同样的方法计算机 SJ 也可以获取 IP 地址。

12）**配置特权模式密码和 Console 密码**

配置特权模式密码和 Console 密码的思路如下。

所有交换机和路由器的特权模式密码设置为"abcd"，Console 端口密码设置为"abc123"。

配置特权模式密码和 Console 密码的操作过程如下。

（1）配置 Z-SW1 的特权模式密码和 Console 密码。

```
Z-SW1#conf t
Z-SW1(config)#enable secret abcd
Z-SW1(config-line)#exit
Z-SW1(config)#line console 0
Z-SW1(config-line)#password abc123
Z-SW1(config-line)#login
```

（2）配置路由器 Z-R 的特权模式密码和 Console 密码。

```
Z-R#conf t
Z-R(config)#enable secret abcd
Z-R(config)#line console 0
Z-R(config-line)#password abc123
Z-R(config-line)#login
Z-R(config-line)#end
```

其他网络设备的特权模式密码和 Console 密码请读者自行配置，在此不再赘述。

电子课件

项 目 评 价

学生	级班	星期	日期		
项目名称	企业网组建案例			组长	
评价内容	主要评价标准		分数	组长评价	教师评价
综合案例	能够正确配置交换机 VLAN、trunk 模式		10 分		
	能够正确配置三层交换机路由功能		10 分		
	能够正确配置聚合端口		10 分		
	能够正确配置 OSPF 路由、RIV V2 路由		10 分		
综合案例	能够正确配置路由重发布		20 分		
	能够正确配置 CHAP 认证、地址转换		10 分		
	能够正确配置访问控制列表		10 分		
	能够正确配置 DHCP		10 分		
	能够正确配置密码		10 分		
总 分			合计		
项目总结 （心得体会）					

说明：满分为 100 分，总分=组长评价×40%+教师评价×60%。

项 目 习 题

操作题

某公司有三个部门，分别是财务部、生产部和销售部（分为销售一部和销售二部，在不同区域办公），网络拓扑结构如图 13-11 所示，要求按部门划分 VLAN，每个部门对应一个 VLAN，三层交换机作为核心交换机，有一台服务器直接接入核心交换机。路由器 RA 是企业网络出口路由器，路由器 ISP 为营运商路由器，企业网络通过串口接入营运商路由器，公司的网络设备主要有路由器（型号 2621）一台、三层交换机（型号 3560）一台、二层交换机（型号 2960）两台、服务器一台、计算机四台。外网有路由器一台，计算机一台，具体要求如下，假如你是通信公司的技术人员，请为公司设计 IP 地址，并实现下列的配置要求。

（1）将交换机 SWA 划分为两个 VLAN，即 VLAN 10（销售一部）和 VLAN 20（财务部），其中，f 0/1-10 属于 VLAN 10，f 0/11-20 属于 VLAN 20。

（2）将交换机 SWB 划分为两个 VLAN，即 VLAN 10（销售二部）和 VLAN 30（生产部），其中，f 0/1-10 属于 VLAN 10，f 0/11-20 属于 VLAN 30。

（3）将交换机 SWA 端口 G 0/1 与 SWE 端口 G 0/1 连接；交换机 SWB 的 f 0/22、f 0/23 分别与 SWE 的 f 0/22、f 0/23 连接，要求配置聚合端口，以提升带宽。

（4）将服务器接入交换机 SWE 的 G0/2 端口，服务器有 Web 服务和 FTP 服务，其中，FTP 服务只有内网的销售部可以访问，Web 服务则内网与外网都可以访问，为提高安全性，服务器只允许访问 FTP 服务和 Web 服务。

（5）企业内部核心交换机与路由器运行 RIP V2 路由。

（6）公司申请了公网 IP 地址为 211.1.1.1/24 ~ 211.1.1.3/24，其中，IP 地址 201.1.1.1 作为公司出口路由器的端口 S0/0 的地址；IP 地址为 211.1.1.2 用于 NAPT 技术实现公司网络访问 Internet；IP 地址为 211.1.1.3 用于服务器的公网地址转换，保证服务器的 Web 服务能够被外网访问。

（7）公司网络通过串口接入供应商网络，封装 PPP 链路协议，并配置 PAP 双向认证。

（8）为保证网络安全，每台交换机和路由器都要配置特权模式密码和 Console 端口密码。

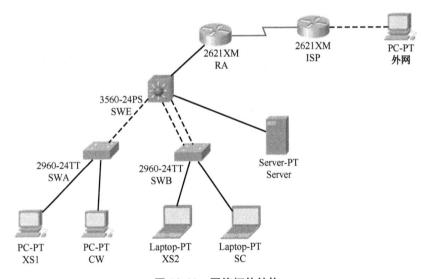

图 13-11　网络拓扑结构

反侵权盗版声明

电子工业出版社依法对本作品享有专有出版权。任何未经权利人书面许可，复制、销售或通过信息网络传播本作品的行为；歪曲、篡改、剽窃本作品的行为，均违反《中华人民共和国著作权法》，其行为人应承担相应的民事责任和行政责任，构成犯罪的，将被依法追究刑事责任。

为了维护市场秩序，保护权利人的合法权益，我社将依法查处和打击侵权盗版的单位和个人。欢迎社会各界人士积极举报侵权盗版行为，本社将奖励举报有功人员，并保证举报人的信息不被泄露。

举报电话：（010）88254396；（010）88258888

传　　真：（010）88254397

E-mail： dbqq@phei.com.cn

通信地址：北京市万寿路 173 信箱

　　　　　电子工业出版社总编办公室

邮　　编：100036